線形代数と幾何

ベクトル・行列・行列式がよくわかる

林 義実 著

$Av=\lambda v$

森北出版株式会社

まえがき

本書は大学生あるいは高専生を対象として，線形代数の基礎をしっかり学ぶことを目標として書かれている．実際に大学で行った授業から生まれたものであり，抽象的で無味乾燥な議論に偏らないように，具体例や計算問題を多く取り入れ，基本事項がわかりやすく身につくように構成し，また，豊富に図を入れることにより，いっそう理解しやすいように工夫した．線形代数で扱われるものはベクトル・行列・行列式であるが，その基本事項をわかりやすく説明するのはもちろんのこと，できる限り図形との関連について解説を加えていることが本書の特色である．それにより，単なる代数計算で終わることなく，具体的なイメージを思い浮かべながら，より広く深い理解が得られるであろう．

第 6 章までで線形代数の基本が十分に習得できる内容になっているが，さらに幾何学的な内容の理解を必要とする読者のために第 7 章と第 8 章を用意している．そこではベクトル空間や空間の次元などの定義を明確にし，また幾何学的な問題である平面上の 2 次曲線の分類を解説している．

定理や公式にできるだけ丁寧かつ簡明に証明をつけているが，それらの前後に簡単でわかりやすい例を配置し，定理や公式の意味あるいは使い方が自然に身につくように配慮している．例や問いは本書の内容の範囲内で理解できるものであり，その解説や解答をわかりやすくつけているので，自学自習にも役立つであろう．なお，一部の証明を除き，本書ではすべて実数の範囲内で議論を進めている．

線形代数は数学の分野だけでなく，文系，理系，工学系の非常に幅広い分野で使われる基本的な道具の一つである．その道具をじょうずに使いこなせるようになるための第一歩を踏み出そうとする読者に，本書の内容は十分に応えるものである．

最後に，本書の企画でご尽力下さった森北出版の大橋貞夫氏と，また，編集・校正で大変お世話下さった上村紗帆さんに感謝の意を表したい．

2015 年 7 月

林　義実

目　次

本書では次の記号を使っている．それは太い文字で表している．

$\mathbf{R}$ 実数の集合

$\mathbf{N}$ 自然数 $1, 2, 3, \ldots$ の集合

1 ベクトル

線形代数はベクトルの理解から始まる．それは一般的な形で議論できるものであるが，最初は平面上で具体的な図をイメージしながら考え，ベクトルの基本的な演算を学ぼう．それから，幾何学的な対象として直線や平面をベクトルを用いて表すことを考える．特に必要なければ，1.3 節 外積を飛ばして先へ進んでよい．

1.1 2 次元と 3 次元のベクトル

平面上の点の座標 (a, b) は二つの実数の組であるから，平面上の点から成る集合を $\mathbf{R}^2$ と表す．さらに，空間内の点から成る集合を $\mathbf{R}^3$ と表す．

力や速度のような物理量は**向き**と**大きさ**を同時にもつものであり，そのような量を**ベクトル**という．平面上で考えると，それは下図のように**有向線分**（向きをもった線分）で表現され，線分の長さはその量の**大きさ**を表す．

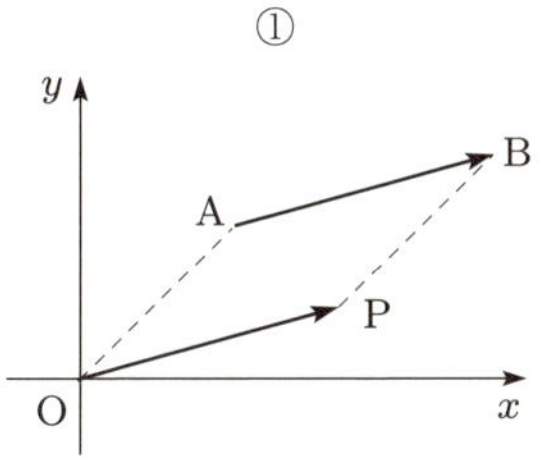

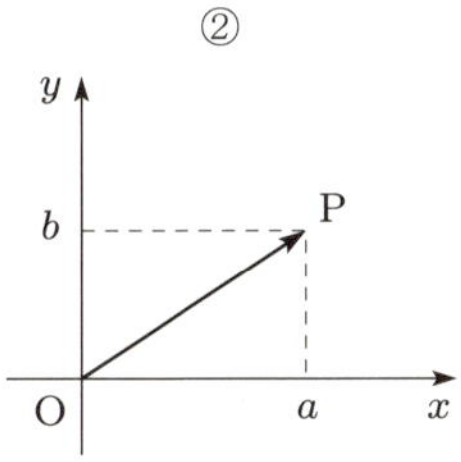

図 ① のように点 A から点 B へ向かう有向線分を $\overrightarrow{\mathrm{AB}}$ と表し，点 A を**始点**，点 B を**終点**という．また，線分 AB の長さ，すなわちベクトル $\overrightarrow{\mathrm{AB}}$ の大きさを $|\overrightarrow{\mathrm{AB}}|$ と表す．

ベクトルという量に対して，たとえば，温度，長さ，面積，重さなど，大きさだけの量を**スカラー**という．

始点と終点が違っても，向きと大きさが同じならば，それぞれの有向線分が表すベクトルは同じものだと考える．たとえば，上図 ① のように有向線分 $\overrightarrow{\mathrm{AB}}$ で表されるベクトルと有向線分 $\overrightarrow{\mathrm{OP}}$ で表されるベクトルがあり，平行移動したとき重なるならば $\overrightarrow{\mathrm{AB}} = \overrightarrow{\mathrm{OP}}$ とする．したがって，ベクトルとは，平行移動によって重ねることのできる有向線分族の総称のことであり，図 ② のように始点を座標軸の原点 O に重なるようにしたときの有向線分 $\overrightarrow{\mathrm{OP}}$ をそのベクトルの代表として考え，**位置ベクトル**という．点 P の座標を (a, b) とするとき，$\overrightarrow{\mathrm{OP}} = \begin{pmatrix} a \\ b \end{pmatrix}$ のように表し，これを有向線分 $\overrightarrow{\mathrm{OP}}$ が表すベクトルの**成分表示**という．

☑**注** 本書では，点の座標を (a,b) のように横書きで，ベクトルは $\begin{pmatrix} a \\ b \end{pmatrix}$ のように縦書きで表す．

点	(a,b)	a を x 座標，b を y 座標という．
ベクトル	$\begin{pmatrix} a \\ b \end{pmatrix}$	a を x 成分，b を y 成分という．

以下，ベクトルを一つの文字で表すときは太字 $\boldsymbol{a}, \boldsymbol{b}, \boldsymbol{c}, \ldots, \boldsymbol{u}, \boldsymbol{v}, \ldots$ または $\vec{a}, \vec{b}, \vec{c}, \ldots, \vec{u}, \vec{v}, \ldots$ のように表記し，スカラーを表す通常の文字 $a, b, c, \ldots$ と区別する．

平面上のベクトルは，成分表示を用いて $\boldsymbol{v} = \begin{pmatrix} a \\ b \end{pmatrix}$ のように二つの実数の組で表されるので，**2 次元のベクトル**という．平面上の 2 次元のベクトルの集合を $\mathbf{R}^2$ と表すことにする．したがって本書では，$\mathbf{R}^2$ は場合によって平面上の点の集合と考えたり，2 次元のベクトルの集合と考えたりする．

ベクトル $\boldsymbol{v} = \begin{pmatrix} a \\ b \end{pmatrix} \in \mathbf{R}^2$ の大きさは次のようになる．

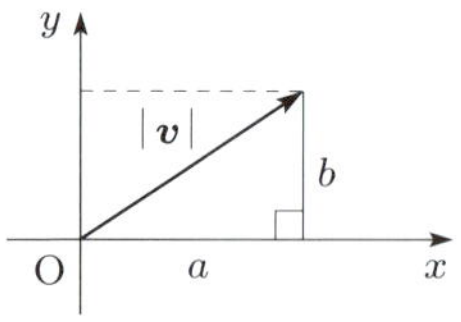

$$|\boldsymbol{v}| = \sqrt{a^2 + b^2}$$

また，2 点 $\mathrm{A}(a_1, a_2)$, $\mathrm{B}(b_1, b_2)$ があるとき，有向線分 $\overrightarrow{\mathrm{AB}}$ によって表されるベクトルを $\boldsymbol{v}$ とすると，

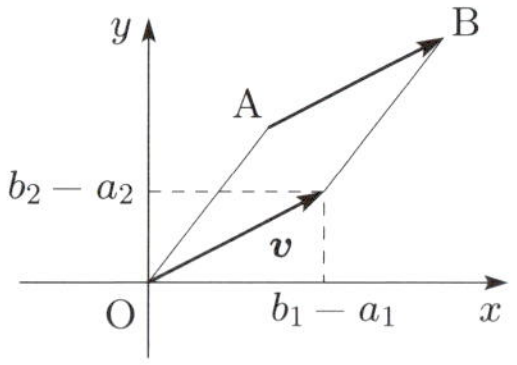

$$\boldsymbol{v} = \begin{pmatrix} b_1 - a_1 \\ b_2 - a_2 \end{pmatrix}, \quad |\boldsymbol{v}| = \sqrt{(b_1 - a_1)^2 + (b_2 - a_2)^2}$$

となる．

☑**注** 一般に，集合 S があり，a がその集合に含まれる（属する）とき，$\boldsymbol{a} \in \boldsymbol{S}$ と表す．したがって，$\boldsymbol{v} \in \mathbf{R}^2$ と表すとき，これは「$\boldsymbol{v}$ は平面 $\mathbf{R}^2$ 上のベクトルである」という意味であり，具体的に上図のような有向線分をイメージすればよい．このような表記は簡単・便利なので，本書ではよく使うことにする．ぜひ慣れてほしい．

特に，大きさが 0 で，向きをもたないベクトルを考え，これを**零ベクトル**と呼び，記号 $\mathbf{0}$ で表す．その成分表示は

$$\mathbf{0} = \begin{pmatrix} 0 \\ 0 \end{pmatrix}$$

であるが，ここで，ベクトル $\mathbf{0} \in \mathbf{R}^2$ とスカラー $0 \in \mathbf{R}$ の文字の違いに注意しよう．

ベクトル $\boldsymbol{v} = \begin{pmatrix} x \\ y \end{pmatrix} \in \mathbf{R}^2$ とスカラー $a \in \mathbf{R}$ があるとき，**スカラー倍** $a\boldsymbol{v} \in \mathbf{R}^2$ を

$$a\boldsymbol{v} = \begin{pmatrix} ax \\ ay \end{pmatrix}$$

のように定義する．つまり，

$$\begin{cases} a > 0 \text{ のとき，向きを変えず，大きさを } a \text{ 倍にしたもの} \\ a = 0 \text{ のとき，零ベクトル} \\ a < 0 \text{ のとき，向きを逆にして，大きさを } |a| \text{ 倍にしたもの} \end{cases}$$

である．また，二つのベクトル $\boldsymbol{v}_1 = \begin{pmatrix} x_1 \\ y_1 \end{pmatrix}$, $\boldsymbol{v}_2 = \begin{pmatrix} x_2 \\ y_2 \end{pmatrix}$ に対して，**加法**と**減法**を次のように定義する．

$$\boldsymbol{v}_1 + \boldsymbol{v}_2 = \begin{pmatrix} x_1 + x_2 \\ y_1 + y_2 \end{pmatrix}, \quad \boldsymbol{v}_1 - \boldsymbol{v}_2 = \begin{pmatrix} x_1 - x_2 \\ y_1 - y_2 \end{pmatrix}$$

例 1.1 $\boldsymbol{a} = \begin{pmatrix} 2 \\ 3 \end{pmatrix}$, $\boldsymbol{b} = \begin{pmatrix} 4 \\ -1 \end{pmatrix}$ のとき，$\boldsymbol{a} + \boldsymbol{b}$, $\boldsymbol{a} - \boldsymbol{b}$ を求めよう．

解 $\boldsymbol{a} + \boldsymbol{b} = \begin{pmatrix} 2+4 \\ 3-1 \end{pmatrix} = \begin{pmatrix} 6 \\ 2 \end{pmatrix}$, $\boldsymbol{a} - \boldsymbol{b} = \begin{pmatrix} 2-4 \\ 3+1 \end{pmatrix} = \begin{pmatrix} -2 \\ 4 \end{pmatrix}$ ■

加法の場合，下図 ① のように，$\boldsymbol{a} + \boldsymbol{b}$ は二つのベクトル $\boldsymbol{a}$ と $\boldsymbol{b}$ を辺とする平行四辺形の対角線になるが，② または ③ のように，二つのベクトルの始点と終点をつないだものと見ることもできる．

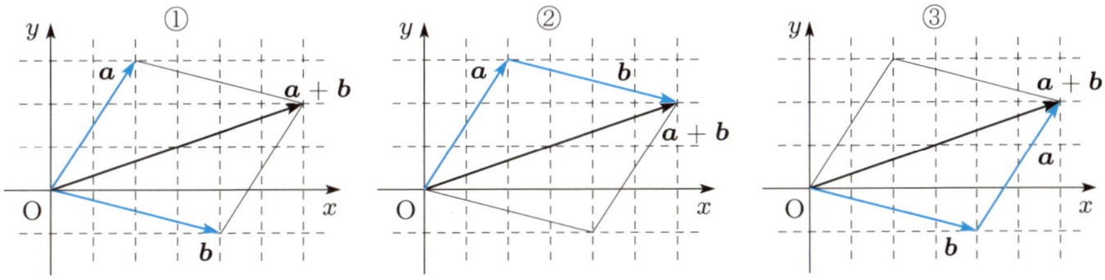

減法の場合，下図 ④ のようになるが，これは ⑤ のように，$\boldsymbol{a}$ と $-\boldsymbol{b}$ の加法と見ることもできる．また，⑥ のように考えることもできる．

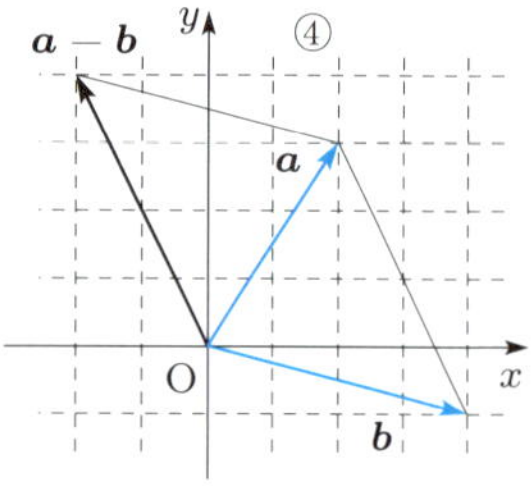

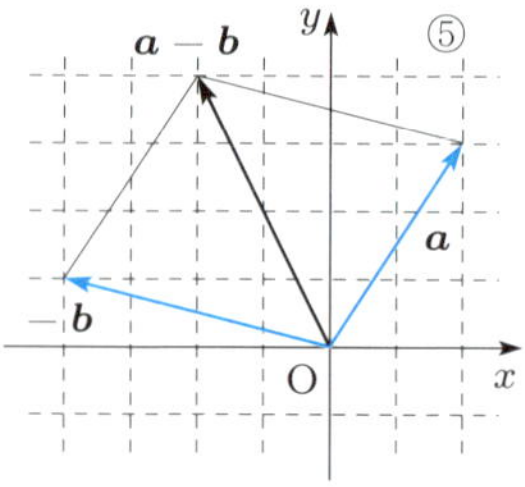

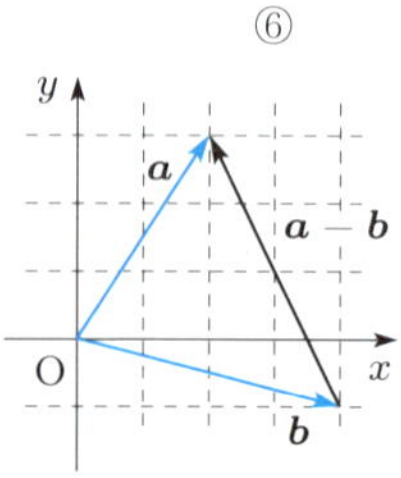

一般に次の等式が成り立つ.

公式 1.1

$$\overrightarrow{\mathrm{BA}} = -\overrightarrow{\mathrm{AB}}, \quad \overrightarrow{\mathrm{AB}} = \overrightarrow{\mathrm{OB}} - \overrightarrow{\mathrm{OA}}, \quad \overrightarrow{\mathrm{AB}} = \overrightarrow{\mathrm{AC}} + \overrightarrow{\mathrm{CB}}$$

ここで，点 C は任意の点であってよい．点 O は原点を表すが，これを任意の点で置き換えても等式が成り立つ.

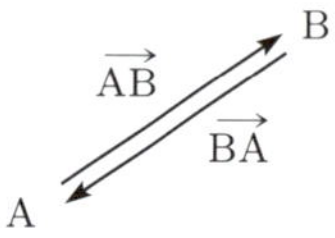

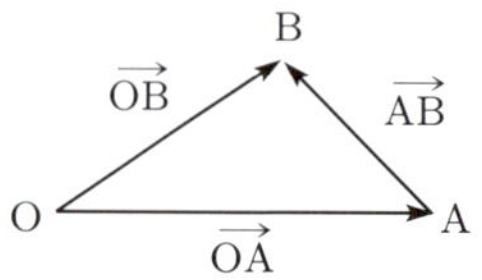

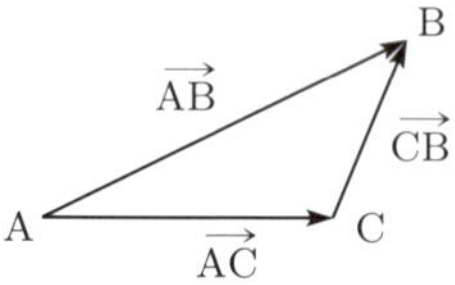

右図のように，$\boldsymbol{v}_1 = \overrightarrow{\mathrm{AB}}$, $\boldsymbol{v}_2 = \overrightarrow{\mathrm{BC}}$ とおくとき，三角形 ABC の辺の長さを比べると，次の**三角不等式**と呼ばれる関係式が成り立つことがわかる.

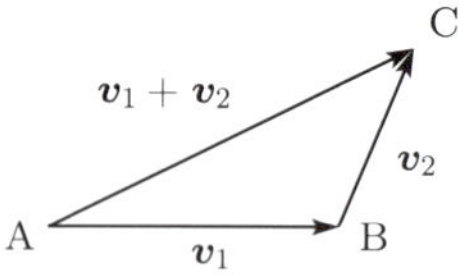

$$|\boldsymbol{v}_1 + \boldsymbol{v}_2| \leq |\boldsymbol{v}_1| + |\boldsymbol{v}_2|$$

この不等式についての一般的な証明は，公式 1.3 で示す.

次の二つのベクトルは特別なものであり，**基本ベクトル**という.

$$\boldsymbol{e}_1 = \begin{pmatrix} 1 \\ 0 \end{pmatrix}, \quad \boldsymbol{e}_2 = \begin{pmatrix} 0 \\ 1 \end{pmatrix}$$

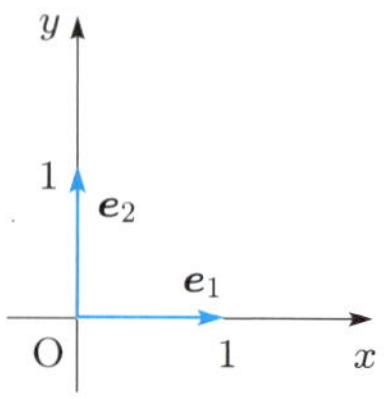

これらは，右図のように，それぞれ座標軸上の単位点 $(1,0)$, $(0,1)$ の位置ベクトルである.

☑**注**　基本ベクトル $\boldsymbol{e}_1, \boldsymbol{e}_2$ を $\boldsymbol{i}, \boldsymbol{j}$ という記号で表す本もある.

一般に，いくつかのベクトル $\boldsymbol{v}_1, \boldsymbol{v}_2, \ldots, \boldsymbol{v}_n$ とスカラー $a_1, a_2, \ldots, a_n$ との積和

$$a_1\boldsymbol{v}_1 + a_2\boldsymbol{v}_2 + \cdots + a_n\boldsymbol{v}_n$$

を **1 次結合**という．任意のベクトル $\boldsymbol{v} = \begin{pmatrix} x \\ y \end{pmatrix}$ は，次のようにして基本ベクトルの 1 次結合で表される．

$$\boldsymbol{v} = \begin{pmatrix} x \\ 0 \end{pmatrix} + \begin{pmatrix} 0 \\ y \end{pmatrix} = x\begin{pmatrix} 1 \\ 0 \end{pmatrix} + y\begin{pmatrix} 0 \\ 1 \end{pmatrix} = x\boldsymbol{e}_1 + y\boldsymbol{e}_2$$

以上の議論は 3 次元の空間 $\mathbf{R}^3$ においても同様に行うことができる．すなわち，ベクトル $\boldsymbol{v} \in \mathbf{R}^3$ は三つの実数の組で

$$\boldsymbol{v} = \begin{pmatrix} x \\ y \\ z \end{pmatrix}$$

と表され，これを成分表示という．このとき，ベクトルの大きさは

$$|\boldsymbol{v}| = \sqrt{x^2 + y^2 + z^2}$$

である．さらに，ベクトルのスカラー倍，二つのベクトルの加法や減法なども同様に定義される．

次の三つのベクトルは特別なものであり，基本ベクトルという．

$$\boldsymbol{e}_1 = \begin{pmatrix} 1 \\ 0 \\ 0 \end{pmatrix}, \quad \boldsymbol{e}_2 = \begin{pmatrix} 0 \\ 1 \\ 0 \end{pmatrix}, \quad \boldsymbol{e}_3 = \begin{pmatrix} 0 \\ 0 \\ 1 \end{pmatrix}$$

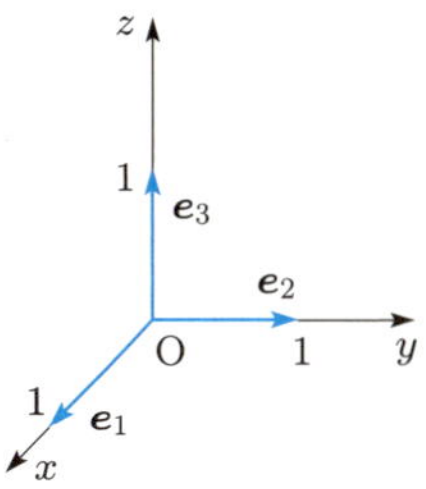

右図のように，それぞれ点 $(1, 0, 0)$, $(0, 1, 0)$, $(0, 0, 1)$ の位置ベクトルである．

☑**注**　この三つの基本ベクトルを $\boldsymbol{i}$, $\boldsymbol{j}$, $\boldsymbol{k}$ と表す本もある．

例 1.2　$\boldsymbol{a} = \begin{pmatrix} 5 \\ -2 \\ 4 \end{pmatrix}$ に対して $|\boldsymbol{a}|$ を求め，また，$\boldsymbol{a}$ を基本ベクトルの 1 次結合で表そう．

解　$|\boldsymbol{a}| = \sqrt{25 + 4 + 16} = \sqrt{45} = 3\sqrt{5}$,　$\boldsymbol{a} = 5\boldsymbol{e}_1 - 2\boldsymbol{e}_2 + 4\boldsymbol{e}_3$　■

以上の議論はさらに，一般の n 次元 $(n \in \mathbf{N})$ のベクトルについても同様に考えることができる．すなわち，

$$\boldsymbol{a} = \begin{pmatrix} a_1 \\ a_2 \\ \vdots \\ a_n \end{pmatrix} \in \mathbf{R}^n \text{ に対して } \quad |\boldsymbol{a}| = \sqrt{(a_1)^2 + (a_2)^2 + \cdots + (a_n)^2}$$

であり，スカラー倍や加法・減法を同様に定義する．ただし $n \geq 4$ の場合，有向線分を用いた説明はできない．

練習問題

問 1.1　平面上に 3 点 A, B, C があり，右図のように線分 BC を 3 等分し，2 点 L, M をとるとき，次のベクトルを $\boldsymbol{u} = \overrightarrow{\mathrm{AB}}$, $\boldsymbol{v} = \overrightarrow{\mathrm{AC}}$ の 1 次結合で表せ．

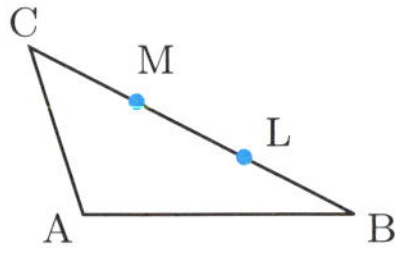

(1)　$\overrightarrow{\mathrm{BL}}$　　(2)　$\overrightarrow{\mathrm{AM}}$

問 1.2　空間内に 3 点 A, B, C があり，線分 BC の中点を M とするとき，ベクトル $\overrightarrow{\mathrm{AM}}$ を $\overrightarrow{\mathrm{OA}}$, $\overrightarrow{\mathrm{OB}}$, $\overrightarrow{\mathrm{OC}}$ の 1 次結合で表せ．

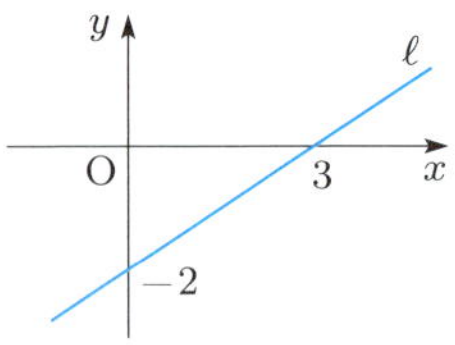

問 1.3　右図のように直線 ℓ があるとき，この直線の傾きと同じ方向をもち，大きさが 1 のベクトル $\boldsymbol{u}$ を求めよ．

注　大きさが 1 のベクトルを**単位ベクトル**という．

問 1.4　空間内に 3 点 A(1, 2, 3), B(−5, 4, −3), C(0, −1, 6) があり，$\boldsymbol{u} = \overrightarrow{\mathrm{OB}}$, $\boldsymbol{v} = \overrightarrow{\mathrm{AC}}$ とおくとき，次の問いに答えよ．

(1)　$\boldsymbol{u}, \boldsymbol{v}$ をそれぞれ成分を用いて表せ．

(2)　ベクトルの大きさ $|\boldsymbol{u}|, |\boldsymbol{v}|$ をそれぞれ求めよ．

(3)　$2\boldsymbol{u} - 3\boldsymbol{v}$ を計算し，成分を用いた形と，基本ベクトルの 1 次結合でそれぞれ答えよ．

1.2　ベクトルの内積

同じ次元の二つのベクトル $\boldsymbol{a}$ と $\boldsymbol{b}$ に対して，成分ごとの積和を**内積**といい，$\boldsymbol{a} \cdot \boldsymbol{b}$ と表す．すなわち，$\boldsymbol{a} = \begin{pmatrix} a_1 \\ a_2 \end{pmatrix}$, $\boldsymbol{b} = \begin{pmatrix} b_1 \\ b_2 \end{pmatrix} \in \mathbf{R}^2$ のとき

$$\begin{vmatrix} a_1 \\ a_2 \end{vmatrix} \begin{vmatrix} b_1 \\ b_2 \end{vmatrix} \begin{matrix} \to a_1 \times b_1 \\ \to a_2 \times b_2 \end{matrix} \quad \Rightarrow \quad ①$$

$$\boldsymbol{a} \cdot \boldsymbol{b} = a_1 b_1 + a_2 b_2 \qquad \cdots ①$$

であり，$\boldsymbol{a} = \begin{pmatrix} a_1 \\ a_2 \\ a_3 \end{pmatrix}$, $\boldsymbol{b} = \begin{pmatrix} b_1 \\ b_2 \\ b_3 \end{pmatrix} \in \mathbf{R}^3$ のとき

$$\begin{vmatrix} a_1 \\ a_2 \\ a_3 \end{vmatrix} \begin{vmatrix} b_1 \\ b_2 \\ b_3 \end{vmatrix} \begin{matrix} \to a_1 \times b_1 \\ \to a_2 \times b_2 \\ \to a_3 \times b_3 \end{matrix} \quad \Rightarrow \quad ①'$$

$$\boldsymbol{a} \cdot \boldsymbol{b} = a_1 b_1 + a_2 b_2 + a_3 b_3 \qquad \cdots ①'$$

である．一般に，$\boldsymbol{a} = \begin{pmatrix} a_1 \\ a_2 \\ \vdots \\ a_n \end{pmatrix}$, $\boldsymbol{b} = \begin{pmatrix} b_1 \\ b_2 \\ \vdots \\ b_n \end{pmatrix}$ のとき

$$\boldsymbol{a} \cdot \boldsymbol{b} = a_1 b_1 + a_2 b_2 + \cdots + a_n b_n = \sum_{k=1}^{n} a_k b_k$$

と定義する．

☑注　中点「·」を省略して $\boldsymbol{ab}$ のように書かないこと．内積を**スカラー積**ということもある．

例 1.3　$\boldsymbol{a} = \begin{pmatrix} 1 \\ 3 \\ 2 \end{pmatrix}$, $\boldsymbol{b} = \begin{pmatrix} 5 \\ -2 \\ 4 \end{pmatrix}$ のとき，内積は $\boldsymbol{a} \cdot \boldsymbol{b} = 5 - 6 + 8 = 7$ となる．

例 1.4　平面 $\mathbf{R}^2$ 上に点 A(2, −2), B(3, 4), C(1, 1), D(−3, 3) があるとき，$\boldsymbol{u} = \overrightarrow{\mathrm{AB}}$ と $\boldsymbol{v} = \overrightarrow{\mathrm{CD}}$ の内積 $\boldsymbol{u} \cdot \boldsymbol{v}$ を求めよう．

解　それぞれのベクトルを成分表示すると，公式 1.1 より

$$\boldsymbol{u} = \begin{pmatrix} 3 \\ 4 \end{pmatrix} - \begin{pmatrix} 2 \\ -2 \end{pmatrix} = \begin{pmatrix} 1 \\ 6 \end{pmatrix}, \quad \boldsymbol{v} = \begin{pmatrix} -3 \\ 3 \end{pmatrix} - \begin{pmatrix} 1 \\ 1 \end{pmatrix} = \begin{pmatrix} -4 \\ 2 \end{pmatrix}$$

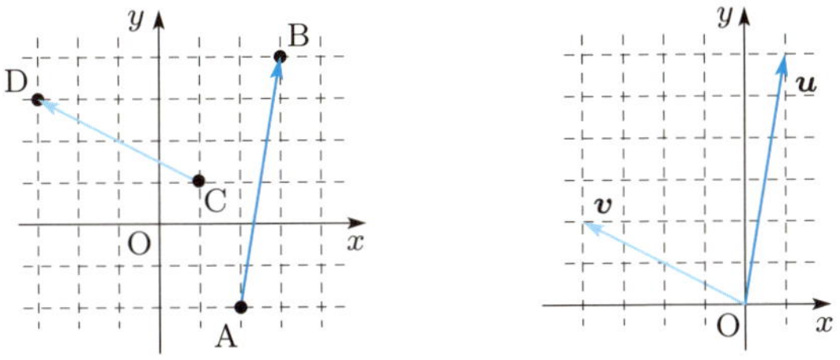

となるので，

$$\boldsymbol{u} \cdot \boldsymbol{v} = -4 + 12 = 8$$

である．■

公式 1.2

内積について次の等式が成り立つ．

(1)　$\boldsymbol{u} \cdot \boldsymbol{v} = \boldsymbol{v} \cdot \boldsymbol{u}$

(2)　$\boldsymbol{u} \cdot (\boldsymbol{v} + \boldsymbol{w}) = \boldsymbol{u} \cdot \boldsymbol{v} + \boldsymbol{u} \cdot \boldsymbol{w}$

(3)　$\boldsymbol{u} \cdot (k\boldsymbol{v}) = (k\boldsymbol{u}) \cdot \boldsymbol{v} = k(\boldsymbol{u} \cdot \boldsymbol{v})$　　(k はスカラー)

(4)　基本ベクトルに対して　$\boldsymbol{e}_i \cdot \boldsymbol{e}_j = \begin{cases} 1 & i = j \text{ のとき} \\ 0 & i \neq j \text{ のとき} \end{cases}$

定義からすぐ導かれるので証明は省略する．さらに，次の公式も成り立つ．

公式 1.3　ベクトルの大きさに関する公式

(1)　$|\boldsymbol{u}|^2 = \boldsymbol{u} \cdot \boldsymbol{u}$

(2)　$|c\boldsymbol{u}| = |c|\,|\boldsymbol{u}|$

(3)　$|\boldsymbol{u} \cdot \boldsymbol{v}| \leq |\boldsymbol{u}|\,|\boldsymbol{v}|$　　← **シュヴァルツの不等式**という．

(4)　$|\boldsymbol{u} + \boldsymbol{v}| \leq |\boldsymbol{u}| + |\boldsymbol{v}|$　　← **三角不等式**という．

証明　(1)，(2) 定義からすぐ導かれるので省略．
(3) $\boldsymbol{u} \neq \boldsymbol{0}$ として，$f(t) = |t\boldsymbol{u} + \boldsymbol{v}|^2$ $(t \in \mathbf{R})$ とおくと，常に $f(t) \geq 0$ である．一方，

$$f(t) = (t\boldsymbol{u} + \boldsymbol{v}) \cdot (t\boldsymbol{u} + \boldsymbol{v}) = t^2|\boldsymbol{u}|^2 + 2t(\boldsymbol{u} \cdot \boldsymbol{v}) + |\boldsymbol{v}|^2$$

であり，この値が「常に $f(t) \geq 0$ である」ためには「判別式 ≤ 0」が必要十分であることから上の結果を得る．
(4) 左辺の 2 乗 $= (\boldsymbol{u} + \boldsymbol{v}) \cdot (\boldsymbol{u} + \boldsymbol{v}) = |\boldsymbol{u}|^2 + 2(\boldsymbol{u} \cdot \boldsymbol{v}) + |\boldsymbol{v}|^2$
$\leq |\boldsymbol{u}|^2 + 2|\boldsymbol{u}|\,|\boldsymbol{v}| + |\boldsymbol{v}|^2 = (|\boldsymbol{u}|^2 + |\boldsymbol{v}|)^2$
となるからである．■

2 次元と 3 次元のベクトルの場合，**内積**を

$$\boldsymbol{a} \cdot \boldsymbol{b} = |\boldsymbol{a}|\,|\boldsymbol{b}| \cos\theta \qquad \cdots ②$$

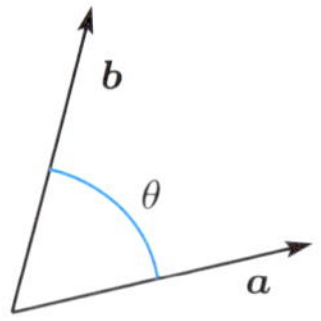

のように定義することがある．ここで，θ は右図のように二つのベクトルの**なす**角（**作る**角ともいう）であり，ふつう $0° \leq \theta \leq 180°$ とする．

これは定義 ① や ①′ と同値である（問 1.10）．また，次の公式が得られる．

公式 1.4

2 次元または 3 次元の場合，二つのベクトル $\boldsymbol{a}$ と $\boldsymbol{b}$ のなす角 θ は次の式から求めることができる．

$$\cos\theta = \frac{\boldsymbol{a} \cdot \boldsymbol{b}}{|\boldsymbol{a}|\,|\boldsymbol{b}|} \qquad \text{特に} \quad \theta = 90° \;\Leftrightarrow\; \boldsymbol{a} \cdot \boldsymbol{b} = 0$$

☑注　下図のように $\boldsymbol{a} = \overrightarrow{\mathrm{OA}}, \boldsymbol{b} = \overrightarrow{\mathrm{OB}}$ とするとき，$|\boldsymbol{b}| \cos\theta$ は線分 OC の符号つきの長さである．

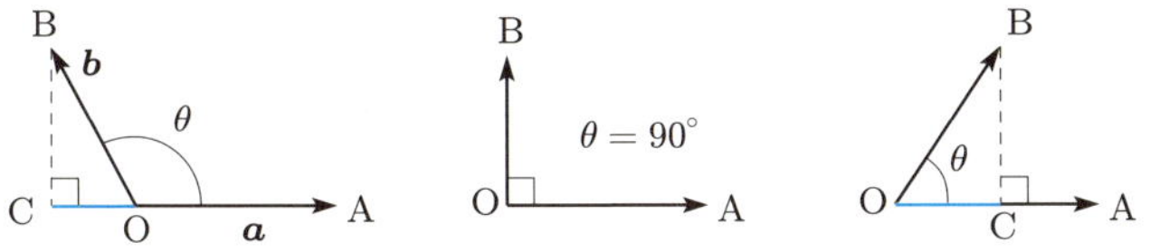

内積と角 θ との間に次の関係がある．

$$\boldsymbol{a}\cdot\boldsymbol{b}\begin{cases} >0 & \Leftrightarrow \quad \theta \text{ は鋭角（上図右）} \quad 0 \leq \theta < 90^\circ \\ =0 & \Leftrightarrow \quad \theta \text{ は直角（上図中）} \quad \theta = 90^\circ, \quad \boldsymbol{a} \perp \boldsymbol{b} \\ <0 & \Leftrightarrow \quad \theta \text{ は鈍角（上図左）} \quad 90^\circ < \theta \leq 180^\circ \end{cases}$$

例 1.5　下図のように 1 辺の長さが a の正三角形 ABC があるとき，内積 $\overrightarrow{\mathrm{AB}}\cdot\overrightarrow{\mathrm{AC}}$ と $\overrightarrow{\mathrm{AB}}\cdot\overrightarrow{\mathrm{DC}}$ を求めよう．

解　$\overrightarrow{\mathrm{AB}}\cdot\overrightarrow{\mathrm{AC}} = a\cdot a\cdot\cos 60^\circ = \dfrac{a^2}{2}$

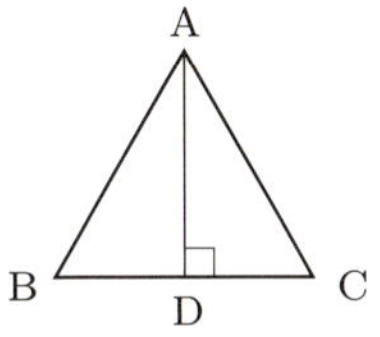

次に，$\overrightarrow{\mathrm{AB}}$ と $\overrightarrow{\mathrm{DC}}$ は始点が離れているので，始点を合わせてから二つのベクトルのなす角をはかると $\theta = 120^\circ$ になるから，

$$\overrightarrow{\mathrm{AB}}\cdot\overrightarrow{\mathrm{DC}} = a\cdot\frac{a}{2}\cdot\cos 120^\circ = -\frac{a^2}{4}$$

となる．■

練習問題

問 1.5　ベクトル $\boldsymbol{a} = \begin{pmatrix} 3 \\ -2 \end{pmatrix}$, $\boldsymbol{b} = \begin{pmatrix} x \\ 4 \end{pmatrix}$ に対して，$\boldsymbol{a}\cdot\boldsymbol{b} = 7$ のとき x の値を求めよ．

問 1.6　1 辺の長さが a の正方形 ABCD があるとき，次の内積を求めよ．

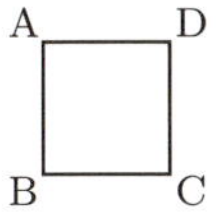

(1)　$\overrightarrow{\mathrm{AB}}\cdot\overrightarrow{\mathrm{AD}}$　　(2)　$\overrightarrow{\mathrm{AB}}\cdot\overrightarrow{\mathrm{AC}}$　　(3)　$\overrightarrow{\mathrm{DA}}\cdot\overrightarrow{\mathrm{AC}}$

問 1.7　1 辺の長さが a の正六角形 ABCDEF があるとき，次の内積を求めよ．

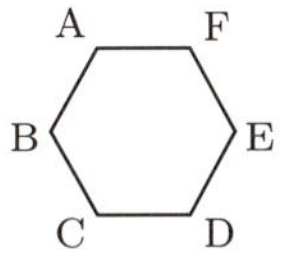

(1)　$\overrightarrow{\mathrm{AB}}\cdot\overrightarrow{\mathrm{AF}}$　　(2)　$\overrightarrow{\mathrm{AD}}\cdot\overrightarrow{\mathrm{AF}}$　　(3)　$\overrightarrow{\mathrm{AE}}\cdot\overrightarrow{\mathrm{AF}}$　　(4)　$\overrightarrow{\mathrm{AF}}\cdot\overrightarrow{\mathrm{BE}}$

問 1.8　ベクトル $\boldsymbol{a} = \begin{pmatrix} 3 \\ 1 \\ 2 \end{pmatrix}$, $\boldsymbol{b} = \begin{pmatrix} x \\ 3 \\ -1 \end{pmatrix}$ について，

(1)　なす角が 60° のとき x の値を求めよ．　　(2)　$\boldsymbol{a} \perp \boldsymbol{b}$ のとき x の値を求めよ．

問 1.9　次の 3 点を頂点とする三角形を考えるとき，公式 1.4 を利用して $\angle\mathrm{A}$ を求めよ．

(1)　$\mathrm{A}(2,-1,1)$, $\mathrm{B}(3,0,-3)$, $\mathrm{C}(1,1,-1)$　　(2)　$\mathrm{A}(-1,3,0)$, $\mathrm{B}(1,0,1)$, $\mathrm{C}(2,2,-2)$

問 1.10　$\mathbf{R}^2$ または $\mathbf{R}^3$ において，内積の定義 ① と ② は同値であることを証明せよ．

問 1.11　$\mathbf{R}^3$ の二つのベクトル $\boldsymbol{a}, \boldsymbol{b}$ が作る平行四辺形（下図）の面積を S とすると，次の等式が成り立つことを証明せよ．

$$S^2 = |\boldsymbol{a}|^2|\boldsymbol{b}|^2 - (\boldsymbol{a}\cdot\boldsymbol{b})^2 \qquad \text{すなわち } S = \sqrt{(\boldsymbol{a}\cdot\boldsymbol{a})(\boldsymbol{b}\cdot\boldsymbol{b}) - (\boldsymbol{a}\cdot\boldsymbol{b})^2}$$

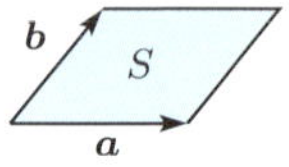

問 1.12　上の問いの等式を利用して，問 1.9 の三角形の面積を求めよ．

1.3　ベクトルの外積

この節では，特に 3 次元のベクトルについて考える．二つのベクトル $\boldsymbol{u}, \boldsymbol{v} \in \mathbf{R}^3$ に対して，**外積**（または**ベクトル積**）と呼ばれるベクトルを次のように定義し，$\boldsymbol{u}\times\boldsymbol{v}$ と表す．

(1)　大きさ $|\boldsymbol{u}\times\boldsymbol{v}|$ は二つのベクトル $\boldsymbol{u}, \boldsymbol{v}$ によって作られる平行四辺形の面積 S に等しいとする．

(2)　向きは二つのベクトル $\boldsymbol{u}, \boldsymbol{v}$ に垂直で，右図のように三つのベクトル $\boldsymbol{u}, \boldsymbol{v}, \boldsymbol{u}\times\boldsymbol{v}$ が右手系（右手の親指・人差し指・中指の順）になるようにとる．

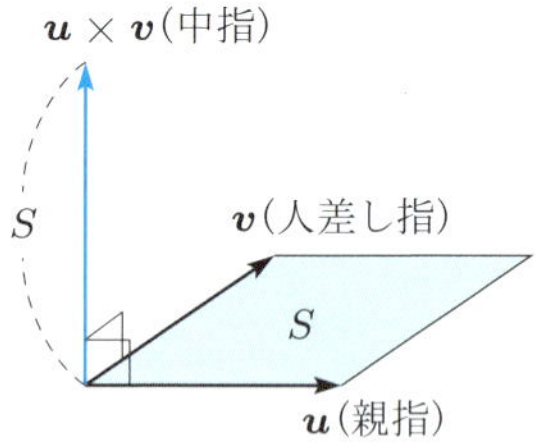

$\boldsymbol{u}, \boldsymbol{v}$ のどちらかが零ベクトルのとき，または二つのベクトルが平行のときは，$\boldsymbol{u}\times\boldsymbol{v} = \boldsymbol{0}$ とする．

公式 1.5

(1)　$\boldsymbol{u}\times\boldsymbol{v} = -\boldsymbol{v}\times\boldsymbol{u}, \quad \boldsymbol{u}\times\boldsymbol{u} = \boldsymbol{0}$

(2)　$(a\boldsymbol{u})\times\boldsymbol{v} = \boldsymbol{u}\times(a\boldsymbol{v}) = a(\boldsymbol{u}\times\boldsymbol{v}) \qquad (a \in \mathbf{R})$

(3)　$\boldsymbol{u}\times(\boldsymbol{v}+\boldsymbol{w}) = \boldsymbol{u}\times\boldsymbol{v} + \boldsymbol{u}\times\boldsymbol{w}$

(4)　$(\boldsymbol{v}+\boldsymbol{w})\times\boldsymbol{u} = \boldsymbol{v}\times\boldsymbol{u} + \boldsymbol{w}\times\boldsymbol{u}$

(1) と (2) は定義から明らか．(3) の証明は非常に込み入った作図を必要とし，省略する．(4) は (1) と (3) から導かれる．なお，(1) は**交代法則**といい，(3) と (4) は**分配法則**という．

公式 1.6

基本ベクトルについて

(1)　$\boldsymbol{e}_1\times\boldsymbol{e}_1 = \boldsymbol{e}_2\times\boldsymbol{e}_2 = \boldsymbol{e}_3\times\boldsymbol{e}_3 = \boldsymbol{0}$

(2)　$\boldsymbol{e}_1\times\boldsymbol{e}_2 = \boldsymbol{e}_3, \quad \boldsymbol{e}_2\times\boldsymbol{e}_3 = \boldsymbol{e}_1, \quad \boldsymbol{e}_3\times\boldsymbol{e}_1 = \boldsymbol{e}_2$

証明　(1) は定義から明らか．(2) の $\boldsymbol{e}_1\times\boldsymbol{e}_2 = \boldsymbol{e}_3$ について考える．下図左のように，ベクトル $\boldsymbol{e}_1, \boldsymbol{e}_2$ によって作られる平行四辺形は面積 1 の正方形（図の青色部分）であり，その面に垂直な方向は z 軸である．$\boldsymbol{e}_1\times\boldsymbol{e}_2$ を右手系になるようにとれば，$\boldsymbol{e}_3$ と一致する．ほかも同様である．■

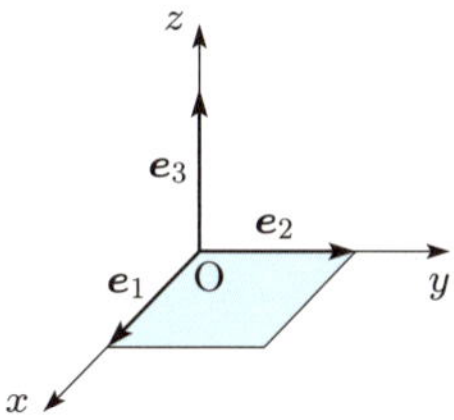

公式1.6(2)で, 三つの基本ベクトル e_1, e_2, e_3 は右のように反時計まわりに巡回している.

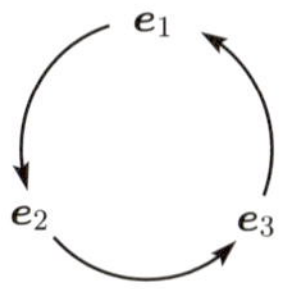

公式 1.7

$$u = \begin{pmatrix} a_1 \\ a_2 \\ a_3 \end{pmatrix}, v = \begin{pmatrix} b_1 \\ b_2 \\ b_3 \end{pmatrix} \text{ に対して}$$

$$u \times v = (a_2 b_3 - a_3 b_2) e_1 - (a_1 b_3 - a_3 b_1) e_2 + (a_1 b_2 - a_2 b_1) e_3$$

証明は公式 1.5 と 1.6 から導かれる. なお, 係数の計算は次のように考えると覚えやすいだろう.

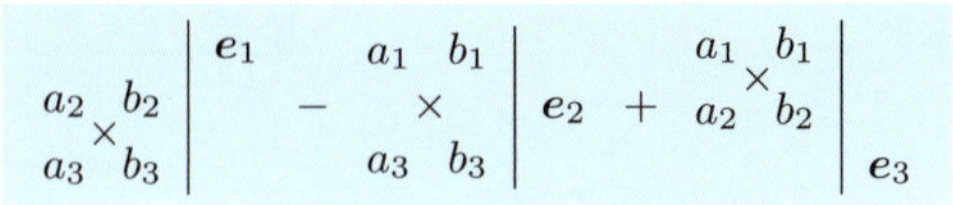

$$\begin{vmatrix} a_2 \underset{\times}{} b_2 \\ a_3 b_3 \end{vmatrix} e_1 \quad - \quad \begin{vmatrix} a_1 b_1 \\ \times \\ a_3 b_3 \end{vmatrix} e_2 \quad + \quad \begin{vmatrix} a_1 \underset{\times}{} b_1 \\ a_2 b_2 \end{vmatrix} e_3$$

☑**注** あとで学ぶ行列式を用いると,

$$u \times v = \begin{vmatrix} a_2 & b_2 \\ a_3 & b_3 \end{vmatrix} e_1 - \begin{vmatrix} a_1 & b_1 \\ a_3 & b_3 \end{vmatrix} e_2 + \begin{vmatrix} a_1 & b_1 \\ a_2 & b_2 \end{vmatrix} e_3$$

と表すことができる.

例 1.6 $u = \begin{pmatrix} 1 \\ 2 \\ 1 \end{pmatrix}, v = \begin{pmatrix} 2 \\ -2 \\ -4 \end{pmatrix}$ に対して $u \times v$ を求めよう.

解 $u \times v = (-8 + 2) e_1 - (-4 - 2) e_2 + (-2 - 4) e_3 = -6 e_1 + 6 e_2 - 6 e_3 = \begin{pmatrix} -6 \\ 6 \\ -6 \end{pmatrix}$ ∎

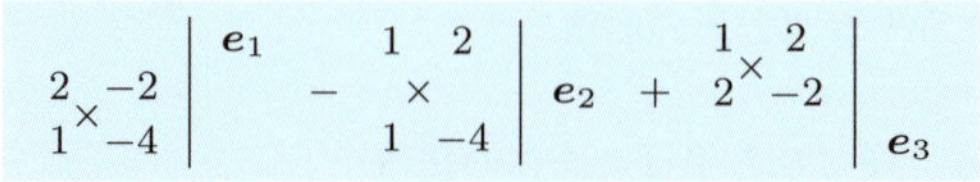

$$\begin{vmatrix} 2 \underset{\times}{} -2 \\ 1 -4 \end{vmatrix} e_1 \quad - \quad \begin{vmatrix} 1 2 \\ \times \\ 1 -4 \end{vmatrix} e_2 \quad + \quad \begin{vmatrix} 1 \underset{\times}{} 2 \\ 2 -2 \end{vmatrix} e_3$$

この例では $|u \times v| = \sqrt{36 + 36 + 36} = 6\sqrt{3}$ だから, 二つのベクトル u, v によって作られる平行四辺形の面積は $6\sqrt{3}$ であるということがわかる. また, 問 1.11 から次の等式が得られる.

公式 1.8

$$|\boldsymbol{v} \times \boldsymbol{w}| = \sqrt{|\boldsymbol{v}|^2|\boldsymbol{w}|^2 - (\boldsymbol{v} \cdot \boldsymbol{w})^2}$$

三つのベクトルに対して，$\boldsymbol{u} \cdot (\boldsymbol{v} \times \boldsymbol{w})$ を**スカラー三重積**という．

定理 1.1

スカラー三重積の絶対値 $|\boldsymbol{u} \cdot (\boldsymbol{v} \times \boldsymbol{w})|$ は，三つのベクトル $\boldsymbol{u}, \boldsymbol{v}, \boldsymbol{w}$ によって作られる**平行六面体**の体積に等しい．

証明　ベクトル $\boldsymbol{u}$ と $\boldsymbol{v} \times \boldsymbol{w}$ のなす角を θ とすれば，体積は底面積 × 高さであり，底面積は $|\boldsymbol{v} \times \boldsymbol{w}|$ に，また，高さは $|\boldsymbol{u}|\,|\cos\theta|$ に等しいからである． ■

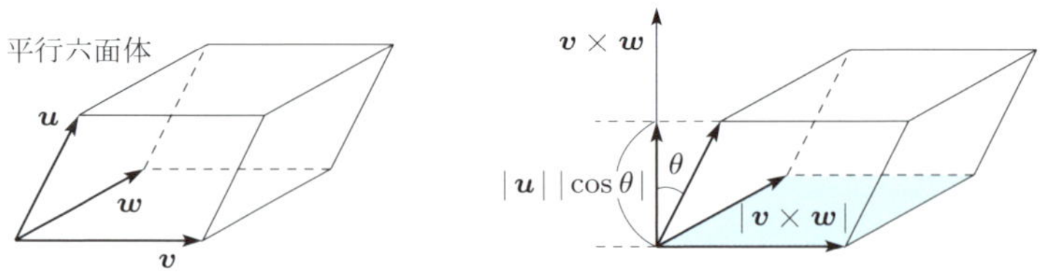

☑注　$\boldsymbol{u} = \begin{pmatrix} a_1 \\ a_2 \\ a_3 \end{pmatrix}, \boldsymbol{v} = \begin{pmatrix} b_1 \\ b_2 \\ b_3 \end{pmatrix}, \boldsymbol{w} = \begin{pmatrix} c_1 \\ c_2 \\ c_3 \end{pmatrix}$ とおくとき，あとで学ぶ行列式を用いると，スカラー三重積を $\boldsymbol{u} \cdot (\boldsymbol{v} \times \boldsymbol{w}) = \begin{vmatrix} a_1 & b_1 & c_1 \\ a_2 & b_2 & c_2 \\ a_3 & b_3 & c_3 \end{vmatrix}$ のように表すことができる（問 5.12）．また，$\boldsymbol{u} \cdot (\boldsymbol{v} \times \boldsymbol{w}) = 0$ ならば，三つのベクトル $\boldsymbol{u}, \boldsymbol{v}, \boldsymbol{w}$ は同一平面上にある．

練習問題

問 1.13　$\boldsymbol{u} = \begin{pmatrix} 2 \\ -3 \\ 4 \end{pmatrix}, \boldsymbol{v} = \begin{pmatrix} 1 \\ 0 \\ -5 \end{pmatrix}, \boldsymbol{w} = \begin{pmatrix} -2 \\ -1 \\ 3 \end{pmatrix}$ とするとき，次のものを求めよ．

(1)　外積　$\boldsymbol{u} \times \boldsymbol{v}, \boldsymbol{u} \times \boldsymbol{w}$

(2)　二つのベクトル $\boldsymbol{u}, \boldsymbol{w}$ で作られる平行四辺形の面積

(3)　スカラー三重積　$\boldsymbol{u} \cdot (\boldsymbol{v} \times \boldsymbol{w})$

(4)　三つのベクトル $\boldsymbol{u}, \boldsymbol{v}, \boldsymbol{w}$ によって作られる平行六面体の体積

問 1.14　次のそれぞれの $\boldsymbol{u}, \boldsymbol{v}$ について，外積 $\boldsymbol{u} \times \boldsymbol{v}$ を求めよ．

(1)　$\boldsymbol{u} = \boldsymbol{e}_1 + \boldsymbol{e}_2 + \boldsymbol{e}_3, \boldsymbol{v} = 3\boldsymbol{e}_1 - 4\boldsymbol{e}_2$

(2)　$\boldsymbol{u} = 5\boldsymbol{e}_1 + 4\boldsymbol{e}_2 + 3\boldsymbol{e}_3, \boldsymbol{v} = -4\boldsymbol{e}_1 + 3\boldsymbol{e}_2 - 2\boldsymbol{e}_3$

(3)　$\boldsymbol{u} = -2\boldsymbol{e}_1 - 6\boldsymbol{e}_2 + 8\boldsymbol{e}_3, \boldsymbol{v} = 5\boldsymbol{e}_1 - 10\boldsymbol{e}_2 + 15\boldsymbol{e}_3$

問 1.15　$\boldsymbol{u} \times (\boldsymbol{v} \times \boldsymbol{w}) = (\boldsymbol{u} \times \boldsymbol{v}) \times \boldsymbol{w}$ が成り立たないような例を考えよ．

1.4 1 次独立と 1 次従属

ベクトルの 1 次結合という関係式について，もう少し考えてみよう．

例 1.7 三つのベクトル

$$\boldsymbol{a}=\begin{pmatrix}2\\1\end{pmatrix},\quad \boldsymbol{b}=\begin{pmatrix}-1\\3\end{pmatrix},\quad \boldsymbol{c}=\begin{pmatrix}8\\-3\end{pmatrix}$$

があるとき，$\boldsymbol{c}$ を $\boldsymbol{a}$ と $\boldsymbol{b}$ の 1 次結合で表そう．

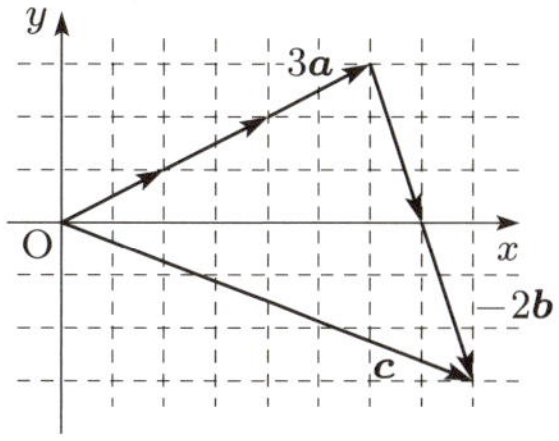

解 $\boldsymbol{c}=x\boldsymbol{a}+y\boldsymbol{b}$ とおけば，連立 1 次方程式

$$\begin{cases}2x-y=8\\x+3y=-3\end{cases}$$

が得られる．これを解くと $x=3,\ y=-2$ となるので，次のように表すことができる．

$$\boldsymbol{c}=3\boldsymbol{a}-2\boldsymbol{b}\qquad\cdots①$$ ■

例 1.8 ベクトル $\boldsymbol{a}=\begin{pmatrix}1\\3\\-2\end{pmatrix},\ \boldsymbol{b}=\begin{pmatrix}4\\2\\-2\end{pmatrix},\ \boldsymbol{c}=\begin{pmatrix}-1\\-2\\3\end{pmatrix},\ \boldsymbol{d}=\begin{pmatrix}3\\2\\3\end{pmatrix}$ があるとき，$\boldsymbol{d}$ を $\boldsymbol{a}$, $\boldsymbol{b}$, $\boldsymbol{c}$ の 1 次結合で表そう．

解 $\boldsymbol{d}=x\boldsymbol{a}+y\boldsymbol{b}+z\boldsymbol{c}$ とおけば，連立 1 次方程式 $\begin{cases}x+4y-z=3\\3x+2y-2z=2\\-2x-2y+3z=3\end{cases}$ が得られる．これを解くと $x=2,\ y=1,\ z=3$ であり，次のように表すことができる．

$$\boldsymbol{d}=2\boldsymbol{a}+\boldsymbol{b}+3\boldsymbol{c}\qquad\cdots②$$ ■

上の二つの例の ① と ② から，次のような関係式が得られる．

$$3\boldsymbol{a}-2\boldsymbol{b}-\boldsymbol{c}=\boldsymbol{0}\quad\cdots(1)\qquad 2\boldsymbol{a}+\boldsymbol{b}+3\boldsymbol{c}-\boldsymbol{d}=\boldsymbol{0}\quad\cdots(2)$$

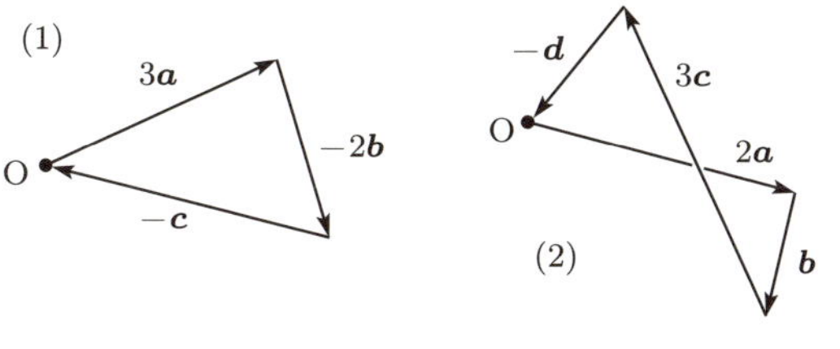

(1)では平面$\mathbf{R}^2$上で三つのベクトル$3\boldsymbol{a}$, $-2\boldsymbol{b}$, $-\boldsymbol{c}$ をぐるっとたどって，原点に戻ることができる．
(2)では空間$\mathbf{R}^3$内で四つのベクトル$2\boldsymbol{a}$, $\boldsymbol{b}$, $3\boldsymbol{c}$, $-\boldsymbol{d}$ をぐるっとたどって，原点に戻ることができる．

このように，一般にいくつかのベクトル $\boldsymbol{v}_1,\boldsymbol{v}_2,\dots,\boldsymbol{v}_n$ の間に，すべてが 0 ではない実数 $k_1,\dots,k_n$ を係数として，

$$k_1\boldsymbol{v}_1 + k_2\boldsymbol{v}_2 + \cdots + k_n\boldsymbol{v}_n = \boldsymbol{0} \qquad \cdots ※$$

という 1 次結合の関係があるとき，これらのベクトル $\boldsymbol{v}_1, \boldsymbol{v}_2, \ldots, \boldsymbol{v}_n$ は **1 次従属**であるという．

例 1.9 ベクトル $\boldsymbol{a} = \begin{pmatrix} 1 \\ 3 \\ -2 \end{pmatrix}, \boldsymbol{b} = \begin{pmatrix} 4 \\ 2 \\ -2 \end{pmatrix}, \boldsymbol{c} = \begin{pmatrix} -1 \\ -2 \\ 3 \end{pmatrix}$ は 1 次従属かどうか調べよう．

解 $x\boldsymbol{a} + y\boldsymbol{b} + z\boldsymbol{c} = \boldsymbol{0}$ を満たす係数 x, y, z を求めてみよう．それは，連立 1 次方程式

$$\begin{cases} x + 4y - z = 0 \\ 3x + 2y - 2z = 0 \\ -2x - 2y + 3z = 0 \end{cases}$$

の解であり，これを解くと $x = y = z = 0$ となる．したがって，$\boldsymbol{a}, \boldsymbol{b}, \boldsymbol{c}$ は 1 次従属でない． ■

この例のように 1 次従属でないとき，すなわち，上の※の関係式が成り立つのは

$$k_1 = 0, \quad k_2 = 0, \quad \ldots, \quad k_n = 0$$

のときに限る場合，ベクトル $\boldsymbol{v}_1, \boldsymbol{v}_2, \ldots, \boldsymbol{v}_n$ は **1 次独立**であるという．平面上の基本ベクトル $\boldsymbol{e}_1, \boldsymbol{e}_2$ や空間内の基本ベクトル $\boldsymbol{e}_1, \boldsymbol{e}_2, \boldsymbol{e}_3$ は 1 次独立である．

一般に，ベクトル $\boldsymbol{v}_1, \boldsymbol{v}_2, \ldots, \boldsymbol{v}_n$ が 1 次従属ならば，このうちの一つを残りのほかのベクトルの 1 次結合で表すことができる．

平面上または空間内に平行な二つのベクトル $\boldsymbol{a}, \boldsymbol{b}$ があるとき，$\boldsymbol{b} = k\boldsymbol{a}$ と表すことができるので，次の関係が成り立つ．

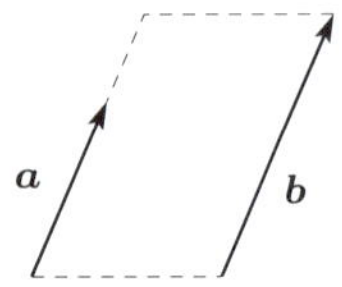

$$\boldsymbol{a}, \boldsymbol{b} \text{ が} \begin{cases} 1 \text{ 次従属} & \Leftrightarrow \quad \boldsymbol{a}, \boldsymbol{b} \text{ は平行} \\ 1 \text{ 次独立} & \Leftrightarrow \quad \boldsymbol{a}, \boldsymbol{b} \text{ は平行でない} \end{cases}$$

練習問題

問 1.16 次の三つの列ベクトルに対して，ベクトル $\boldsymbol{a}$ をベクトル $\boldsymbol{b}$ と $\boldsymbol{c}$ の 1 次結合で表せ．

$$\boldsymbol{a} = \begin{pmatrix} 3 \\ 8 \end{pmatrix}, \quad \boldsymbol{b} = \begin{pmatrix} 3 \\ -1 \end{pmatrix}, \quad \boldsymbol{c} = \begin{pmatrix} 6 \\ 4 \end{pmatrix}$$

問 1.17 次のベクトルは 1 次独立かまたは 1 次従属か調べよ．1 次従属ならば，$\boldsymbol{a}$ をその他のベクトルの 1 次結合で表せ．

(1) $\boldsymbol{a} = \begin{pmatrix} 1 \\ 0 \\ -2 \end{pmatrix}, \quad \boldsymbol{b} = \begin{pmatrix} 3 \\ 2 \\ -1 \end{pmatrix}, \quad \boldsymbol{c} = \begin{pmatrix} 0 \\ -4 \\ 3 \end{pmatrix}$

(2)　$\boldsymbol{a} = \begin{pmatrix} 2 \\ 4 \\ 6 \end{pmatrix}$,　$\boldsymbol{b} = \begin{pmatrix} 4 \\ 5 \\ 6 \end{pmatrix}$,　$\boldsymbol{c} = \begin{pmatrix} 7 \\ 8 \\ 9 \end{pmatrix}$

(3)　$\boldsymbol{a} = \begin{pmatrix} 3 \\ 3 \\ 3 \end{pmatrix}$,　$\boldsymbol{b} = \begin{pmatrix} -4 \\ -1 \\ 3 \end{pmatrix}$,　$\boldsymbol{c} = \begin{pmatrix} 1 \\ 4 \\ -6 \end{pmatrix}$,　$\boldsymbol{d} = \begin{pmatrix} 2 \\ -1 \\ 3 \end{pmatrix}$

1.5　直線と平面

平面 $\mathbf{R}^2$ 上の直線や，空間 $\mathbf{R}^3$ 内の直線と平面をベクトルを使って考えよう．

平面上の直線　下図のように，平面上の直線 $y = 2x + 1$ の上に任意の点 $\mathrm{P}(x, y)$ をとり，ベクトル $\boldsymbol{v} = \overrightarrow{\mathrm{OP}} = \begin{pmatrix} x \\ y \end{pmatrix}$ を考えると，

$$\boldsymbol{v} = \begin{pmatrix} x \\ 2x+1 \end{pmatrix} = x\begin{pmatrix} 1 \\ 2 \end{pmatrix} + \begin{pmatrix} 0 \\ 1 \end{pmatrix}$$

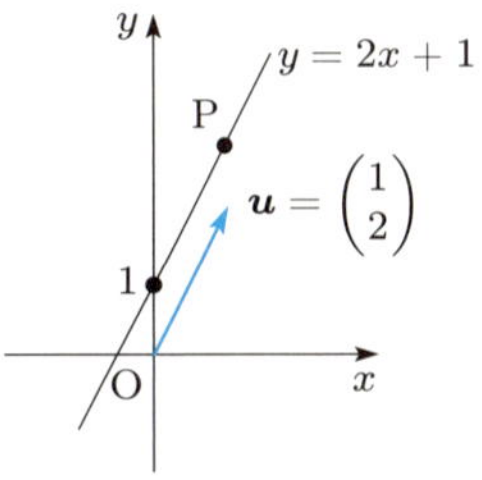

となる．直線は点 $(0, 1)$ を通り，ベクトル $\boldsymbol{u} = \begin{pmatrix} 1 \\ 2 \end{pmatrix}$ と平行な方向に伸びている．このベクトル $\boldsymbol{u}$ を直線の**方向ベクトル**という．

公式 1.9　平面上の直線のベクトル方程式

平面上の点 $\mathrm{P}_0(x_0, y_0)$ を通り，$\boldsymbol{u} = \begin{pmatrix} a \\ b \end{pmatrix}$ を方向ベクトルとする直線 ℓ は，その直線上の任意の点 $\mathrm{P}(x, y)$ をとると

$$\overrightarrow{\mathrm{OP}} = \overrightarrow{\mathrm{OP}_0} + t\boldsymbol{u} \quad (t \in \mathbf{R})$$

すなわち，

$$\begin{pmatrix} x \\ y \end{pmatrix} = \begin{pmatrix} x_0 \\ y_0 \end{pmatrix} + t\begin{pmatrix} a \\ b \end{pmatrix} \quad (t \in \mathbf{R})$$

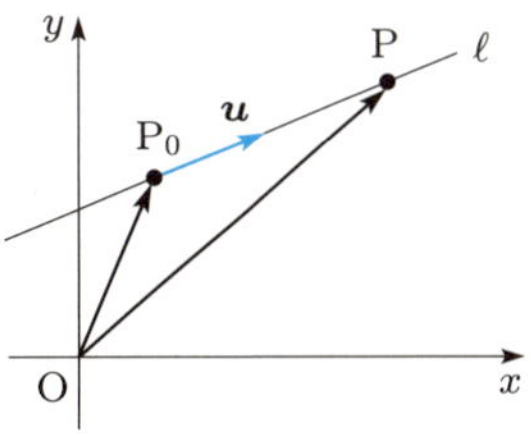

と表される．このような式を**ベクトル方程式**という．

成分ごとに分けると，

$$x = x_0 + at, \quad y = y_0 + bt$$

となり，ここで，変数 t を消去すれば，

$$b(x - x_0) = a(y - y_0)$$

となる．すなわち，平面上の直線の方程式は，**x, y の 1 次式**で表される．また，もし $a \neq 0, b \neq 0$ ならば，さらに，比例式

$$\frac{x - x_0}{a} = \frac{y - y_0}{b}$$

の形で表すこともできる．

例 1.10　平面 $\mathbf{R}^2$ 上の 2 点 $\mathrm{P}(-2, 4)$, $\mathrm{Q}(3, 1)$ を通る直線の式を求めよう．

解　下図 (a) のように方向ベクトル $\overrightarrow{\mathrm{PQ}} = \begin{pmatrix} 5 \\ -3 \end{pmatrix}$ をとるとき，以下のようにさまざまな形で答えることができる．

① ベクトル方程式　$\begin{pmatrix} x \\ y \end{pmatrix} = \begin{pmatrix} -2 \\ 4 \end{pmatrix} + t\begin{pmatrix} 5 \\ -3 \end{pmatrix}$　$(t \in \mathbf{R})$

② 成分ごとに分けて表示　$\begin{cases} x = -2 + 5t \\ y = 4 - 3t \end{cases}$　$(t \in \mathbf{R})$

③ 1 次式の形　$3x + 5y - 14 = 0$

④ 比例式の形　$\dfrac{x + 2}{5} = \dfrac{y - 4}{-3}$

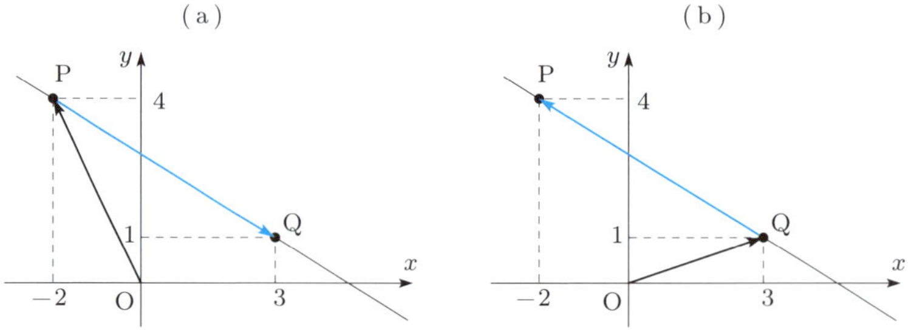

または上図 (b) のように方向ベクトル $\overrightarrow{\mathrm{QP}}$ をとり，通る点を Q に選んでもよい．すると，ベクトル方程式は

$$\begin{pmatrix} x \\ y \end{pmatrix} = \begin{pmatrix} 3 \\ 1 \end{pmatrix} + t\begin{pmatrix} -5 \\ 3 \end{pmatrix}$$

となり，見かけでは上の ① の式と違うようでも，変数を $t = 1 - s$ とおいてみると，同じ直線の式になることがわかる．■

空間内の直線　3 次元空間 $\mathbf{R}^3$ 内で，点 $\mathrm{P}_0(x_0, y_0, z_0)$ を通り，ベクトル $\boldsymbol{u} = \begin{pmatrix} a \\ b \\ c \end{pmatrix}$ に平行な直線についても同様に考えることができる．その直線上の任意の点 $\mathrm{P}(x, y, z)$

をとると，平面上の直線の場合と同じく

$$\overrightarrow{\mathrm{OP}} = \overrightarrow{\mathrm{OP_0}} + t\boldsymbol{u} \qquad (t \in \mathbf{R})$$

と表すことができる．すなわち，次のようになる．

公式 1.10　空間内の直線のベクトル方程式

$$\begin{pmatrix} x \\ y \\ z \end{pmatrix} = \begin{pmatrix} x_0 \\ y_0 \\ z_0 \end{pmatrix} + t\begin{pmatrix} a \\ b \\ c \end{pmatrix} \qquad (t \in \mathbf{R})$$

ここで，$\boldsymbol{u} = \begin{pmatrix} a \\ b \\ c \end{pmatrix}$ を**方向ベクトル**という．成分ごとに分けて表すと，

$$x = x_0 + at, \quad y = y_0 + bt, \quad z = z_0 + ct$$

となり，さらに，$a \neq 0, b \neq 0, c \neq 0$ のとき，変数 t を消去すれば，**比例式**

$$\frac{x - x_0}{a} = \frac{y - y_0}{b} = \frac{z - z_0}{c}$$

の形で表すことができる．

☑**注**　平面上の場合でも空間内の場合でも，2 点 P, Q が与えられれば，方向ベクトル $\boldsymbol{u} = \overrightarrow{\mathrm{PQ}}$ が得られるから，直線は 2 点で定まることがわかる．

空間内で，特に原点 O と点 $\mathrm{P}(a, b, c)$ を通る直線の方程式は

$$\frac{x}{a} = \frac{y}{b} = \frac{z}{c}$$

である．ただし，$a \neq 0, b \neq 0, c \neq 0$ とする．

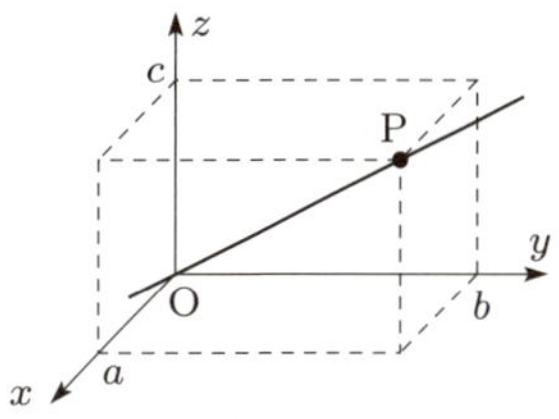

例 1.11　$\mathbf{R}^3$ 内の 2 点 $\mathrm{P}(-2, 4, 0)$, $\mathrm{Q}(3, -5, 6)$ を通る直線の式を求めよう．

解　方向ベクトル $\overrightarrow{\mathrm{PQ}} = \begin{pmatrix} 5 \\ -9 \\ 6 \end{pmatrix}$ をとり，以下のようにさまざまな形で答えることができる．

① ベクトル方程式　$$\begin{pmatrix} x \\ y \\ z \end{pmatrix} = \begin{pmatrix} -2 \\ 4 \\ 0 \end{pmatrix} + t\begin{pmatrix} 5 \\ -9 \\ 6 \end{pmatrix} \qquad (t \in \mathbf{R})$$

② 成分ごとに分けて表示　$$\begin{cases} x = -2 + 5t \\ y = 4 - 9t \\ z = 6t \end{cases} \qquad (t \in \mathbf{R})$$

③ 比例式の形　$$\frac{x + 2}{5} = \frac{y - 4}{-9} = \frac{z}{6}$$

方向ベクトルとして $\overrightarrow{\mathrm{QP}}$ をとり，通る点を別に選んでも同じ直線の式が得られる． ■

空間内の平面 3 次元空間 $\mathbf{R}^3$ 内で，点 $\mathrm{P}_0(x_0, y_0, z_0)$ を通り，平行でない二つのベクトル

$$\boldsymbol{u}_1 = \begin{pmatrix} a_1 \\ b_1 \\ c_1 \end{pmatrix}, \quad \boldsymbol{u}_2 = \begin{pmatrix} a_2 \\ b_2 \\ c_2 \end{pmatrix}$$

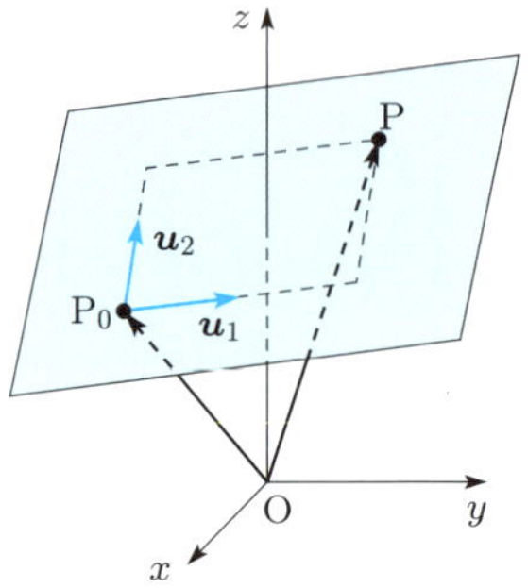

を含む平面上の任意の点 $\mathrm{P}(x, y, z)$ をとると，次の関係式が得られる．

$$\overrightarrow{\mathrm{OP}} = \overrightarrow{\mathrm{OP}_0} + s\boldsymbol{u}_1 + t\boldsymbol{u}_2 \qquad (s, t \in \mathbf{R})$$

すなわち，次のようになる．

公式 1.11　空間内の平面のベクトル方程式

$$\begin{pmatrix} x \\ y \\ z \end{pmatrix} = \begin{pmatrix} x_0 \\ y_0 \\ z_0 \end{pmatrix} + s\begin{pmatrix} a_1 \\ b_1 \\ c_1 \end{pmatrix} + t\begin{pmatrix} a_2 \\ b_2 \\ c_2 \end{pmatrix} \quad (s, t \in \mathbf{R})$$

これを二つのベクトル $\boldsymbol{u}_1, \boldsymbol{u}_2$ が**生成する**（または $\boldsymbol{u}_1, \boldsymbol{u}_2$ で**張られる**）平面のベクトル方程式という．

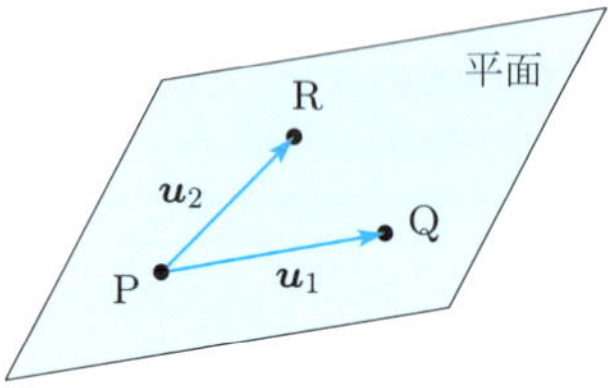

一般に，空間内に 3 点 P, Q, R が与えられ，それらが一直線上に並んでいなければ，1 次独立なベクトル $\boldsymbol{u}_1 = \overrightarrow{\mathrm{PQ}}$, $\boldsymbol{u}_2 = \overrightarrow{\mathrm{PR}}$ が得られることから，平面は 3 点で定まることがわかる．

ベクトル方程式を成分ごとに分けて表すと，

$$\begin{cases} x = x_0 + a_1 s + a_2 t \\ y = y_0 + b_1 s + b_2 t \\ z = z_0 + c_1 s + c_2 t \end{cases} \qquad (s, t \in \mathbf{R})$$

となる．ここから変数 s, t を消去すると，$\boldsymbol{x}, \boldsymbol{y}, \boldsymbol{z}$ **の 1 次式**が得られる．それを次の例で具体的に確かめてみよう．

例 1.12　3 点 $\mathrm{P}(1, -2, -3)$, $\mathrm{Q}(2, 3, 4)$, $\mathrm{R}(4, 3, -2)$ を通る平面の式を求めよう．

解　平面を生成する二つのベクトルを求めると，

$$\boldsymbol{u}_1 = \overrightarrow{\mathrm{PQ}} = \begin{pmatrix} 1 \\ 5 \\ 7 \end{pmatrix}, \quad \boldsymbol{u}_2 = \overrightarrow{\mathrm{PR}} = \begin{pmatrix} 3 \\ 5 \\ 1 \end{pmatrix}$$

となり，ベクトル方程式は

$$\begin{pmatrix} x \\ y \\ z \end{pmatrix} = \begin{pmatrix} 1 \\ -2 \\ -3 \end{pmatrix} + s\begin{pmatrix} 1 \\ 5 \\ 7 \end{pmatrix} + t\begin{pmatrix} 3 \\ 5 \\ 1 \end{pmatrix} \quad (s, t \in \mathbf{R})$$

となる．これを成分ごとに分けて表すと，次のようになる．

$$\begin{cases} x = 1 + s + 3t & \cdots(1) \\ y = -2 + 5s + 5t & \cdots(2) \\ z = -3 + 7s + t & \cdots(3) \end{cases}$$

ここから変数 s, t を消去しよう．まず $(1) \times 5 - (2)$ と $(1) \times 7 - (3)$ により s を消去すると，

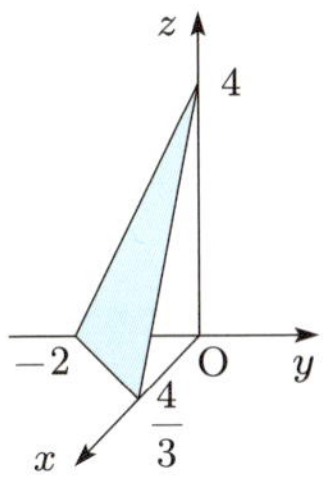

$$\begin{cases} 5x - y = 7 + 10t & \cdots(4) \\ 7x - z = 10 + 20t & \cdots(5) \end{cases}$$

次に $(4) \times 2 - (5)$ により t を消去すると，

$$3x - 2y + z = 4$$

となる．これが x, y, z の 1 次式で表した平面の方程式である． ■

☑注 座標軸との交点を求めて作図すると，この平面のイメージは右上図のような三角形を広げたものになる．

別解 平面の方程式は x, y, z の 1 次式で表されることを踏まえて，それを仮に

$$ax + by + cz + d = 0$$

とおく．この式に 3 点の座標を代入すると

$$a - 2b - 3c + d = 0, \quad 2a + 3b + 4c + d = 0, \quad 4a + 3b - 2c + d = 0$$

となる．この連立方程式を解いて，$a = -\dfrac{3d}{4}, b = \dfrac{d}{2}, c = -\dfrac{d}{4}$ を得るので，

$$-\frac{3d}{4}x + \frac{d}{2}y - \frac{d}{4}z + d = 0 \quad \text{すなわち} \quad 3x - 2y + z - 4 = 0$$

となる． ■

定理 1.2

ベクトル $\boldsymbol{u} = \begin{pmatrix} a \\ b \\ c \end{pmatrix}$ に垂直で，点 $\mathrm{P}_0(x_0, y_0, z_0)$ を通る平面の方程式は，次の 1 次式で表される．

$$a(x - x_0) + b(y - y_0) + c(z - z_0) = 0$$

証明　その平面上の任意の点 $\mathrm{P}(x, y, z)$ に対して，ベクトル $\overrightarrow{\mathrm{P_0P}} = \begin{pmatrix} x - x_0 \\ y - y_0 \\ z - z_0 \end{pmatrix}$ と $\boldsymbol{u}$ が垂直だから，$\boldsymbol{u} \cdot \overrightarrow{\mathrm{P_0P}} = 0$ より得られる．■

このように，平面の方程式は x, y, z の 1 次式

$$ax + by + cz + d = 0$$

で表すことができる．このとき，$\boldsymbol{u} = \begin{pmatrix} a \\ b \\ c \end{pmatrix}$ のように平面に垂直なベクトルを**法線ベクトル**という．

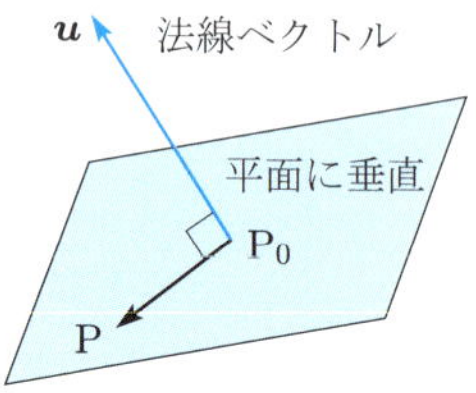

注　上の式で特に $d = 0$ のとき，$ax + by + cz = 0$ は「原点を通る平面」を表している．

練習問題

問 1.18　平面 $\mathbf{R}^2$ 上で，次の直線のベクトル方程式を求めよ．

(1)　原点と点 $\mathrm{P}(-2, 3)$ を通る直線

(2)　2 点 $\mathrm{P}(3, -1)$, $\mathrm{Q}(4, 5)$ を通る直線

(3)　直線 $y = 2x + 1$ に平行で点 $(-4, 2)$ を通る直線

問 1.19　$\mathbf{R}^3$ 内で，次の直線のベクトル方程式または比例式の形の式を求めよ．

(1)　原点と点 $\mathrm{P}(4, -3, 5)$ を通る直線

(2)　2 点 $\mathrm{P}(3, 2, -1)$, $\mathrm{Q}(-2, 4, 7)$ を通る直線

(3)　直線 $\dfrac{x+1}{2} = \dfrac{y-3}{6} = \dfrac{z+4}{-3}$ に平行で点 $(5, -4, 0)$ を通る直線

問 1.20　$\mathbf{R}^3$ 内で，次の平面の式を x, y, z の 1 次式の形で求めよ．

(1)　3 点 $\mathrm{A}(1, 4, 2)$, $\mathrm{B}(3, -2, 0)$, $\mathrm{C}(2, 1, 3)$ を通る平面

(2)　3 点 $\mathrm{O}(0, 0, 0)$, $\mathrm{A}(1, 2, 3)$, $\mathrm{B}(-2, 1, -1)$ を通る平面

(3)　直線 $\dfrac{x+1}{2} = \dfrac{y-3}{3} = 2 - z$ に垂直で点 $(5, -3, 1)$ を通る平面

問 1.21　$\mathbf{R}^3$ 内で，直線 $\dfrac{x-3}{2} = y - 2 = \dfrac{z-4}{3}$ と平面 $2x + y + 3z = 0$ の交点の座標を求めよ．

問 1.22　$\mathbf{R}^3$ 内で，平面 $3x - 5y + 4z - 6 = 0$ の単位法線ベクトルを求めよ．

2 行列

実数が長方形に並んだ形式（それを行列という）を考え，その演算について学ぶ．代数的な基本性質を一通り理解したうえで，行列によるベクトルからベクトルへの写像（変換）を考えよう．その写像は一般に，直線を直線に，平面を平面に変換するという重要な性質をもっていることを理解しよう．

2.1 行列

実数が長方形に並んだ形式を考えよう．たとえば，

$$\begin{pmatrix} 0 & 5 \\ -3 & 1 \end{pmatrix}, \quad \begin{pmatrix} 1 & 2 \\ -3 & 4 \\ 5 & -6 \end{pmatrix}, \quad \begin{pmatrix} 5 & 6 & 7 \\ 0 & -1 & 2 \\ 4 & 12 & 2 \end{pmatrix}, \quad \begin{pmatrix} 8 & -1 & 2 & 5 \\ 4 & 0 & 2 & 1 \end{pmatrix}$$

のようなものである．これを**行列**という．よこの数の並びを**行**といい，たての並びを**列**という．一般に，m 行 n 列の行列を $\boldsymbol{m \times n}$ **行列**という．各数をその行列の**成分**といい，第 i 行第 j 列に位置する成分を $\boldsymbol{(i, j)}$ **成分**という．一つの行を取り出したものを**行ベクトル**，列を取り出したものを**列ベクトル**という．

例 2.1 次の 3×4 行列について，以上の用語を確認しよう．

$$\begin{pmatrix} 40 & 33 & 21 & 11 \\ 5 & 6 & -7 & 8 \\ 12 & 11 & 10 & 9 \end{pmatrix} \begin{matrix} \leftarrow \text{第 1 行} \\ \leftarrow \text{第 2 行} \\ \leftarrow \text{第 3 行} \end{matrix}$$

↑ 第 1 列　↑ 第 2 列　↑ 第 3 列　↑ 第 4 列

$(2, 3)$ 成分は -7

第 2 行ベクトルは $(5 \quad 6 \quad -7 \quad 8)$

第 3 列ベクトルは $\begin{pmatrix} 21 \\ -7 \\ 10 \end{pmatrix}$

注 行列を丸かっこ（　）でなく角かっこ [　] で囲み，

$$\begin{bmatrix} 40 & 33 & 21 & 11 \\ 5 & 6 & -7 & 8 \\ 12 & 11 & 10 & 9 \end{bmatrix}$$

のように表す本もあるが，本書では丸かっこで表すことにする．

行列を記号で表すとき，本書はローマ字の大文字 $A, B, C, \ldots$ を使う．特に，すべての成分が 0 の行列を**零行列**といい，O（ローマ字の大文字オー）と表す．これは行と列の数にかかわらず，同じ記号を使う．

$$O = \begin{pmatrix} 0 & 0 \\ 0 & 0 \end{pmatrix}, \quad O = \begin{pmatrix} 0 & 0 & 0 \\ 0 & 0 & 0 \end{pmatrix}, \quad \text{など}$$

行と列の数が等しいものを**正方行列**といい，その数により **n 次**という．

例 2.2 $\begin{pmatrix} 1 & 2 \\ -3 & 4 \end{pmatrix}$ は 2 次の正方行列，$\begin{pmatrix} 5 & 6 & 7 \\ 0 & -1 & 2 \\ 4 & 12 & 2 \end{pmatrix}$ は 3 次の正方行列である．

正方行列の場合，左上から右下へ対角線上に並ぶ成分を**対角成分**という．特に，対角成分以外はすべて 0 であるものを**対角行列**という．

例 2.3 $\begin{pmatrix} 1 & 0 \\ 0 & -4 \end{pmatrix}$，$\begin{pmatrix} 5 & 0 & 0 \\ 0 & 10 & 0 \\ 0 & 0 & 2 \end{pmatrix}$，$\begin{pmatrix} 0 & 0 & 0 \\ 0 & -2 & 0 \\ 0 & 0 & 3 \end{pmatrix}$ などは対角行列である．

☑注 $\begin{pmatrix} 0 & 0 & a \\ 0 & b & 0 \\ c & 0 & 0 \end{pmatrix}$ のように，右上から左下に並ぶ場合は対角行列といわない．

さらに対角行列のうち，対角成分がすべて 1 であるものを**単位行列**といい，E と表す．

$$E = \begin{pmatrix} 1 & 0 \\ 0 & 1 \end{pmatrix}, \quad E = \begin{pmatrix} 1 & 0 & 0 \\ 0 & 1 & 0 \\ 0 & 0 & 1 \end{pmatrix}, \quad \text{など}$$

行列 A に対して，その第 1 行を第 1 列に，第 2 行を第 2 列に，というように行と列を並べ替えたものを**転置行列**といい，${}^tA$ と表す．

例 2.4 $A = \begin{pmatrix} 4 & 3 & 2 \\ 6 & 7 & 8 \end{pmatrix}$ に対して，${}^tA = \begin{pmatrix} 4 & 6 \\ 3 & 7 \\ 2 & 8 \end{pmatrix}$

二つの行列 A, B は，行数と列数が同じで，かつ対応する成分がすべて等しい場合にのみ，等号を使って

$$A = B$$

と表す．

行列 A とスカラー $k \in \mathbf{R}$ があるとき，**スカラー倍** kA は行列 A のすべての成分を k 倍した行列とする．

例 2.5 $A = \begin{pmatrix} 4 & -3 & 2 \\ -6 & 7 & 8 \end{pmatrix}$，$B = \begin{pmatrix} 20 & 30 \\ 40 & 50 \end{pmatrix}$ に対して

$$-A = \begin{pmatrix} -4 & 3 & -2 \\ 6 & -7 & -8 \end{pmatrix}, \quad \frac{1}{10}B = \begin{pmatrix} 2 & 3 \\ 4 & 5 \end{pmatrix}$$

行数と列数が同じ二つの行列に対して，**加法**と**減法**を次のように，対応する成分ごとの和・差と定義する．

例 2.6 $A=\begin{pmatrix}4 & 2 & -2\\ 0 & -6 & 7\end{pmatrix}$, $B=\begin{pmatrix}2 & 3 & 0\\ -8 & 5 & -4\end{pmatrix}$ に対して

$$A+B=\begin{pmatrix}6 & 5 & -2\\ -8 & -1 & 3\end{pmatrix},\quad A-B=\begin{pmatrix}2 & -1 & -2\\ 8 & -11 & 11\end{pmatrix}$$

例 2.7 $A=\begin{pmatrix}1 & -2\\ 0 & 1\end{pmatrix}$, $B=\begin{pmatrix}2 & 3 & 1\\ 3 & 6 & 8\end{pmatrix}$, $C=\begin{pmatrix}3 & -1\\ 0 & 4\\ -5 & 2\end{pmatrix}$ のとき，次の (1)〜(3) のようになる．

(1) $A\pm B$ は定義されない．

(2) $B+{}^tC=\begin{pmatrix}5 & 3 & -4\\ 2 & 10 & 10\end{pmatrix}$

(3) 単位行列 E は相手の行列の次数に合わせて計算する．

$$\begin{aligned}2A+3E&=2\begin{pmatrix}1 & -2\\ 0 & 1\end{pmatrix}+3\begin{pmatrix}1 & 0\\ 0 & 1\end{pmatrix}\\ &=\begin{pmatrix}2 & -4\\ 0 & 2\end{pmatrix}+\begin{pmatrix}3 & 0\\ 0 & 3\end{pmatrix}=\begin{pmatrix}5 & -4\\ 0 & 5\end{pmatrix}\end{aligned}$$

一般的な議論をするとき，行列の成分を小文字 $a,b,c,\ldots$ で表すことにする．

$$A=\begin{pmatrix}a & b\\ c & d\end{pmatrix},\quad B=\begin{pmatrix}a & b & c\\ d & e & f\end{pmatrix}$$

ただし，行列が大きくなると，次のように表すことが多い．

$$A=\begin{pmatrix}a_1 & a_2 & a_3\\ b_1 & b_2 & b_3\\ c_1 & c_2 & c_3\end{pmatrix},\quad B=\begin{pmatrix}b_{11} & b_{12} & b_{13} & b_{14}\\ b_{21} & b_{22} & b_{23} & b_{24}\\ b_{31} & b_{32} & b_{33} & b_{34}\end{pmatrix}$$

特に，右のように成分を二重添字を使って b_{ij}（第 i 行，第 j 列の成分）と表す方法は，もっと一般的な $m\times n$ 行列 A を考えるときに便利である．

$$A=\begin{pmatrix}a_{11} & a_{12} & \cdots & a_{1n}\\ a_{21} & a_{22} & \cdots & a_{2n}\\ \vdots & \vdots & & \vdots\\ a_{m1} & a_{m2} & \cdots & a_{mn}\end{pmatrix}$$

このような大きな行列を表記するとき，

$$A=(a_{ij})\qquad i=1,2,\ldots,m;\quad j=1,2,\ldots,n$$

のように簡略化して表現することがある．添字の範囲がわかる場合には，さらに簡略化して $A = (a_{ij})$ とだけしか書かないこともある．

例 2.8　**クロネッカーのデルタ** $\delta_{ij} = \begin{cases} 1 & (i = j \text{ のとき}) \\ 0 & (i \neq j \text{ のとき}) \end{cases}$ を用いると，単位行列の成分は δ_{ij} であり，$E = (\delta_{ij})$ と表すことができる．

公式 2.1

行列のスカラー倍・加法・減法について，以下の等式が成り立つ．

(1)　$A + B = B + A,\quad A + O = A,\quad (A + B) + C = A + (B + C)$

(2)　$a(A + B) = aA + aB,\quad (a + b)A = aA + bA$

(3)　${}^t(aA) = a\,{}^tA,\quad {}^t(A + B) = {}^tA + {}^tB$

証明は省略するが，$A = (a_{ij})$ などとおいて成分の計算をすれば，簡単に示すことができる．

正方行列 A について，${}^tA = A$ であるとき**対称行列**といい，${}^tA = -A$ であるとき**交代行列**という．すなわち，$A = (a_{ij})$ について，次のようにいうことができる．

- A が対称行列　$\Leftrightarrow$　$a_{ij} = a_{ji}$
- A が交代行列　$\Leftrightarrow$　$a_{ij} = -a_{ji}$　$(a_{ii} = 0)$

例 2.9　$\begin{pmatrix} 2 & 4 & -5 \\ 4 & 9 & 0 \\ -5 & 0 & 1 \end{pmatrix}$ は対称行列，$\begin{pmatrix} 0 & -4 & 5 \\ 4 & 0 & 2 \\ -5 & -2 & 0 \end{pmatrix}$ は交代行列である．

練習問題

問 2.1　行列 A の (i, j) 成分 a_{ij} が次のように与えられているとき，この行列を具体的に書け．

(1)　A は 3 次の正方行列で，$a_{ij} = (-1)^{i+j}ij$

(2)　A は 3×2 行列で，$a_{ij} = \begin{cases} (-2)^{i-j} + \delta_{ij} & (i < 3 \text{ のとき}) \\ i - j & (i = 3 \text{ のとき}) \end{cases}$

問 2.2　次の行列を用いて，$3A - C$, ${}^tA + 2B$, $4C - (A + {}^tB)$ をそれぞれ計算せよ．

$$A = \begin{pmatrix} 1 & -2 & 5 \\ -3 & 1 & 3 \end{pmatrix},\quad B = \begin{pmatrix} 6 & -1 \\ -3 & 1 \\ 2 & 5 \end{pmatrix},\quad C = \begin{pmatrix} 2 & 1 & 0 \\ -2 & 0 & 2 \end{pmatrix}$$

問 2.3　次の行列 A は対称行列に，B は交代行列になるように，a, b, c を定めよ．

$$A = \begin{pmatrix} 2 & a & -5 \\ b - c & 0 & 3 \\ c & b + c & 1 \end{pmatrix},\quad B = \begin{pmatrix} a + c & a & -5 \\ b - c & 0 & 3 \\ c & -3 & 0 \end{pmatrix}$$

問 2.4　任意の正方行列 A に対して，$T = A + {}^tA$ は対称行列，$K = A - {}^tA$ は交代行列であり，また $A = \frac{1}{2}(T + K)$ となることを証明せよ．

問 2.5　次の行列を対称行列と交代行列の和の形で表せ．

(1) $\begin{pmatrix} 1 & 2 \\ 3 & 4 \end{pmatrix}$　　(2) $\begin{pmatrix} 6 & -1 & 2 \\ -3 & 0 & 5 \\ 4 & -2 & -9 \end{pmatrix}$

2.2 行列の積

まず，行ベクトル $\boldsymbol{a}$ と列ベクトル $\boldsymbol{b}$ の積 $\boldsymbol{ab}$ を次のように定める．

行ベクトル $\boldsymbol{a} = (a_1 \quad a_2)$　列ベクトル $\boldsymbol{b} = \begin{pmatrix} b_1 \\ b_2 \end{pmatrix}$　⇒　転置列ベクトル ${}^t\boldsymbol{a} = \begin{pmatrix} a_1 \\ a_2 \end{pmatrix}$　列ベクトル $\boldsymbol{b} = \begin{pmatrix} b_1 \\ b_2 \end{pmatrix}$

⇒　積 $\boldsymbol{ab} =$ 内積 ${}^t\boldsymbol{a} \cdot \boldsymbol{b} = a_1b_1 + a_2b_2$

$\boldsymbol{a}$	$\boldsymbol{b}$		${}^t\boldsymbol{a} \cdot \boldsymbol{b}$		$\boldsymbol{ab}$
$a_1 \quad a_2$	$\begin{vmatrix} b_1 \\ b_2 \end{vmatrix}$	⇒	$\begin{vmatrix} a_1 \\ a_2 \end{vmatrix}\begin{vmatrix} b_1 \\ b_2 \end{vmatrix}$	⇒	$a_1b_1 + a_2b_2$

例 2.10　行ベクトル $\boldsymbol{a} = (3 \quad -2)$ と列ベクトル $\boldsymbol{b} = \begin{pmatrix} 5 \\ 4 \end{pmatrix}$ の積 $\boldsymbol{ab}$ を求めよう．

解　$\boldsymbol{ab} = 15 - 8 = 7$ ■

$\boldsymbol{a}$	$\boldsymbol{b}$		${}^t\boldsymbol{a} \cdot \boldsymbol{b}$		$\boldsymbol{ab}$
$3 \quad -2$	$\begin{vmatrix} 5 \\ 4 \end{vmatrix}$	⇒	$\begin{vmatrix} 3 \\ -2 \end{vmatrix}\begin{vmatrix} 5 \\ 4 \end{vmatrix}$	⇒	$3 \times 5 + (-2) \times 4$

次に，2 次の正方行列 A と B の積 AB を以下のように定義する．

$$A = \begin{pmatrix} a_{11} & a_{12} \\ a_{21} & a_{22} \end{pmatrix}, \quad B = \begin{pmatrix} b_{11} & b_{12} \\ b_{21} & b_{22} \end{pmatrix}$$

とするとき，A から行ベクトルを，B は列ベクトルをとり，

$$\begin{matrix} a_{11} & a_{12} \\ a_{21} & a_{22} \end{matrix} \Rightarrow \begin{matrix} \boldsymbol{a}_1 = (a_{11} \quad a_{12}) \\ \boldsymbol{a}_2 = (a_{21} \quad a_{22}) \end{matrix} \qquad \begin{vmatrix} b_{11} \\ b_{21} \end{vmatrix}\begin{vmatrix} b_{12} \\ b_{22} \end{vmatrix} \Rightarrow \boldsymbol{b}_1 = \begin{pmatrix} b_{11} \\ b_{21} \end{pmatrix}, \quad \boldsymbol{b}_2 = \begin{pmatrix} b_{12} \\ b_{22} \end{pmatrix}$$

次のように定める．

$$AB = \begin{pmatrix} \boldsymbol{a}_1\boldsymbol{b}_1 & \boldsymbol{a}_1\boldsymbol{b}_2 \\ \boldsymbol{a}_2\boldsymbol{b}_1 & \boldsymbol{a}_2\boldsymbol{b}_2 \end{pmatrix} = \begin{pmatrix} a_{11}b_{11} + a_{12}b_{21} & a_{11}b_{12} + a_{12}b_{22} \\ a_{21}b_{11} + a_{22}b_{21} & a_{21}b_{12} + a_{22}b_{22} \end{pmatrix}$$

これは次のように，行ベクトルと列ベクトルの積が並んでいるものである．

$$AB = \begin{pmatrix} \begin{array}{|cc|c|} \hline a_{11} & a_{12} & b_{11} \\ & & b_{21} \\ \hline \end{array} & \begin{array}{|cc|c|} \hline a_{11} & a_{12} & b_{12} \\ & & b_{22} \\ \hline \end{array} \\ \begin{array}{|cc|c|} \hline & & b_{11} \\ a_{21} & a_{22} & b_{21} \\ \hline \end{array} & \begin{array}{|cc|c|} \hline & & b_{12} \\ a_{21} & a_{22} & b_{22} \\ \hline \end{array} \end{pmatrix}$$

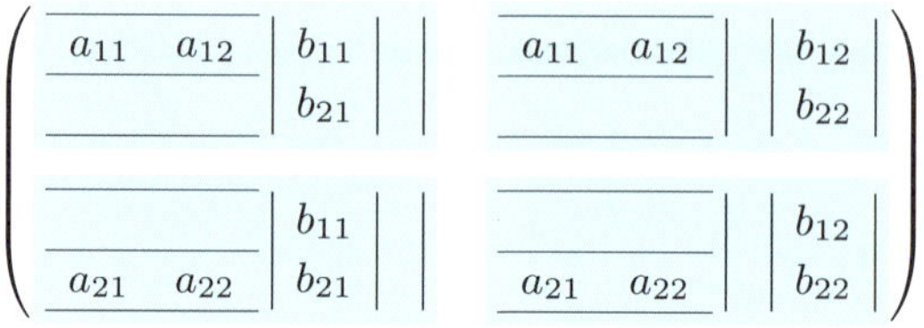

例 2.11 $A = \begin{pmatrix} 1 & 2 \\ 3 & 4 \end{pmatrix}$, $B = \begin{pmatrix} 5 & 6 \\ 7 & 8 \end{pmatrix}$ のとき，AB と BA を求めよう．

解 $AB = \begin{pmatrix} 5+14 & 6+16 \\ 15+28 & 18+32 \end{pmatrix}$
$= \begin{pmatrix} 19 & 22 \\ 43 & 50 \end{pmatrix}$

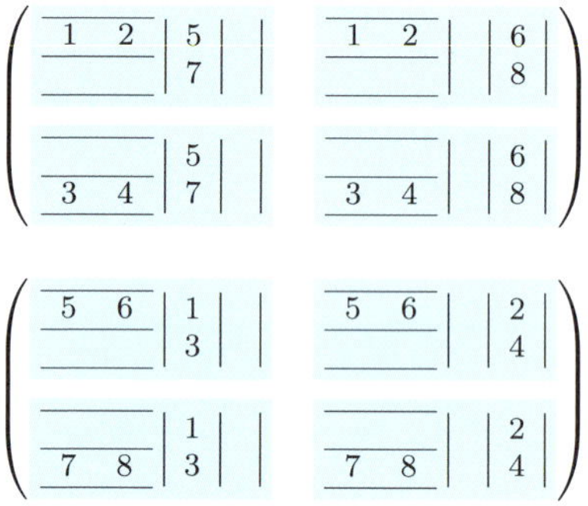

積 BA を計算するときは，行列 A と B の立場が変わり，次のようになる．

$BA = \begin{pmatrix} 5+18 & 10+24 \\ 7+24 & 14+32 \end{pmatrix}$
$= \begin{pmatrix} 23 & 34 \\ 31 & 46 \end{pmatrix}$ ∎

注 このように，かける順番を変えると結果は等しくならないことに注意しよう．

次に，一般的な形で行列の積を定義しよう．上の議論からわかるように，AB を考えるとき，行列 A の列数と B の行数が等しくなければならない．A を $\ell \times m$ 行列，B を $m \times n$ 行列とする．

$$A = \begin{pmatrix} a_{11} & \cdots & a_{1m} \\ \vdots & & \vdots \\ a_{\ell 1} & \cdots & a_{\ell m} \end{pmatrix}, \quad B = \begin{pmatrix} b_{11} & \cdots & b_{1n} \\ \vdots & & \vdots \\ b_{m1} & \cdots & b_{mn} \end{pmatrix}$$

A から行ベクトルをとり，

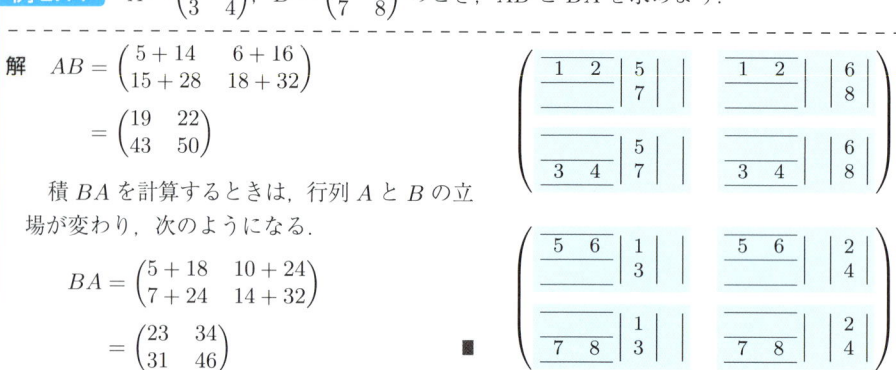

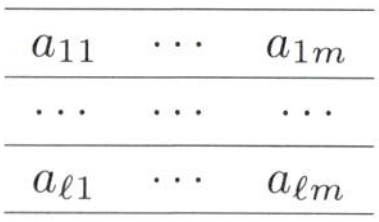

$$\begin{array}{|ccc|} \hline a_{11} & \cdots & a_{1m} \\ \hline \cdots & \cdots & \cdots \\ \hline a_{\ell 1} & \cdots & a_{\ell m} \\ \hline \end{array} \Rightarrow \begin{array}{l} \boldsymbol{a}_1 = (a_{11} \cdots a_{1m}) \\ \vdots \\ \boldsymbol{a}_\ell = (a_{\ell 1} \cdots a_{\ell m}) \end{array}$$

B は列ベクトルをとる．

$$\left|\begin{array}{c|c|c} b_{11} & \vdots & b_{1n} \\ \vdots & \vdots & \vdots \\ b_{m1} & \vdots & b_{mn} \end{array}\right| \Rightarrow \quad \boldsymbol{b}_1 = \begin{pmatrix} b_{11} \\ \vdots \\ b_{m1} \end{pmatrix}, \ldots, \boldsymbol{b}_n = \begin{pmatrix} b_{1n} \\ \vdots \\ b_{mn} \end{pmatrix}$$

各 $\boldsymbol{a}_i$ と $\boldsymbol{b}_j$ の積を成分とする行列を積 AB と定義する．

$$AB = \begin{pmatrix} \boldsymbol{a}_1\boldsymbol{b}_1 & \cdots & \boldsymbol{a}_1\boldsymbol{b}_n \\ \vdots & & \vdots \\ \boldsymbol{a}_\ell\boldsymbol{b}_1 & \cdots & \boldsymbol{a}_\ell\boldsymbol{b}_n \end{pmatrix} \qquad \leftarrow \ell \times n \text{ 行列になる}$$

すなわち，積 AB の (i, j) 成分は，行列 A の第 i 行ベクトル $\boldsymbol{a}_i$ と行列 B の第 j 列ベクトル $\boldsymbol{b}_j$ の積である．

$$\begin{pmatrix} \cdots & \cdots & \cdots \\ \cdots & \cdots & \cdots \\ \hline a_{i1} & \cdots & a_{im} \\ \hline \cdots & \cdots & \cdots \end{pmatrix} \left(\begin{array}{c|c|cc} \vdots & b_{1j} & \vdots & \vdots \\ \vdots & \vdots & \vdots & \vdots \\ \vdots & b_{mj} & \vdots & \vdots \end{array}\right) = \begin{pmatrix} & \vdots & \\ \cdots & \boldsymbol{a}_i\boldsymbol{b}_j & \cdots \\ & \vdots & \end{pmatrix}$$

$$\boldsymbol{a}_i\boldsymbol{b}_j = a_{i1}b_{1j} + \cdots + a_{im}b_{mj} = \sum_{k=1}^{m} a_{ik}b_{kj}$$

例 2.12 $A = \begin{pmatrix} 2 & 1 & -3 \\ 4 & 0 & 2 \end{pmatrix}$, $B = \begin{pmatrix} 4 & 0 & 2 \\ -3 & 1 & 7 \\ 8 & -2 & 0 \end{pmatrix}$, $C = \begin{pmatrix} 1 & -1 & 0 \\ 3 & 2 & 1 \\ 4 & 0 & 5 \end{pmatrix}$ のとき，積 AB, BC を求めよう．

解 $AB = \begin{pmatrix} 8-3-24 & 0+1+6 & 4+7+0 \\ 16+0+16 & 0+0-4 & 8+0+0 \end{pmatrix} = \begin{pmatrix} -19 & 7 & 11 \\ 32 & -4 & 8 \end{pmatrix}$

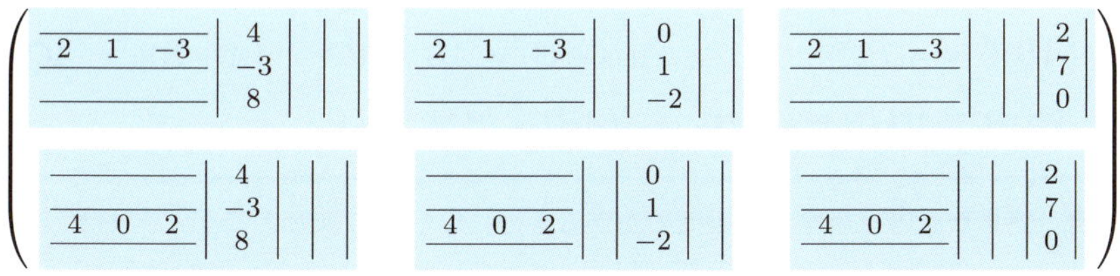

$$BC = \begin{pmatrix} 4+0+8 & -4+0+0 & 0+0+10 \\ -3+3+28 & 3+2+0 & 0+1+35 \\ 8-6+0 & -8-4+0 & 0-2+0 \end{pmatrix} = \begin{pmatrix} 12 & -4 & 10 \\ 28 & 5 & 36 \\ 2 & -12 & -2 \end{pmatrix}$$

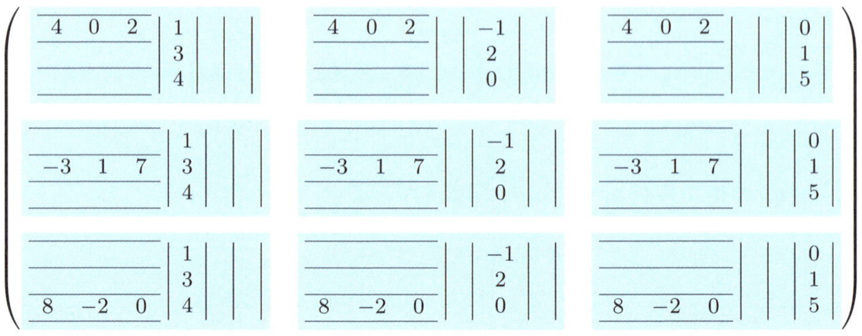

なお，積 BA は定義されない． ■

例 2.13　$A = \begin{pmatrix} 2 & 1 & -3 \\ 0 & 4 & 2 \end{pmatrix}$, $B = \begin{pmatrix} 4 & 0 & 2 \\ -3 & 1 & 7 \end{pmatrix}$, $C = \begin{pmatrix} 2 & 5 \\ 4 & -2 \end{pmatrix}$, $D = \begin{pmatrix} 3 \\ 2 \\ 6 \end{pmatrix}$ があるとき，それぞれの積について，いくつかを考えよう．

解　まず，AB, CD, DA は定義されない．次のような積は可能である．

$$AD = \begin{pmatrix} -10 \\ 20 \end{pmatrix}, \quad CB = \begin{pmatrix} -7 & 5 & 39 \\ 22 & -2 & -6 \end{pmatrix}, \quad D\,{}^tD = \begin{pmatrix} 9 & 6 & 18 \\ 6 & 4 & 12 \\ 18 & 12 & 36 \end{pmatrix}$$

その他の積については問 2.7 で考えよう． ■

行列の積が可能な場合について，次の公式がある．

公式 2.2

一般に，以下の等式が成り立つ．$(k \in \mathbf{R})$

$$AE = EA = A \qquad AO = OA = O$$

$$(AB)C = A(BC) \qquad A(B+C) = AB + AC \qquad (A+B)C = AC + BC$$

$$(kA)B = A(kB) = k(AB) \qquad {}^t(AB) = {}^tB\,{}^tA$$

証明　簡単なものは省略し，手間のかかるものについてのみ考えよう．それは

$$(AB)C = A(BC), \quad A(B+C) = AB + AC, \quad {}^t(AB) = {}^tB\,{}^tA$$

の三つであるが，そのうちの最初の等式だけを以下説明する．それを参考にすれば，他の等式の証明もわかるであろう．

積が可能であるためには，三つの行列のそれぞれの行数と列数について条件が必要である．それを細かく設定すると逆に計算の途中が見えにくくなるので，すべて 3 次の正方行列とし，

$$A = (a_{ij}), \quad B = (b_{ij}), \quad C = (c_{ij}), \quad AB = (p_{ij}), \quad BC = (q_{ij})$$

とおく．すると，

$$p_{ij} = \sum_k a_{ik}b_{kj}, \quad q_{ij} = \sum_k b_{ik}c_{kj}$$

である．さらに，

$$(AB)C = (s_{ij}), \quad A(BC) = (t_{ij})$$

とおくとき，$s_{ij} = t_{ij}$ となることを示せばよい．

$$\begin{aligned} s_{ij} &= \sum_m p_{im}c_{mj} = \sum_m \left(\sum_k a_{ik}b_{km} \right) c_{mj} \\ &= \sum_m (a_{i1}b_{1m} + a_{i2}b_{2m} + a_{i3}b_{3m})c_{mj} \\ &= a_{i1}b_{11}c_{1j} + a_{i2}b_{21}c_{1j} + a_{i3}b_{31}c_{1j} \\ &\quad + a_{i1}b_{12}c_{2j} + a_{i2}b_{22}c_{2j} + a_{i3}b_{32}c_{2j} \\ &\quad + a_{i1}b_{13}c_{3j} + a_{i2}b_{23}c_{3j} + a_{i3}b_{33}c_{3j} \end{aligned}$$

ここで，和のとり方を変えれば

$$s_{ij} = \sum_m a_{im} \left(\sum_k b_{mk}c_{kj} \right) = \sum_m a_{im}q_{mj} = t_{ij}$$

となって，$(AB)C$ と $A(BC)$ は同じものであることがわかる．また計算過程を見れば，一般に，n 次の場合にも同様にして等式を示すことができることがわかる． ■

同じ次数の正方行列の場合，AB と BA の積が可能であるが，一般には $AB \neq BA$ である．$AB = BA$ となるとき，**可換**という．

単位行列 E と零行列 O は任意の正方行列と可換である．すなわち，次の等式が成り立つ．

$$EA = AE \ (= A), \quad OA = AO \ (= O)$$

正方行列 A に対して，積 AA を A^2 のように表す．一般に，A^n $(n \in \mathbf{N})$ が考えられるが，$A \neq O$ であっても $A^n = O$ となることがある．このような行列 A を**べき零行列**という．

正方行列の集合は和と積に関して実数の集合 $\mathbf{R}$ と同じような性質をもっているが，積に関しては上のように異なる性質がいくつかある．これについて，さらに問 2.12〜2.16 で考えてみよう．

練習問題

問 2.6　次の行列を用いて DC, ${}^tCB$, $DB - A$ を計算せよ.

$$A = \begin{pmatrix} 1 & -2 \\ -3 & 1 \end{pmatrix}, \quad B = \begin{pmatrix} 6 & -1 \\ -3 & 1 \\ 2 & 5 \end{pmatrix}, \quad C = \begin{pmatrix} 4 \\ -2 \\ 3 \end{pmatrix}, \quad D = \begin{pmatrix} 2 & 1 & 0 \\ -3 & 4 & 2 \end{pmatrix}$$

問 2.7　例 2.13 の行列を使って CA, BD, ${}^tAB$, ${}^tAC$, ${}^tDD$ を求めよ.

問 2.8　次の行列を用いて BA, AC, BC, CB を計算せよ.

$$A = \begin{pmatrix} 1 & -2 \\ -2 & 4 \end{pmatrix}, \quad B = \begin{pmatrix} 4 & -1 \\ -3 & 1 \end{pmatrix}, \quad C = \begin{pmatrix} 2 & 0 & -4 \\ -3 & 4 & 6 \end{pmatrix}$$

問 2.9　次の行列を用いて AB, BC を計算せよ.

$$A = \begin{pmatrix} 1 & -2 & 3 \\ 3 & 1 & -2 \\ -2 & 3 & 1 \end{pmatrix}, \quad B = \begin{pmatrix} 0 & 4 & -2 \\ -1 & 0 & 6 \\ 3 & 5 & 0 \end{pmatrix}, \quad C = \begin{pmatrix} 3 & 1 & 1 & 0 \\ -2 & 2 & 0 & 1 \\ 4 & -3 & 2 & 1 \end{pmatrix}$$

問 2.10　次の行列と可換な行列を求めよ.

(1) $\begin{pmatrix} 2 & 1 \\ 0 & -1 \end{pmatrix}$　　(2) $\begin{pmatrix} 1 & -2 \\ -2 & 4 \end{pmatrix}$

問 2.11　${}^t(AB) = {}^tB\,{}^tA$ を証明せよ.

問 2.12　3 次の正方行列で，$A^2 \neq O$, $A^3 = O$ となる A（べき零行列）の例をあげよ.

問 2.13　$X = \begin{pmatrix} 2 & 3 \\ -1 & -2 \end{pmatrix}$ に対して X^2 を求めよ.

問 2.14　正方行列について，次の命題・等式の真偽を調べよ.

(1) $A^2 = O \;\Rightarrow\; A = O$

(2) $(A + E)^3 = A^3 + 3A^2 + 3A + E$

(3) $(A + B)^2 = A^2 + 2AB + B^2$

問 2.15　$A = \begin{pmatrix} 1 & -1 \\ -1 & 1 \end{pmatrix}$ に対して，$AX = O$ となる 2 次の正方行列 X を求めよ.

2.3 逆行列

ここでは，正方行列について考える.

実数の場合，x を未知数とする方程式 $ax = b$ と $xa = b$ は同じものであり，条件 $a \neq 0$ があれば解は $x = \dfrac{b}{a}$ である．しかし，行列の場合は以下のように複雑である.

- 方程式 $AX = B$ は $A \neq O$ であっても解 X があるとは限らない．たとえ解があっても一意とは限らない.
- $XA = B$ についても同様である.

- $AX = B$ の解と $XA = B$ の解は，一般に異なる．

例 2.14 $A = \begin{pmatrix} 1 & 2 \\ 0 & 0 \end{pmatrix}$, $B = \begin{pmatrix} 1 & 2 \\ 2 & 4 \end{pmatrix}$ に対して，$AX = B$ また $XA = B$ となる行列 X についてそれぞれ考えよう．

解 $X = \begin{pmatrix} a & b \\ c & d \end{pmatrix}$ とおくと

$$AX = \begin{pmatrix} 1 & 2 \\ 0 & 0 \end{pmatrix}\begin{pmatrix} a & b \\ c & d \end{pmatrix} = \begin{pmatrix} a+2c & b+2d \\ 0 & 0 \end{pmatrix}$$

となり，この結果が B と等しくなることはない．したがって，$AX = B$ を満たす行列 X はない．一方，

$$XA = \begin{pmatrix} a & b \\ c & d \end{pmatrix}\begin{pmatrix} 1 & 2 \\ 0 & 0 \end{pmatrix} = \begin{pmatrix} a & 2a \\ c & 2c \end{pmatrix} = \begin{pmatrix} 1 & 2 \\ 2 & 4 \end{pmatrix}$$

より，$a = 1, c = 2$ である．ただし b, d は任意であり，したがって $XA = B$ を満たす行列 X は一意ではなく，無数にある． ■

ただし，実数の場合の方程式 $ax = 1$ に相当することを行列について考えると，次の定理のように確定する．

定理 2.1

単位行列 E に対して $AX = E$ または $XA = E$ が解をもつならば，それぞれの解は一意であり，かつ一致する．

証明 $AX = E$ の解を X_1 とし，$XA = E$ の解を X_2 とすると，

$$X_1 = EX_1 = (X_2A)X_1 = X_2(AX_1) = X_2E = X_2$$

だから $X_2 = X_1$ となり，一致する．また，$AX = E$ の別の解 X_1' があったとすれば，同様に $X_2 = X_1'$ となるから $X_1' = X_2 = X_1$ であり，一意である． ■

そこで，正方行列 A に対して $AX = E$ または $XA = E$ となる行列 X があれば，それを A の**逆行列**といい，A^{-1} と表す．また，このとき行列 A は**正則**（である）という．

☑**注** A^{-1} は「A インヴァース」と読む．

公式 2.3

A, B は正則な行列とするとき，次の等式が成り立つ．

(1) $({}^tA)^{-1} = {}^t(A^{-1})$ (2) $(AB)^{-1} = B^{-1}A^{-1}$

証明 (1) は ${}^tA\,{}^t(A^{-1}) = {}^t(A^{-1}A) = {}^tE = E$ から，また，(2) は $B^{-1}A^{-1}AB = B^{-1}B = E$ から得られる． ■

以下，2 次の正方行列の場合を考えよう．$A = \begin{pmatrix} a & b \\ c & d \end{pmatrix}$ に対して，$|A| = ad - bc$ とおく．これは絶対値の意味ではなく，単に $ad - bc$ を計算した結果を $|A|$ という記号でおくだけとする．

注　$|A|$ は行列式と呼ばれるものであるが，今はそこまで知る必要はない．行列式については第 3 章で詳しく議論する．

公式 2.4　逆行列の求め方 (1)

2 次の正方行列 A に対して，$|A| \neq 0$ のとき逆行列が存在し，

$$A^{-1} = \frac{1}{|A|}\begin{pmatrix} d & -b \\ -c & a \end{pmatrix}$$

証明　$X = \begin{pmatrix} x & y \\ z & w \end{pmatrix}$ とおけば，$AX = E$ より

$$\begin{cases} ax + bz = 1 & \cdots ① \\ cx + dz = 0 & \cdots ② \end{cases} \qquad \begin{matrix} ay + bw = 0 & \cdots ③ \\ cy + dw = 1 & \cdots ④ \end{matrix}$$

となる．この 2 組の連立方程式を解けば，$|A| = ad - bc \neq 0$ のとき $x = \dfrac{d}{|A|}$, $y = -\dfrac{b}{|A|}$, $z = -\dfrac{c}{|A|}$, $w = \dfrac{a}{|A|}$ が得られる．■

3 次以上の場合，逆行列 A^{-1} の求め方は公式 2.4 ほど簡単ではない．あとで 3.3 節と 4.4 節で考えよう．

逆行列が存在する場合，それを利用して連立 1 次方程式を解く方法がある．一般に，A は正方行列，B, C は行列またはベクトルとして，

$$AB = C$$

という関係式があるとする．もし逆行列 A^{-1} が存在するならば，それを両辺にかけて

$$B = A^{-1}C$$

となる．このようにして解を求める方法である．

例 2.15　逆行列を用いて連立 1 次方程式 $\begin{cases} 2x + y = 0 \\ 4x - y = 3 \end{cases}$ を解こう．

解　行列の形で表すと，次のようになる．

$$\begin{pmatrix} 2 & 1 \\ 4 & -1 \end{pmatrix}\begin{pmatrix} x \\ y \end{pmatrix} = \begin{pmatrix} 0 \\ 3 \end{pmatrix} \quad \cdots ① \qquad ここで\ A = \begin{pmatrix} 2 & 1 \\ 4 & -1 \end{pmatrix}\ とおく$$

$|A| = -2-4 = -6 \neq 0$ だから逆行列が存在し，$A^{-1} = \dfrac{1}{6}\begin{pmatrix} 1 & 1 \\ 4 & -2 \end{pmatrix}$ である．これを ① の両辺に左側からかけると，

$$\begin{pmatrix} x \\ y \end{pmatrix} = \frac{1}{6}\begin{pmatrix} 1 & 1 \\ 4 & -2 \end{pmatrix}\begin{pmatrix} 0 \\ 3 \end{pmatrix} = \frac{1}{6}\begin{pmatrix} 3 \\ -6 \end{pmatrix} = \begin{pmatrix} 1/2 \\ -1 \end{pmatrix}$$

となる．ゆえに，解 $x = \dfrac{1}{2}, y = -1$ が得られる． ■

☑**注** 上の例のように，連立 1 次方程式に含まれる係数から作られる行列 A を**係数行列**という．

練習問題

問 2.16 数の場合，$ax = a$（ただし $a \neq 0$）ならば $x = 1$ であるが，行列の場合には必ずしもこれが成立しない．$AX = A$（ただし $A \neq O$）にもかかわらず，$X \neq E$ であるような例を考えよ．

問 2.17 以下の問いについてそれぞれ答えよ．

(1) 行列 A と B が可換ならば A と B^{-1} も可換であることを示せ．

(2) $A \neq O, A \neq E, A^2 = A$ ならば A は正則でないことを示せ．

(3) $A \neq O, A^2 = O$ ならば A は正則でないが，$E + A$ は正則であることを示せ．また，$(E+A)^{-1}$ を求めよ．

問 2.18 公式 2.4 を用いて次の行列の逆行列をそれぞれ求めよ．

$$A = \begin{pmatrix} -3 & 2 \\ -4 & 1 \end{pmatrix}, \quad B = \begin{pmatrix} 2 & 6 \\ 1 & 3 \end{pmatrix}, \quad C = \begin{pmatrix} 50 & 45 \\ 30 & 25 \end{pmatrix}$$

問 2.19 次の連立方程式を逆行列を用いて解け．

(1) $\begin{cases} 3x + 2y = 0 \\ x - 2y = 8 \end{cases}$ (2) $\begin{cases} x + y = -3 \\ 2x - y = 6 \end{cases}$

2.4 行列によるベクトルの変換

連立方程式の幾何学的な意味について考えよう．たとえば，例 2.15 の場合，

$$\begin{pmatrix} 2 & 1 \\ 4 & -1 \end{pmatrix}\begin{pmatrix} x \\ y \end{pmatrix} = \begin{pmatrix} 0 \\ 3 \end{pmatrix}$$

であるが，これは，行列 $\begin{pmatrix} 2 & 1 \\ 4 & -1 \end{pmatrix}$ がベクトル $\begin{pmatrix} x \\ y \end{pmatrix}$ にかかって，ベクトル $\begin{pmatrix} 0 \\ 3 \end{pmatrix}$ に移した（変換した）と読み取ることができる．この連立方程式の解は $x = \dfrac{1}{2}, y = -1$ であるから，実際には

$$\begin{pmatrix} 2 & 1 \\ 4 & -1 \end{pmatrix}\begin{pmatrix} 1/2 \\ -1 \end{pmatrix} = \begin{pmatrix} 0 \\ 3 \end{pmatrix}$$

である．これを図示すると，下図のようになる．

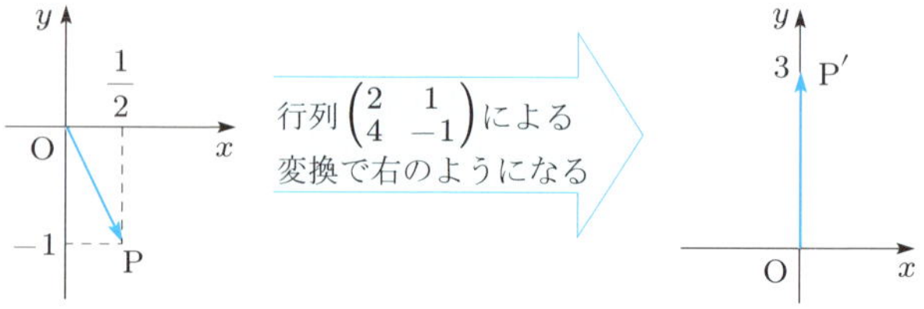

変換後のベクトル $\overrightarrow{\mathrm{OP'}} = \begin{pmatrix} 0 \\ 3 \end{pmatrix}$ をベクトル $\overrightarrow{\mathrm{OP}} = \begin{pmatrix} 1/2 \\ -1 \end{pmatrix}$ の**像**という．あるいは，点 $\mathrm{P}\left(\frac{1}{2}, -1\right)$ が点 $\mathrm{P'}(0,3)$ に移されたと見ることもできる．変換後の点 P′ を点 P の**像**という．

連立 1 次方程式を解くことは，変換の逆を考えることである．すなわち，その逆行列の変換によって解 $\begin{pmatrix} x \\ y \end{pmatrix}$ を求めているのである．

$$\begin{pmatrix} x \\ y \end{pmatrix} = \begin{pmatrix} 2 & 1 \\ 4 & -1 \end{pmatrix}^{-1} \begin{pmatrix} 0 \\ 3 \end{pmatrix} = \begin{pmatrix} 1/2 \\ -1 \end{pmatrix}$$

$$\begin{pmatrix} x \\ y \end{pmatrix} \underset{\begin{pmatrix} 2 & 1 \\ 4 & -1 \end{pmatrix}^{-1}}{\overset{\begin{pmatrix} 2 & 1 \\ 4 & -1 \end{pmatrix}}{\rightleftarrows}} \begin{pmatrix} 0 \\ 3 \end{pmatrix}$$

☑**注**　変換という用語については，7.3 節で定義する．

例 2.16　行列 $A = \begin{pmatrix} 1 & 2 \\ -3 & 4 \end{pmatrix}$ により，点 P(4, 2) はどのような点に移されるか考えよう．

解　$\overrightarrow{\mathrm{OP}} = \begin{pmatrix} 4 \\ 2 \end{pmatrix}$ であり，これに行列 A をかけると

$$\begin{pmatrix} 1 & 2 \\ -3 & 4 \end{pmatrix}\begin{pmatrix} 4 \\ 2 \end{pmatrix} = \begin{pmatrix} 8 \\ -4 \end{pmatrix}$$

となり，点 P′(8, −4) に移される．（下図参照）　■

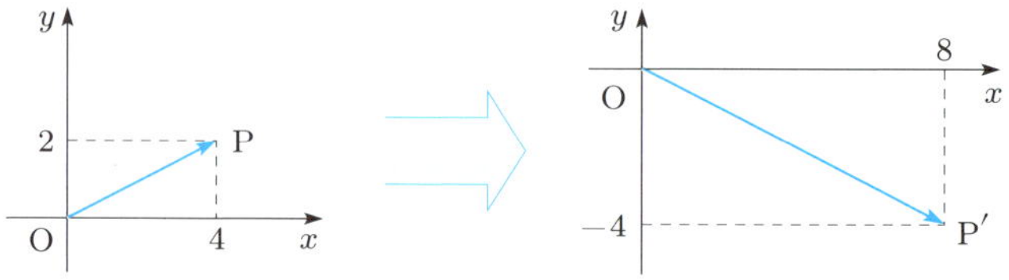

このように，行列はベクトルをベクトルに，あるいは点を点に移す（変換する）働きをもっていると考えることができ，一般に，$m \times n$ 行列

$$A = \begin{pmatrix} a_{11} & a_{12} & \cdots & a_{1n} \\ a_{21} & a_{22} & \cdots & a_{2n} \\ \vdots & \vdots & & \vdots \\ a_{m1} & a_{m2} & \cdots & a_{mn} \end{pmatrix}$$

は, n 次元のベクトル $\boldsymbol{v} \in \mathbf{R}^n$ を m 次元のベクトル $A\boldsymbol{v} \in \mathbf{R}^m$ に移す働きをもっている.

図形は点の集まりでできているから，点が移されれば図形そのものが形を変えることになる．したがって，行列は図形を変形するという働きをもっているのである.

例 2.17 行列 $A = \begin{pmatrix} 1 & 0 \\ 0 & 0 \end{pmatrix}$, $B = \begin{pmatrix} 0 & 1 \\ 1 & 0 \end{pmatrix}$ はそれぞれどんな働きをするか考えよう.

解 行列 A は x 軸への正射影である.

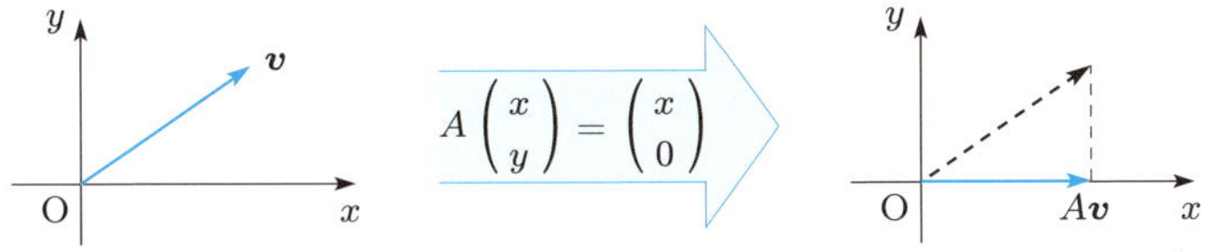

行列 B は直線 $y = x$ に対称なベクトルに移す.

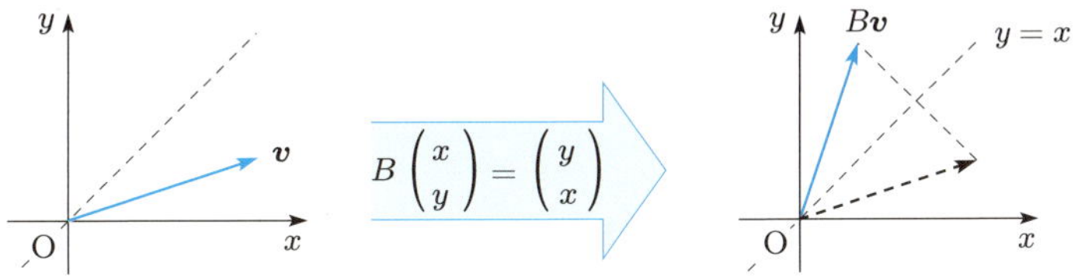

それぞれの図を参考にして，理解を深めよう. ■

平面上のベクトルを原点のまわりに回転させる働きをもつ次の行列は重要である.

公式 2.5

点を原点のまわりに角度 θ だけ**回転**する変換を表す行列は,

$\begin{pmatrix} \cos\theta & -\sin\theta \\ \sin\theta & \cos\theta \end{pmatrix}$ である.

すなわち，点 (x, y) の像を点 (X, Y) とすると

$$\begin{pmatrix} X \\ Y \end{pmatrix} = \begin{pmatrix} \cos\theta & -\sin\theta \\ \sin\theta & \cos\theta \end{pmatrix} \begin{pmatrix} x \\ y \end{pmatrix} \quad \cdots ①$$

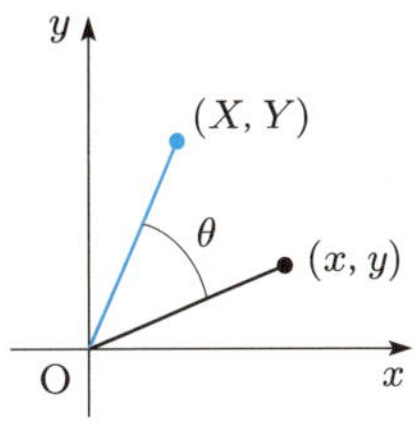

証明 P(x,y), Q(X,Y) とし，右図のように
$$\angle \mathrm{AOP} = \alpha, \quad \angle \mathrm{AOQ} = \beta, \quad \mathrm{OP} = \mathrm{OQ} = r$$
とおけば，
$$\begin{cases} x = \mathrm{OA} = r\cos\alpha \\ y = \mathrm{OC} = r\sin\alpha \end{cases}$$
であり，加法定理により
$$X = \mathrm{OB} = r\cos\beta = r\cos(\alpha + \theta)$$
$$= r\cos\alpha\cos\theta - r\sin\alpha\sin\theta = x\cos\theta - y\sin\theta$$
$$Y = \mathrm{OD} = r\sin\beta = r\sin(\alpha + \theta)$$
$$= r\sin\alpha\cos\theta + r\cos\alpha\sin\theta = x\sin\theta + y\cos\theta$$

となる．これを行列で表せば，式①となる． ∎

この関係式を逆に解いた次の形もよく使われる．
$$\begin{pmatrix} x \\ y \end{pmatrix} = \begin{pmatrix} \cos\theta & \sin\theta \\ -\sin\theta & \cos\theta \end{pmatrix} \begin{pmatrix} X \\ Y \end{pmatrix}$$

☑注 原点のまわりに θ 回転するのが点ではなく，座標軸だと考える場合は，相対的に点は $-\theta$ 回転することになるので，式①にかわる変換式は次のようになる．
$$\begin{pmatrix} X \\ Y \end{pmatrix} = \begin{pmatrix} \cos\theta & \sin\theta \\ -\sin\theta & \cos\theta \end{pmatrix} \begin{pmatrix} x \\ y \end{pmatrix}$$

元の位置　　　図形(点の集合)を回転　　　座標軸を回転

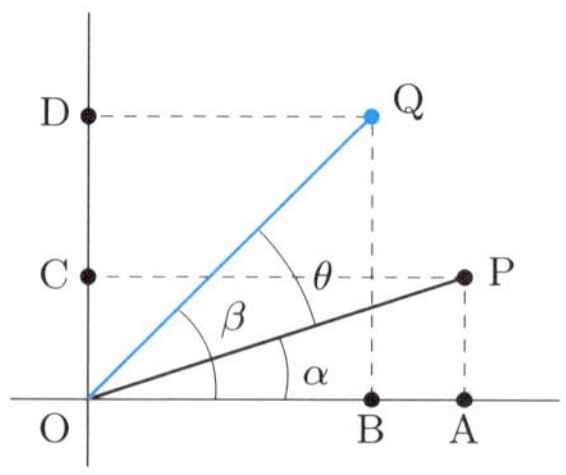

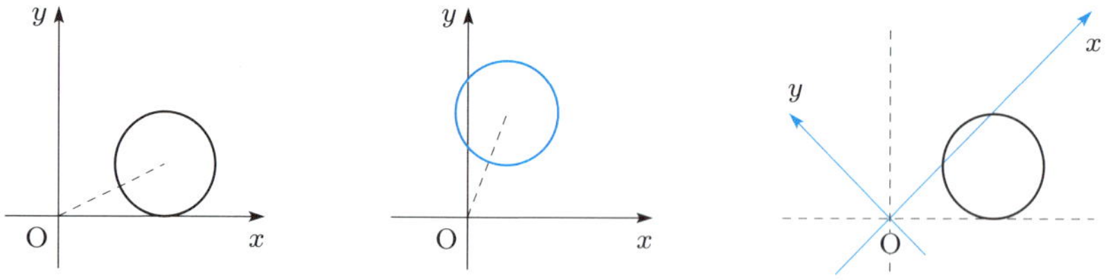

例 2.18 点を原点のまわりに $30°$ 回転する変換を表す行列 A と，座標軸を原点のまわりに $45°$ 回転する変換を表す行列 B を求めよう．

解 公式 2.5 に $\theta = 30°$ を代入して，$A = \dfrac{1}{2}\begin{pmatrix} \sqrt{3} & -1 \\ 1 & \sqrt{3} \end{pmatrix}$ であり，また $\theta = -45°$ を代入して，$B = \dfrac{1}{\sqrt{2}}\begin{pmatrix} 1 & 1 \\ -1 & 1 \end{pmatrix}$ となる（下図参照）． ∎

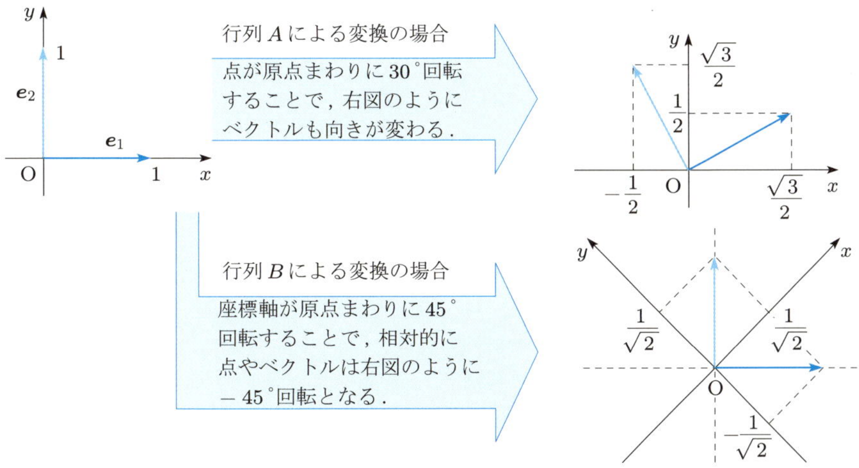

☑**注**　点やベクトルについてだけでなく，直線や四角形などの幾何学的な図形についても，変換後の図形を**像**と呼ぶ．

例 2.19　行列 $\begin{pmatrix} 1 & 2 \\ -3 & 4 \end{pmatrix}$ による変換で，4 点 O$(0,0)$, P$(1,0)$, Q$(1,1)$, R$(0,1)$ を頂点とする正方形は，4 点 O$(0,0)$, P$'(1,-3)$, Q$'(3,1)$, R$'(2,4)$ を頂点とする平行四辺形に変形される．すなわち，この平行四辺形 OP$'$Q$'$R$'$ が像である．

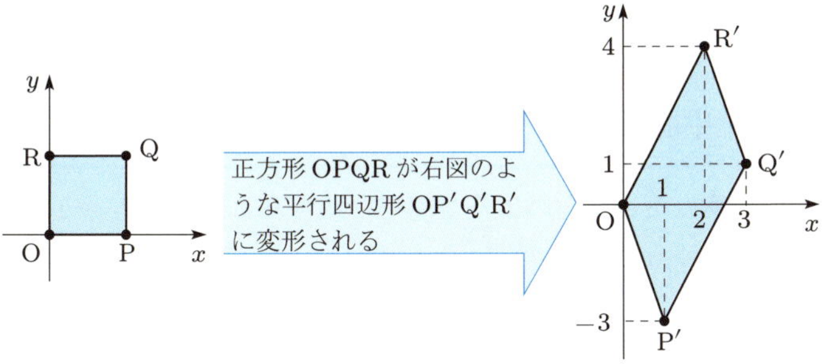

☑**注**　点が点に移されるのはいいが，点と点を結ぶ線分（すなわち直線）の像が線分になるといえるのだろうか．実は，行列による変換には「線形性」という性質があり，直線の像はまた直線になることがわかっている．これについてはあとで詳しく議論するが，この性質により，正方行列による変換を**線形変換**（または **1 次変換**）という．このような理由で，例 2.19 では正方形 OPQR の像が「平行四辺形」になるのである．

練習問題

問 2.20　次の行列による点 P, Q, R の像 P′, Q′, R′ を求めよ．

(1) $\begin{pmatrix} -2 & 3 \\ -1 & 2 \end{pmatrix}$　P(3, 2),　Q(−1, 4),　R(2, −2)

(2) $\begin{pmatrix} 1 & -2 & 3 \\ 0 & -1 & 2 \\ 2 & 2 & -2 \end{pmatrix}$　P(1, 3, 2),　Q(−1, 2, 4),　R(2, −2, 0)

(3) $\begin{pmatrix} -2 & 1 \\ 3 & -1 \\ 0 & 2 \end{pmatrix}$　P(3, 2),　Q(−1, 4),　R(2, −2)

問 2.21　次の変換をする行列を求めよ．

(1) 平面上で点を x 軸に対称な点に移す．
(2) 平面上で点を y 軸に対称な点に移す．
(3) 平面上で点を原点に対称な点に移す．
(4) 平面上で点を直線 $y = -x$ に対称な点に移す．
(5) 平面上で点を原点のまわりに 90° 回転させる．
(6) 空間内で点を z 軸のまわりに 45° 回転させる．
(7) 空間内で点を y 軸のまわりに 60° 回転させる．

問 2.22　例 2.17 の B の変換は，まず x 軸に対称に点を移したのち，次に原点のまわりに 90° 回転することで得られることを示せ．

問 2.23　直線 $y = kx$ に関する対称移動は，行列 $\dfrac{1}{k^2+1}\begin{pmatrix} -k^2+1 & 2k \\ 2k & k^2-1 \end{pmatrix}$ で表されることを示せ．

2.5　直線・平面の変換

直線が行列の変換によってどのような図形に移されるかを考えよう．平面 $\mathbf{R}^2$ 上または空間 $\mathbf{R}^3$ 内の直線のベクトル方程式は

$$\boldsymbol{v} = \boldsymbol{v}_0 + t\boldsymbol{u} \quad (t \in \mathbf{R})$$

← 公式 1.9，公式 1.10

である．これに 2 次の正方行列 A がかかると，公式 2.2 により

$$A\boldsymbol{v} = A\boldsymbol{v}_0 + tA\boldsymbol{u}$$

となるから，もし $A\boldsymbol{u} = \mathbf{0}$ ならば，直線は 1 点につぶれてしまい，もし $A\boldsymbol{u} \neq \mathbf{0}$ ならば，$A\boldsymbol{u}$ を方向ベクトルとする直線になる．1 点につぶれるとき，直線が点に**退化する**という．直線は 1 次元の広がりをもっているのに対して，点は広がりのない 0 次元であり，その意味で退化という言葉を使うのである．

したがって，次の結論が得られる．

定理 2.2

直線の方向ベクトルを $\boldsymbol{u}$ とするとき，正方行列 A（$A \neq O$ とする）による変換で，その直線は

$$A\boldsymbol{u}\begin{cases} = \boldsymbol{0} & \Rightarrow \quad 1\text{ 点に退化する} \\ \neq \boldsymbol{0} & \Rightarrow \quad A\boldsymbol{u}\text{ を方向ベクトルとする直線になる} \end{cases}$$

例 2.20 次の行列で表される変換によって，$\mathbf{R}^2$ 上の直線 $x + 2y - 2 = 0$ はどのような図形に変わるか考えよう．

$$A = \begin{pmatrix} 1 & 0 \\ -1 & 1 \end{pmatrix}, \quad B = \begin{pmatrix} 1 & 2 \\ 2 & 4 \end{pmatrix}$$

解 直線 $x + 2y - 2 = 0$ 上の 2 点を適当に選び，それを $\mathrm{P}(2, 0)$，$\mathrm{Q}(0, 1)$ とすると，この直線は点 P を通り，$\overrightarrow{\mathrm{PQ}}$ を方向ベクトルとするので，次のベクトル方程式で表される．

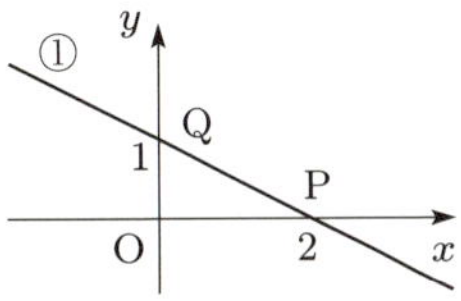

$$\begin{pmatrix} x \\ y \end{pmatrix} = \begin{pmatrix} 2 \\ 0 \end{pmatrix} + t\begin{pmatrix} -2 \\ 1 \end{pmatrix} \qquad \cdots ①$$

A による変換では

$$A\begin{pmatrix} x \\ y \end{pmatrix} = A\begin{pmatrix} 2 \\ 0 \end{pmatrix} + tA\begin{pmatrix} -2 \\ 1 \end{pmatrix}$$

$$= \begin{pmatrix} 1 & 0 \\ -1 & 1 \end{pmatrix}\begin{pmatrix} 2 \\ 0 \end{pmatrix} + t\begin{pmatrix} 1 & 0 \\ -1 & 1 \end{pmatrix}\begin{pmatrix} -2 \\ 1 \end{pmatrix} = \begin{pmatrix} 2 \\ -2 \end{pmatrix} + t\begin{pmatrix} -2 \\ 3 \end{pmatrix} \qquad \cdots ②$$

となるので，$A\begin{pmatrix} x \\ y \end{pmatrix} = \begin{pmatrix} X \\ Y \end{pmatrix}$ とおくと，点 $\mathrm{P}'(2, -2)$ を通り，$\begin{pmatrix} -2 \\ 3 \end{pmatrix}$ を方向ベクトルとする直線 $3X + 2Y - 2 = 0$ が得られる．

B による変換の場合は

$$B\begin{pmatrix} x \\ y \end{pmatrix} = \begin{pmatrix} 1 & 2 \\ 2 & 4 \end{pmatrix}\begin{pmatrix} 2 \\ 0 \end{pmatrix} + t\begin{pmatrix} 1 & 2 \\ 2 & 4 \end{pmatrix}\begin{pmatrix} -2 \\ 1 \end{pmatrix}$$

$$= \begin{pmatrix} 2 \\ 4 \end{pmatrix} + t\begin{pmatrix} 0 \\ 0 \end{pmatrix}$$

$$= \begin{pmatrix} 2 \\ 4 \end{pmatrix} \qquad \cdots ③$$

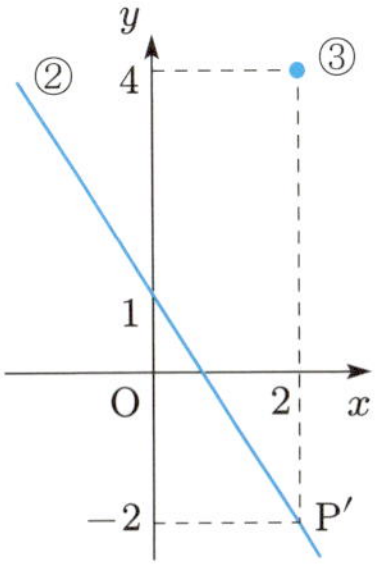

となるので，1 点 $(2, 4)$ に退化してしまう． ■

☑**注** 以後，変換後の式 $3X + 2Y - 2 = 0$ を改めて $3x + 2y - 2 = 0$ と表す．

さらに，この例の A と B の変換には，次のような大きな違いがあることもわかる．A は正則な行列であり，逆行列が存在するので，式 ② にその逆行列をかけると

$$A^{-1}A\begin{pmatrix}x\\y\end{pmatrix}=A^{-1}A\begin{pmatrix}2\\0\end{pmatrix}+tA^{-1}A\begin{pmatrix}-2\\1\end{pmatrix}\qquad \text{ここで } A^{-1}A=E$$

により，元の直線①に戻すことができる．それに対して，B は正則でないので，逆行列は存在しない．そのため，1 点 $(2,4)$ を元の直線①に戻すことができない．

正則でない行列 B による変換をもう少し考えてみよう．平面上の任意のベクトル $\boldsymbol{v}$ は基本ベクトルの 1 次結合

$$\boldsymbol{v}=x\boldsymbol{e}_1+y\boldsymbol{e}_2$$

で表されるが，行列 B による変換の場合

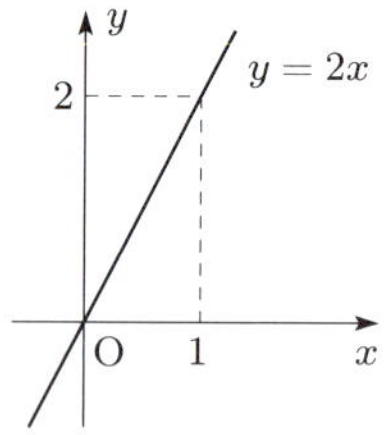

$$B\boldsymbol{e}_1=\begin{pmatrix}1\\2\end{pmatrix},\quad B\boldsymbol{e}_2=\begin{pmatrix}2\\4\end{pmatrix}$$

となり，これらは同一直線 $y=2x$ 上に重なっていて，

$$B\boldsymbol{e}_2=2B\boldsymbol{e}_1$$

という従属的な関係にある．そのため，2 次元の広がりをもった平面 $\mathbf{R}^2$ が 1 次元の直線 $y=2x$ につぶれてしまうのである．どのようにつぶれるのかを調べてみよう．点 $(k,0)$ を通り，方向ベクトルが $\begin{pmatrix}-2\\1\end{pmatrix}$ の直線

$$\ell\colon \begin{pmatrix}x\\y\end{pmatrix}=\begin{pmatrix}k\\0\end{pmatrix}+t\begin{pmatrix}-2\\1\end{pmatrix}$$

を考えると，行列 B による変換で

$$B\begin{pmatrix}x\\y\end{pmatrix}=\begin{pmatrix}1&2\\2&4\end{pmatrix}\begin{pmatrix}k\\0\end{pmatrix}+t\begin{pmatrix}1&2\\2&4\end{pmatrix}\begin{pmatrix}-2\\1\end{pmatrix}=\begin{pmatrix}k\\2k\end{pmatrix}+t\begin{pmatrix}0\\0\end{pmatrix}=\begin{pmatrix}k\\2k\end{pmatrix}$$

となり，直線 $y=2x$ 上の 1 点 $(k,2k)$ に退化することがわかる．

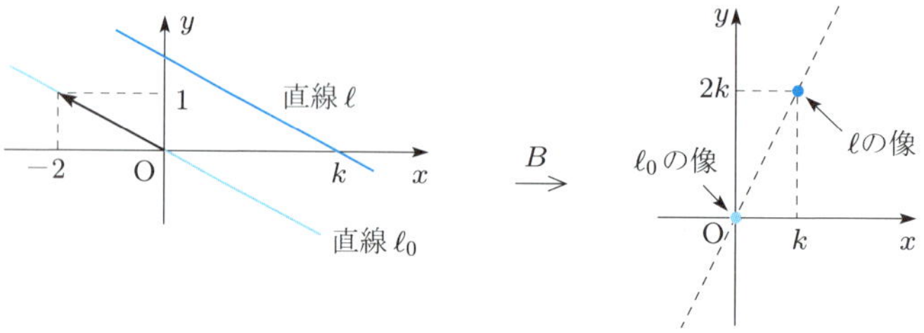

以上の議論をまとめると，次の定理のようになる．

定理 2.3

2 次の正方行列 A（$A \neq O$ とする）による $\mathbf{R}^2$ における変換は，一般に直線を直線に移すが，

(1) A が正則ならば，直線は必ず直線に移され，その逆を考えることができる．言い換えると，直線と直線が 1 対 1 に対応する．

(2) A が正則でないならば，点に退化する直線があり，変換前の直線に戻すことができない．

3 次元の空間 $\mathbf{R}^3$ における直線の変換についても同様である．

例 2.21 次の行列で表される変換によって，$\mathbf{R}^3$ 内の直線

$$x-2=\frac{y-3}{-2}=z+1 \qquad \cdots ①$$

はどのような図形に変わるか考えよう．

$$A=\begin{pmatrix}1&0&1\\-1&1&0\\1&1&1\end{pmatrix} \qquad B=\begin{pmatrix}1&2&3\\4&5&6\\7&8&9\end{pmatrix}$$

解 ① は点 $\mathrm{P}(2,3,-1)$ を通り，方向ベクトルが $\begin{pmatrix}1\\-2\\1\end{pmatrix}$ の直線であり，ベクトル方程式で表すと次のようになる．

$$\begin{pmatrix}x\\y\\z\end{pmatrix}=\begin{pmatrix}2\\3\\-1\end{pmatrix}+t\begin{pmatrix}1\\-2\\1\end{pmatrix}$$

行列 A による変換の場合，点 P の像と方向ベクトルの像をそれぞれ求めると

$$\begin{pmatrix}1&0&1\\-1&1&0\\1&1&1\end{pmatrix}\begin{pmatrix}2\\3\\-1\end{pmatrix}=\begin{pmatrix}1\\1\\4\end{pmatrix}, \quad \begin{pmatrix}1&0&1\\-1&1&0\\1&1&1\end{pmatrix}\begin{pmatrix}1\\-2\\1\end{pmatrix}=\begin{pmatrix}2\\-3\\0\end{pmatrix}$$

となるので，点 $\mathrm{P}'(1,1,4)$ を通り方向ベクトルが $\begin{pmatrix}2\\-3\\0\end{pmatrix}$ の直線，すなわち

$$\begin{pmatrix}x\\y\\z\end{pmatrix}=\begin{pmatrix}1\\1\\4\end{pmatrix}+t\begin{pmatrix}2\\-3\\0\end{pmatrix}$$

になる．B による変換の場合，点 P の像と方向ベクトルの像をそれぞれ求めると

$$\begin{pmatrix}1&2&3\\4&5&6\\7&8&9\end{pmatrix}\begin{pmatrix}2\\3\\-1\end{pmatrix}=\begin{pmatrix}5\\17\\29\end{pmatrix}, \quad \begin{pmatrix}1&2&3\\4&5&6\\7&8&9\end{pmatrix}\begin{pmatrix}1\\-2\\1\end{pmatrix}=\begin{pmatrix}0\\0\\0\end{pmatrix}$$

となるので，1 点 $\mathrm{P}''(5,17,29)$ に退化する． ■

この例の行列 A と B の違いは，A は正則であるが，B は正則でないことである．一般に，行列が正則であるかどうかはその行列の階数（ランク）によって判定できるが，詳しいことは 3.2 節で議論する．

次に，平面の変換について考えてみよう．点 $P_0(x_0, y_0, z_0)$ を通り，平行でない二つのベクトル $\boldsymbol{u}_1$ と $\boldsymbol{u}_2$ で生成される平面は，$\boldsymbol{v}_0 = \overrightarrow{OP_0}$ とおくとき

$$\boldsymbol{v} = \boldsymbol{v}_0 + s\boldsymbol{u}_1 + t\boldsymbol{u}_2 \qquad (s, t \in \mathbf{R})$$ ← 公式 1.11

である．3 次の正方行列 A をかけると，公式 2.2 により

$$A\boldsymbol{v} = A\boldsymbol{v}_0 + sA\boldsymbol{u}_1 + tA\boldsymbol{u}_2$$

となり，一般にはベクトル $A\boldsymbol{u}_1$ と $A\boldsymbol{u}_2$ で生成される平面に変換される．ただし，

$$A\boldsymbol{u}_1 = \mathbf{0} \quad \text{または} \quad A\boldsymbol{u}_2 = \mathbf{0}$$

のとき，あるいは

$$A\boldsymbol{u}_1 \text{ と } A\boldsymbol{u}_2 \text{ が平行（1 次従属）}$$

のときは，（2 次元の平面が 1 次元の）直線に退化することになり，さらに

$$A\boldsymbol{u}_1 = \mathbf{0} \quad \text{かつ} \quad A\boldsymbol{u}_2 = \mathbf{0}$$

のときは，（2 次元の平面が 0 次元の）点に退化することになる．

例 2.22　$\mathbf{R}^3$ 内の平面 $x - 2y - 4z + 4 = 0$ に対して，次の行列による変換を考えよう．

$$A = \begin{pmatrix} 0 & 1 & 2 \\ 1 & 0 & 2 \\ 2 & 1 & 1 \end{pmatrix}, \quad B = \begin{pmatrix} 0 & 1 & 2 \\ 1 & 1 & 2 \\ 1 & 2 & 4 \end{pmatrix}, \quad C = \begin{pmatrix} 1 & -2 & -4 \\ -1 & 2 & 4 \\ -2 & 4 & 8 \end{pmatrix}$$

解　平面上の 3 点 $P(-4, 0, 0)$, $Q(0, 2, 0)$, $R(0, 0, 1)$ を選び，平面を生成する二つのベクトル $\boldsymbol{u}_1 = \overrightarrow{PQ} = \begin{pmatrix} 4 \\ 2 \\ 0 \end{pmatrix}$, $\boldsymbol{u}_1 = \overrightarrow{PR} = \begin{pmatrix} 4 \\ 0 \\ 1 \end{pmatrix}$ をとる．

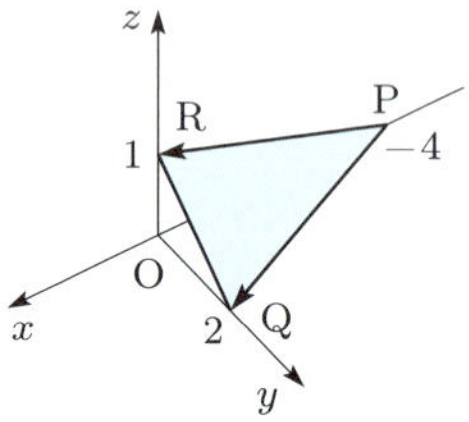

A による変換　点 P の像は $(0, -4, -8)$ であり，

$$A\boldsymbol{u}_1 = \begin{pmatrix} 2 \\ 4 \\ 10 \end{pmatrix}, \quad A\boldsymbol{u}_2 = \begin{pmatrix} 2 \\ 6 \\ 9 \end{pmatrix}$$

である．この二つのベクトルは平行でない（1 次独立である）ので，この平面の像のベク

トル方程式は

$$\begin{pmatrix} x \\ y \\ z \end{pmatrix} = \begin{pmatrix} 0 \\ -4 \\ -8 \end{pmatrix} + s\begin{pmatrix} 2 \\ 4 \\ 10 \end{pmatrix} + t\begin{pmatrix} 2 \\ 6 \\ 9 \end{pmatrix} \qquad (s, t \in \mathbf{R})$$

となる．変数 s, t を消去すると，$12x - y - 2z - 20 = 0$ のように，x, y, z の 1 次式で表すこともできる．

B による変換　点 P の像は $(0, -4, -4)$ であり，

$$B\boldsymbol{u}_1 = \begin{pmatrix} 2 \\ 6 \\ 8 \end{pmatrix} = 2\begin{pmatrix} 1 \\ 3 \\ 4 \end{pmatrix}, \quad B\boldsymbol{u}_2 = \begin{pmatrix} 2 \\ 6 \\ 8 \end{pmatrix} = 2\begin{pmatrix} 1 \\ 3 \\ 4 \end{pmatrix}$$

となるので，平面ではなく，点 $(0, -4, -4)$ を通り，方向ベクトルが $\begin{pmatrix} 1 \\ 3 \\ 4 \end{pmatrix}$ の直線

$$\begin{pmatrix} x \\ y \\ z \end{pmatrix} = \begin{pmatrix} 0 \\ -4 \\ -4 \end{pmatrix} + t\begin{pmatrix} 1 \\ 3 \\ 4 \end{pmatrix} \qquad \text{または} \quad x = \frac{y+4}{3} = \frac{z+4}{4}$$

に退化する．

C による変換　点 P の像は $(-4, 4, 8)$ であり，

$$C\boldsymbol{u}_1 = \begin{pmatrix} 0 \\ 0 \\ 0 \end{pmatrix}, \quad C\boldsymbol{u}_2 = \begin{pmatrix} 0 \\ 0 \\ 0 \end{pmatrix}$$

となり，1 点 $(-4, 4, 8)$ に退化する．■

この例のように，行列による変換に大きな違いが生じるのは，その行列の階数（ランク）と深く関係していることである．3.2 節の例 3.7 で詳しくその違いについて考えよう．

練習問題

問 2.24　行列 A による変換で直線 L はどのような直線に移されるか．

(1)　$A = \begin{pmatrix} 2 & 0 \\ 3 & -4 \end{pmatrix}$,　$L\colon x + 3y = 0$

(2)　$A = \begin{pmatrix} 2 & -1 \\ 1 & 2 \end{pmatrix}$,　$L\colon 2x - y + 3 = 0$

問 2.25　行列 $\begin{pmatrix} 4 & -3 \\ -2 & 2 \end{pmatrix}$ による変換で直線 L が直線 $x + 2y - 6 = 0$ に移されたとき，変換前の直線 L の方程式を求めよ．

問 2.26　行列 $\begin{pmatrix} -2 & 1 \\ 4 & -2 \end{pmatrix}$ による変換で，原点に退化する直線を求めよ．

問 2.27　行列 $\begin{pmatrix} 1 & 0 & 3 \\ 3 & -2 & 5 \\ 6 & -5 & 8 \end{pmatrix}$ による変換を考えるとき，次の問いに答えよ．

(1)　直線 $\dfrac{x-1}{2} = \dfrac{y-2}{-1} = \dfrac{z+1}{2}$ はどのような図形になるか．

(2)　原点に退化する直線を求めよ．

問 2.28　例 2.22 の行列 B によって原点に退化する平面があるか．あるなら求めよ．

問 2.29　行列 $\begin{pmatrix} 1 & -1 & 0 \\ 0 & 1 & 2 \\ 2 & -1 & 1 \end{pmatrix}$ による変換で，平面 $2x+3y-3z-6=0$ はどのような図形になるか．

3 基本変形

線形代数は歴史的に連立１次方程式の解法から始まったが，その解法は行列の基本変形という簡明な操作で示すことができる．それによって，解の存在が係数行列と密接に関連していることがわかる．

3.1 連立１次方程式

連立 1 次方程式の解法について，技巧的な方法ではなく，もっとも初歩的な解き方を改めて考えると，そこには重要な方法があることがわかる．それは連立 1 次方程式の解法だけでなく，線形代数のさまざまな問題に関係する基本的な変形方法である．

例 3.1　次の連立 1 次方程式を解こう．

$$\begin{cases} 2x + 3y = 8 & \cdots ① \\ x + 2y = 5 & \cdots ② \end{cases}$$

解　たとえば，以下のように解くことができる．

① − ② × 2 より	両辺に −1 をかけると	② − ③ × 2 より
$-y = -2$	$y = 2 \quad \cdots ③$	$x = 1$

■

この解き方は，未知数の個数に関係なく，次の原理のみを使っている．

行の基本変形

(1)　ある行を k 倍する．$(k \neq 0)$

(2)　二つの行を入れ替える．

(3)　ある行を k 倍したものを他の行に加える．

また，この方法では係数の位置だけが重要であるので，以下のような形式で表すことができる．これを**掃き出し法**（または**ガウス・ジョルダンの消去法**）という．

係数だけを並べる　$\rightarrow \left(\begin{array}{cc|c} 2 & 3 & 8 \\ 1 & 2 & 5 \end{array}\right)$

第 1 行と第 2 行を入れ替える　$\rightarrow \left(\begin{array}{cc|c} 1 & 2 & 5 \\ 2 & 3 & 8 \end{array}\right)$

第 1 行を 2 倍し，第 2 行からひく　$\rightarrow \left(\begin{array}{cc|c} 1 & 2 & 5 \\ 0 & -1 & -2 \end{array}\right)$

第 2 行を −1 倍する　$\rightarrow \left(\begin{array}{cc|c} 1 & 2 & 5 \\ 0 & 1 & 2 \end{array}\right)$

$$\text{第 2 行を 2 倍し，第 1 行からひく} \quad \to \left(\begin{array}{cc|c} 1 & 0 & 1 \\ 0 & 1 & 2 \end{array}\right) \quad \to \text{解 } x = 1,\ y = 2$$

このように，基本変形を用いて第 1 列を $\begin{vmatrix} 1 \\ 0 \end{vmatrix}$ の形にし，続けて第 2 列を $\begin{vmatrix} 0 \\ 1 \end{vmatrix}$ の形にするのである．

未知数が三つの場合も同様である．すなわち連立 1 次方程式を掃き出し法で解くとは，未知数を消して，係数だけを並べたのち，基本変形を用いて第 1 列を $\begin{vmatrix} 1 \\ 0 \\ 0 \end{vmatrix}$ の形にし，続けて第 2 列を $\begin{vmatrix} 0 \\ 1 \\ 0 \end{vmatrix}$ の形にし，そして第 3 列を $\begin{vmatrix} 0 \\ 0 \\ 1 \end{vmatrix}$ の形にするのである．

☑**注**　この節では，簡単のために，連立 1 次方程式を単に「連立方程式」ということが多い．

例 3.2　次の連立方程式を掃き出し法で解こう．
$$\begin{cases} x + 4y - z = 3 \\ 3x + 2y - 2z = 2 \\ -2x - 2y + 3z = 3 \end{cases}$$

解　過程を細かく説明しよう．簡単のために，各行を ①, ②, ③ とし，たとえば「第 2 行から第 1 行の 3 倍をひく」という基本変形の操作を「② − ① × 3」のように表すことにする．

$$\text{連立方程式を次のように表す} \quad \to \left(\begin{array}{ccc|c} 1 & 4 & -1 & 3 \\ 3 & 2 & -2 & 2 \\ -2 & -2 & 3 & 3 \end{array}\right)$$

$$② - ① \times 3,\quad ③ + ① \times 2 \quad \to \left(\begin{array}{ccc|c} 1 & 4 & -1 & 3 \\ 0 & -10 & 1 & -7 \\ 0 & 6 & 1 & 9 \end{array}\right)$$

★次ページの別解

$$② \times \left(-\frac{1}{10}\right) \quad \to \left(\begin{array}{ccc|c} 1 & 4 & -1 & 3 \\ 0 & 1 & -1/10 & 7/10 \\ 0 & 6 & 1 & 9 \end{array}\right)$$

$$① - ② \times 4,\quad ③ - ② \times 6 \quad \to \left(\begin{array}{ccc|c} 1 & 0 & -3/5 & 1/5 \\ 0 & 1 & -1/10 & 7/10 \\ 0 & 0 & 8/5 & 24/5 \end{array}\right)$$

$$③ \times \frac{5}{8} \quad \to \left(\begin{array}{ccc|c} 1 & 0 & -3/5 & 1/5 \\ 0 & 1 & -1/10 & 7/10 \\ 0 & 0 & 1 & 3 \end{array}\right)$$

$$① + ③ \times \frac{3}{5},\quad ② + ③ \times \frac{1}{10} \quad \to \left(\begin{array}{ccc|c} 1 & 0 & 0 & 2 \\ 0 & 1 & 0 & 1 \\ 0 & 0 & 1 & 3 \end{array}\right) \quad \to \text{解} \begin{cases} x = 2 \\ y = 1 \\ z = 3 \end{cases}$$

■

☑**注**　未知数が三つ以上ある場合には，係数行列を単位行列の形になるまで変形せず，三角行列となるように変形するほうが計算が速い．

一般に，対角成分の左下の部分または右上の部分がすべて 0 であるような行列を**三角行列**という．対角成分の中に 0 があってもよい．たとえば，

$$A = \begin{pmatrix} 1 & 3 \\ 0 & 2 \end{pmatrix}, \quad B = \begin{pmatrix} -2 & 0 & 0 \\ 4 & 0 & 0 \\ 5 & 3 & 1 \end{pmatrix}, \quad C = \begin{pmatrix} 6 & -1 & 1 & 2 \\ 0 & 3 & -5 & 3 \\ 0 & 0 & 2 & 0 \\ 0 & 0 & 0 & 4 \end{pmatrix}$$

などである．A や C のように対角成分の左下が 0 のものを**上三角行列**といい，B のように対角成分の右上が 0 のものを**下三角行列**という．

☑**注**　左上または右下の部分がすべて 0 であるもの，たとえば，

$$\begin{pmatrix} 0 & 0 & -2 \\ 0 & 4 & 0 \\ 5 & 3 & 1 \end{pmatrix}, \quad \begin{pmatrix} 6 & 10 & -1 & 3 \\ 3 & -5 & 5 & 0 \\ 2 & 7 & 0 & 0 \\ 1 & 0 & 0 & 0 \end{pmatrix}$$

などは三角行列とはいわない．

例 3.2 の別解　係数行列を基本変形により単位行列の形にするのではなく，以下のように上三角行列を作るようにする．

前ページ★までは同じ　$\to \left(\begin{array}{ccc|c} 1 & 4 & -1 & 3 \\ 0 & -10 & 1 & -7 \\ 0 & 6 & 1 & 9 \end{array}\right)$

③ $\times\, 10$　$\to \left(\begin{array}{ccc|c} 1 & 4 & -1 & 3 \\ 0 & -10 & 1 & -7 \\ 0 & 60 & 10 & 90 \end{array}\right)$

③ $+$ ② $\times\, 6$　$\to \left(\begin{array}{ccc|c} 1 & 4 & -1 & 3 \\ 0 & -10 & 1 & -7 \\ 0 & 0 & 16 & 48 \end{array}\right)$

③ より $16z = 48$　$\therefore z = 3$

② $-10y + z = -7$ に $z = 3$ を代入して $y = 1$

① $x + 4y - z = 3$ に $y = 1,\ z = 3$ を代入して $x = 2$　■

ここで，連立 1 次方程式を解くことの幾何学的意味について考えておこう．

平面上の直線が x, y の 1 次式で表されることを考えれば，連立 1 次方程式を解くことは，直線の交点を求める問題であることがわかる．

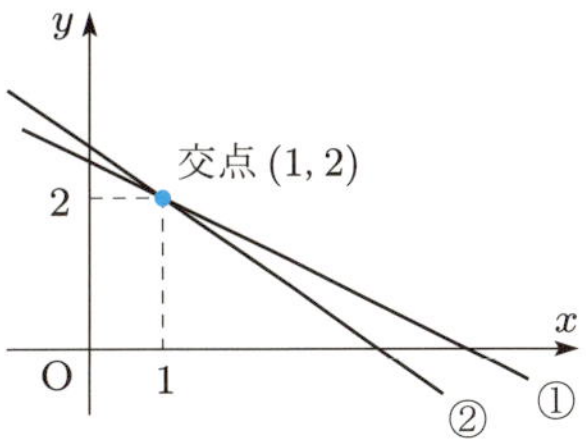

たとえば，例 3.1 $\begin{cases} 2x+3y=8 & \cdots ① \\ x+2y=5 & \cdots ② \end{cases}$ の場合，その解 $x=1,\ y=2$ は二つの直線 ① と ② の交点の座標である（上図）.

同様に，空間内の平面は $x,\ y,\ z$ の 1 次式で表されることから，例 3.2 のような連立 1 次方程式の問題は，三つの平面の交点を求めることにほかならない.

例 3.3 次の連立 1 次方程式を解こう.

(1) $\begin{cases} x+y+z=2 \\ x+y=0 \\ x+2y+z=1 \end{cases}$ (2) $\begin{cases} x+y+z=2 \\ x+y=1 \\ 2x+2y+z=3 \end{cases}$ (3) $\begin{cases} x+y+z=2 \\ x+y=1 \\ 2x+2y+z=1 \end{cases}$

解 基本変形すると，それぞれ以下のようになる.

(1) $$\left(\begin{array}{ccc|c} 1 & 1 & 1 & 2 \\ 1 & 1 & 0 & 0 \\ 1 & 2 & 1 & 1 \end{array}\right) \to \left(\begin{array}{ccc|c} 1 & 0 & 0 & 1 \\ 0 & 1 & 0 & -1 \\ 0 & 0 & 1 & 2 \end{array}\right)$$ 一意に解が存在し，$x=1,\ y=-1,\ z=2$

(2) $$\left(\begin{array}{ccc|c} 1 & 1 & 1 & 2 \\ 1 & 1 & 0 & 1 \\ 2 & 2 & 1 & 3 \end{array}\right) \to \left(\begin{array}{ccc|c} 1 & 1 & 0 & 1 \\ 0 & 0 & 1 & 1 \\ 0 & 0 & 0 & 0 \end{array}\right)$$ 一意には定まらないが，解があり $x=t,\ y=1-t,\ z=1$ （t は任意定数）

(3) $$\left(\begin{array}{ccc|c} 1 & 1 & 1 & 2 \\ 1 & 1 & 0 & 1 \\ 2 & 2 & 1 & 1 \end{array}\right) \to \left(\begin{array}{ccc|c} 1 & 1 & 0 & 1 \\ 0 & 0 & 1 & 1 \\ 0 & 0 & 0 & -2 \end{array}\right)$$ 第 3 行 $0=-2$ は矛盾. したがって解はない.

このように，三つの未知数 $x,\ y,\ z$ をもつ連立 1 次方程式は，空間 $\mathbf{R}^3$ 内で三つの平面が交差する点を求めることを意味し，(1) ではそれが 1 点 $(1,-1,2)$ だけあること，(2) では 1 点だけでなく無数にあること，(3) ではまったくないことを示している. ■

☑注 (2) の場合，基本変形により，$x+y=1,\ z=1$ という関係式となるので，任意定数 t を使って

$$\begin{cases} x=t \\ y=1-t \\ z=1 \end{cases} \quad \text{または} \quad \begin{cases} x=1-t \\ y=t \\ z=1 \end{cases}$$

のように解を表すことができる．さらに詳しく見ると，解を

$$\begin{pmatrix} x \\ y \\ z \end{pmatrix} = \begin{pmatrix} t \\ 1-t \\ 1 \end{pmatrix} = \begin{pmatrix} 0 \\ 1 \\ 1 \end{pmatrix} + t\begin{pmatrix} 1 \\ -1 \\ 0 \end{pmatrix} \qquad \cdots ※$$

と表すことでわかるように，点 $\mathrm{P}(0,1,1)$ を通り，方向ベクトルが $\begin{pmatrix} 1 \\ -1 \\ 0 \end{pmatrix}$ の直線（それを L とする）上の点すべてが解であり，三つの平面

① $x+y+z=2$, ② $x+y=1$, ③ $2x+2y+z=3$

が下図のように直線 L で交差しているのである.

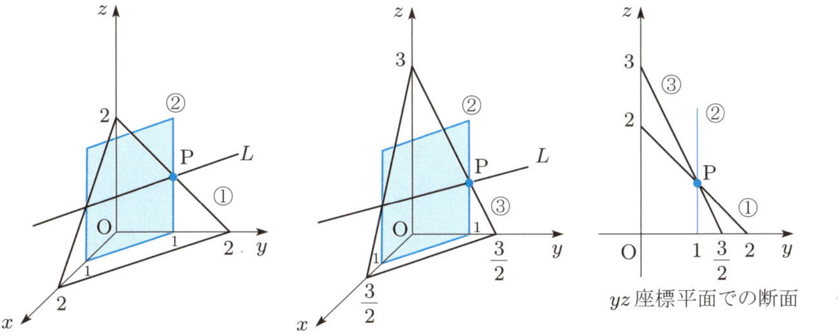

係数行列を A とおくとき，例 3.3 (1) のように基本変形によって単位行列の形にすることができる場合，その行列 A は**正則**であるという．(2) のように単位行列の形にできない場合は正則でないという．一般に，次のようにいうことができる．

☑注　この定義は 2.3 節の定義（逆行列が存在）と同値であることが 3.3 節で示される．

定理 3.1

連立方程式の左辺の係数行列を A とするとき，解の存在について次のようになる．

$$A \text{ が} \begin{cases} \text{正則} & \Rightarrow \quad \text{一意に存在する} \\ \text{正則でない} & \Rightarrow \quad \text{無数に存在するか，まったく存在しない} \end{cases}$$

☑注　解が無数に存在するとき，それらの点がばらばらにあるのではなく，上の例で見たように一つの直線上に並んで存在するのである．

例 3.4　次のように，右辺（定数項）がすべて 0 である連立 1 次方程式を解こう．

$$\text{(1)} \quad \begin{cases} x+y+z=0 \\ x+y=0 \\ x+2y+z=0 \end{cases} \qquad \text{(2)} \quad \begin{cases} x+y+z=0 \\ x+y=0 \\ 2x+2y+z=0 \end{cases}$$

解　$x=0,\ y=0,\ z=0$ は明らかに解である．これを**自明な解**という．
自明な解以外の解を求める．基本変形すると，以下のようになる

$$\text{(1)} \quad \left(\begin{array}{ccc|c} 1 & 1 & 1 & 0 \\ 1 & 1 & 0 & 0 \\ 1 & 2 & 1 & 0 \end{array}\right) \to \left(\begin{array}{ccc|c} 1 & 0 & 0 & 0 \\ 0 & 1 & 0 & 0 \\ 0 & 0 & 1 & 0 \end{array}\right)$$

自明な解以外に解はない

$$\text{(2)} \quad \left(\begin{array}{ccc|c} 1 & 1 & 1 & 0 \\ 1 & 1 & 0 & 0 \\ 2 & 2 & 1 & 0 \end{array}\right) \to \left(\begin{array}{ccc|c} 1 & 1 & 0 & 0 \\ 0 & 0 & 1 & 0 \\ 0 & 0 & 0 & 0 \end{array}\right)$$

一意には定まらないが，解があり
$x=t,\ y=-t,\ z=0$
（t は任意定数）　■

☑注　この連立方程式を行列の積で表すと

(1) $\begin{pmatrix}1&1&1\\1&1&0\\1&2&1\end{pmatrix}\begin{pmatrix}x\\y\\z\end{pmatrix}=\begin{pmatrix}0\\0\\0\end{pmatrix}$ (2) $\begin{pmatrix}1&1&1\\1&1&0\\2&2&1\end{pmatrix}\begin{pmatrix}x\\y\\z\end{pmatrix}=\begin{pmatrix}0\\0\\0\end{pmatrix}$

であり，行列の変換により原点に退化するベクトル（または点の集合）を求める問題であることがわかる．

定理 3.2

例 3.4 のような右辺がすべて 0 の連立 1 次方程式では，係数行列が正則ならば自明な解しか存在しない．自明な解以外の解が存在するための必要十分条件は，係数行列が正則でないことである．

注 これについてはあとでもう一度議論する（定理 5.3）．右辺においた定数項がすべて 0 である連立 1 次方程式を**同次**（または**斉次**）という．

練習問題

問 3.1 次の連立方程式を掃き出し法で解け．

(1) $\begin{cases}3x+2y=0\\x-2y=8\end{cases}$ (2) $\begin{cases}-x+z=1\\-y+4z=7\\2x+y+2z=3\end{cases}$ (3) $\begin{pmatrix}2&3&-1\\-1&2&2\\1&1&-1\end{pmatrix}\begin{pmatrix}x\\y\\z\end{pmatrix}=\begin{pmatrix}-3\\1\\-2\end{pmatrix}$

問 3.2 次の連立方程式について，以下の問いに答えよ．

$$\begin{pmatrix}1&1&2\\2&-2&a\\1&-1&1\end{pmatrix}\begin{pmatrix}x\\y\\z\end{pmatrix}=\begin{pmatrix}5\\2\\5\end{pmatrix}$$

(1) 解をもつための a の条件を求めよ．

(2) $a=-2$ のとき，この連立方程式を解け．

問 3.3 連立方程式 $\begin{cases}2x+y=b\\x+ay=2\end{cases}$ は一意には解をもたないとするとき，次の問いに答えよ．ただし，a, b は定数とする．

(1) a の値を求めよ（その値は次の設問で使う）．

(2) この連立方程式を解け．

問 3.4 次の連立方程式を掃き出し法（基本変形）で解け．

(1) $\begin{cases}x+2y+z=2\\2x+3y+2z=4\\6x+5y+6z=12\end{cases}$ (2) $\begin{pmatrix}2&-1&-1\\-1&2&-1\\-1&-1&2\end{pmatrix}\begin{pmatrix}x\\y\\z\end{pmatrix}=\begin{pmatrix}1\\-1\\1\end{pmatrix}$

(3) $\begin{cases}2x-y-z=0\\-x+2y-z=0\\-x-y+2z=0\end{cases}$ (4) $\begin{pmatrix}2&-1&9\\-1&1&-3\\1&-3&-3\end{pmatrix}\begin{pmatrix}x\\y\\z\end{pmatrix}=\begin{pmatrix}0\\0\\0\end{pmatrix}$

問 3.5 以下の問いに答えよ．

(1) 次の連立方程式を行列の形で表せ．

(2) この連立方程式を解け．

$$\begin{cases} 2x_1 + x_2 \quad + 3x_3 - x_4 \ = -1 \\ x_1 \qquad\quad + 2x_3 + 2x_4 = 3 \\ -x_1 + 3x_2 - 5x_3 + x_4 \ = -6 \end{cases}$$

3.2 行列のランク

行の基本変形によって，行列 $\begin{pmatrix} a_1 & a_2 & a_3 \\ b_1 & b_2 & b_3 \\ c_1 & c_2 & c_3 \end{pmatrix}$ を単位行列 $\begin{pmatrix} 1 & 0 & 0 \\ 0 & 1 & 0 \\ 0 & 0 & 1 \end{pmatrix}$ または上三角行列 $\begin{pmatrix} a & * & * \\ 0 & b & * \\ 0 & 0 & c \end{pmatrix}$ の形にする過程で，ある行の成分がすべて 0 になる場合がある．

例 3.5 次の行列に対して，行の基本変形を考えよう．

$$A = \begin{pmatrix} 2 & 1 & 1 \\ 1 & 0 & 2 \\ -1 & 2 & -8 \end{pmatrix}$$

解 簡単のために，たとえば「第 1 行を 2 倍し，第 3 行にたす」という操作を「③ + ① × 2」と表すことにする．

まず第 1 行と第 2 行を入れ替えてから，次のように変形する．

$$A \to \begin{pmatrix} 1 & 0 & 2 \\ 2 & 1 & 1 \\ -1 & 2 & -8 \end{pmatrix} \qquad ② - ① \times 2, \quad ③ + ①$$

$$\to \begin{pmatrix} 1 & 0 & 2 \\ 0 & 1 & -3 \\ 0 & 2 & -6 \end{pmatrix} \qquad ③ - ② \times 2$$

$$\to \begin{pmatrix} 1 & 0 & 2 \\ 0 & 1 & -3 \\ 0 & 0 & 0 \end{pmatrix} \qquad \text{第 3 行の成分がすべて 0 になった}$$

■

このように行の基本変形をしたあと，すべての成分が 0 にならない行数を**階数**または**ランク**という．それを $\mathbf{rank}\,\boldsymbol{A}$ または $\mathbf{rank}\,(\boldsymbol{A})$ と表す．この例 3.5 の場合，$\mathrm{rank}\,A = 2$ という結果になる．

☑**注** 行列を省略して，$\mathrm{rank} = 2$ のような書き方をしないように．

例 3.5 について，もう少し考えてみよう．行列 A の列ベクトル

$$\boldsymbol{a} = \begin{pmatrix} 2 \\ 1 \\ -1 \end{pmatrix}, \quad \boldsymbol{b} = \begin{pmatrix} 1 \\ 0 \\ 2 \end{pmatrix}, \quad \boldsymbol{c} = \begin{pmatrix} 1 \\ 2 \\ -8 \end{pmatrix}$$

をとると，例の結果から

$$\boldsymbol{c} = 2\boldsymbol{a} - 3\boldsymbol{b} \quad \text{すなわち} \quad -2\boldsymbol{a} + 3\boldsymbol{b} + \boldsymbol{c} = \boldsymbol{0}$$

となることがわかる．これは，ベクトル $\boldsymbol{a}, \boldsymbol{b}, \boldsymbol{c}$ が 1 次従属であることを意味する．また，$\boldsymbol{a}, \boldsymbol{b}$ だけで考えると 1 次独立である．

このことから次の定理が導かれるので，これを階数（ランク）の定義とすることもできる．

定理 3.3

行列の階数（ランク）は，その行列に含まれる列ベクトルのうち 1 次独立なものの最大個数である．

また，次の定理が成り立つ（証明は例 5.3 のあとで）．

定理 3.4

任意の行列 A に対して　$\operatorname{rank} A = \operatorname{rank}({}^tA)$

階数（ランク）は，以下の議論でわかるように，行列による変換で核心的な役割をはたすものである．また，行列による変換は連立 1 次方程式の解法と密接に関連していることから，その解の様相について重要な意味をもつものである．

例 3.6　次の行列のランクを求め，列ベクトルの 1 次独立性を調べ，また，その行列による変換で原点に退化する直線を求めよう．

$$A = \begin{pmatrix} 1 & 0 \\ -1 & 1 \end{pmatrix}, \quad B = \begin{pmatrix} 1 & 2 \\ 2 & 4 \end{pmatrix}$$

解　行の基本変形を行うと $A \to \begin{pmatrix} 1 & 0 \\ 0 & 1 \end{pmatrix}$ となるので，$\operatorname{rank} A = 2$ であり，列ベクトル $\begin{pmatrix} 1 \\ -1 \end{pmatrix}$ と $\begin{pmatrix} 0 \\ 1 \end{pmatrix}$ は 1 次独立である．一方，$B \to \begin{pmatrix} 1 & 2 \\ 0 & 0 \end{pmatrix}$ となるので，$\operatorname{rank} B = 1$ であり，列ベクトル $\begin{pmatrix} 1 \\ 2 \end{pmatrix}$ と $\begin{pmatrix} 2 \\ 4 \end{pmatrix}$ は 1 次従属である．$2\begin{pmatrix} 1 \\ 2 \end{pmatrix} = \begin{pmatrix} 2 \\ 4 \end{pmatrix}$ という関係にある．

原点に退化する直線を求めるために，次の方程式を考えてみる．

$$\begin{pmatrix} 1 & 0 \\ -1 & 1 \end{pmatrix}\begin{pmatrix} x \\ y \end{pmatrix} = \begin{pmatrix} 0 \\ 0 \end{pmatrix} \cdots (1) \qquad \begin{pmatrix} 1 & 2 \\ 2 & 4 \end{pmatrix}\begin{pmatrix} x \\ y \end{pmatrix} = \begin{pmatrix} 0 \\ 0 \end{pmatrix} \cdots (2)$$

すると，(1) の場合は自明な解 $\begin{pmatrix} x \\ y \end{pmatrix} = \begin{pmatrix} 0 \\ 0 \end{pmatrix}$ のみであり，そのような直線はない．(2) の解は直線 $\begin{pmatrix} x \\ y \end{pmatrix} = t\begin{pmatrix} -2 \\ 1 \end{pmatrix}$ であり，この直線が原点に退化する．■

☑注 これは例 2.20 で議論したことをランクという観点で見直したものである．一般に次のことが成り立つ．

定理 3.5

2 次の正方行列 A $(A \neq O)$ について

$$\operatorname{rank} A = \begin{cases} 2 & \Rightarrow \text{原点に退化する直線はない（行列 } A \text{ は正則）} \\ 1 & \Rightarrow \text{原点に退化する直線がある（行列 } A \text{ は正則でない）} \end{cases}$$

例 3.7 次の行列のランクを求め，列ベクトルの 1 次独立性を調べ，また，その行列による変換で原点に退化する直線や平面を求めよう．

$$A = \begin{pmatrix} 0 & 1 & 2 \\ 1 & 0 & 2 \\ 2 & 1 & 1 \end{pmatrix}, \quad B = \begin{pmatrix} 0 & 1 & 2 \\ 1 & 1 & 2 \\ 1 & 2 & 4 \end{pmatrix}, \quad C = \begin{pmatrix} 1 & -2 & -4 \\ -1 & 2 & 4 \\ -2 & 4 & 8 \end{pmatrix}$$

解 **A の場合** 基本変形すると，$A \to \begin{pmatrix} 1 & 0 & 0 \\ 0 & 1 & 0 \\ 0 & 0 & 1 \end{pmatrix}$ となるので，$\operatorname{rank} A = 3$ であり，列ベクトル $\begin{pmatrix} 0 \\ 1 \\ 2 \end{pmatrix}, \begin{pmatrix} 1 \\ 0 \\ 1 \end{pmatrix}, \begin{pmatrix} 2 \\ 2 \\ 1 \end{pmatrix}$ は 1 次独立．

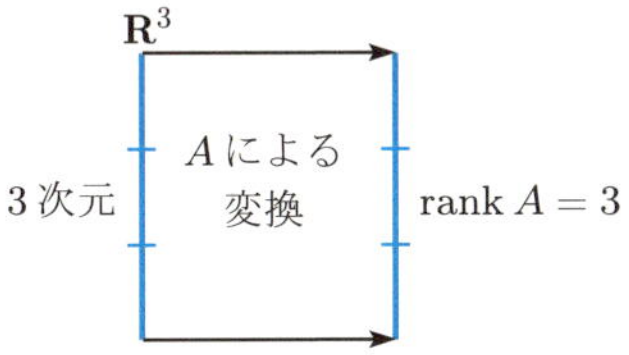

$$\begin{pmatrix} 0 & 1 & 2 \\ 1 & 0 & 2 \\ 2 & 1 & 1 \end{pmatrix} \begin{pmatrix} x \\ y \\ z \end{pmatrix} = \begin{pmatrix} 0 \\ 0 \\ 0 \end{pmatrix}$$

は自明な解 $x = y = z = 0$ しかもたない．したがって，原点に退化する直線や平面はなく，原点を像とするのは原点しかない．

B の場合 $B \to \begin{pmatrix} 1 & 0 & 0 \\ 0 & 1 & 2 \\ 0 & 0 & 0 \end{pmatrix}$ となるので，$\operatorname{rank} B = 2$ であり，列ベクトル $\begin{pmatrix} 0 \\ 1 \\ 1 \end{pmatrix}, \begin{pmatrix} 1 \\ 1 \\ 2 \end{pmatrix}, \begin{pmatrix} 2 \\ 2 \\ 4 \end{pmatrix}$ は 1 次従属．ただし，$\begin{pmatrix} 0 \\ 1 \\ 1 \end{pmatrix}$ と $\begin{pmatrix} 1 \\ 1 \\ 2 \end{pmatrix}$ は 1 次独立であり，$2\begin{pmatrix} 1 \\ 1 \\ 2 \end{pmatrix} = \begin{pmatrix} 2 \\ 2 \\ 4 \end{pmatrix}$ という関係がある．

$$\begin{pmatrix} 0 & 1 & 2 \\ 1 & 1 & 2 \\ 1 & 2 & 4 \end{pmatrix} \begin{pmatrix} x \\ y \\ z \end{pmatrix} = \begin{pmatrix} 0 \\ 0 \\ 0 \end{pmatrix}$$

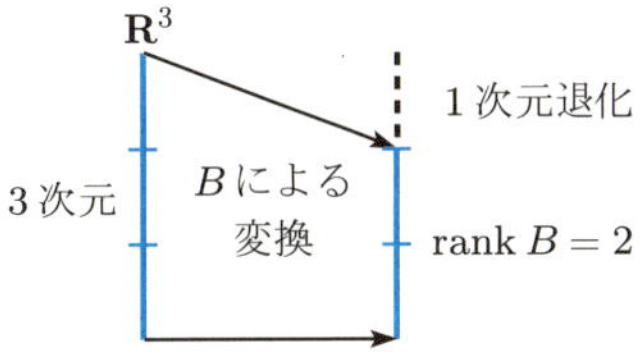

を解くと，$x = 0$, $y + 2z = 0$ という関係式が得られる．これは空間 $\mathbf{R}^3$ 内で，平面 $x = 0$ 上の直線 $y = -2z$ を意味している．すなわち，原点に退化する直線がある．

C の場合 $C \to \begin{pmatrix} 1 & -2 & -4 \\ 0 & 0 & 0 \\ 0 & 0 & 0 \end{pmatrix}$ となるので，$\operatorname{rank} C = 1$ であり，列ベクトル $\begin{pmatrix} 1 \\ -1 \\ -2 \end{pmatrix}$,

$\begin{pmatrix}-2\\2\\4\end{pmatrix}$, $\begin{pmatrix}-4\\4\\8\end{pmatrix}$ は 1 次従属. $-2\begin{pmatrix}1\\-1\\-2\end{pmatrix}=\begin{pmatrix}-2\\2\\4\end{pmatrix}$, $-4\begin{pmatrix}1\\-1\\-2\end{pmatrix}=\begin{pmatrix}-4\\4\\8\end{pmatrix}$ という関係がある.

$$\begin{pmatrix}1 & -2 & -4\\-1 & 2 & 4\\-2 & 4 & 8\end{pmatrix}\begin{pmatrix}x\\y\\z\end{pmatrix}=\begin{pmatrix}0\\0\\0\end{pmatrix}$$

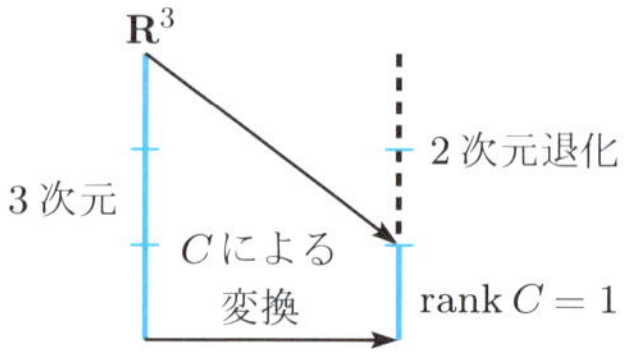

を解くと, $x-2y-4z=0$ という関係式が得られる. これは平面の式である. すなわち, 原点に退化する平面がある. ■

☑注　これは例 2.22 の議論をランクという観点で見直したものである. 3 次の行列のランクと退化に関して, 次のことが成り立つ.

定理 3.6

一般に, 3 次の正方行列 A $(A \neq O)$ によるベクトルの変換を考えるとき, そのランクによって次のような結果となる.

$$\text{rank}\, A = \begin{cases} 3 & \Rightarrow \text{原点に退化する直線も平面もない（行列 } A \text{ は正則）} \\ 2 & \Rightarrow \text{原点に退化する直線がある（1 次元退化）} \\ 1 & \Rightarrow \text{原点に退化する平面がある（2 次元退化）} \end{cases}$$

練習問題

問 3.6　例 3.5 の行列について, 転置してから行の基本変形によりランクを求め, 同じ結果が得られることを確かめよ.

問 3.7　次の行列のランクを求めよ.

(1) $\begin{pmatrix}2 & 1 & 2\\0 & 1 & 2\\1 & 0 & 1\end{pmatrix}$　(2) $\begin{pmatrix}2 & -3 & 1 & 0\\0 & 1 & 5 & -4\\1 & -1 & 3 & -2\\2 & -5 & -9 & 8\end{pmatrix}$　(3) $\begin{pmatrix}1 & 2 & 3\\1 & 5 & -3\\1 & -1 & 9\\2 & 6 & 2\end{pmatrix}$

(4) $\begin{pmatrix}1 & 2 & 3\\4 & 5 & 6\\7 & 8 & 9\end{pmatrix}$

問 3.8　rank $A=2$ また rank $B=3$ となるように, 定数 a と x の値をそれぞれ求めよ.

$$A=\begin{pmatrix}1 & -1 & 2 & 1\\0 & 1 & -1 & 1\\2 & 1 & 1 & a\\-1 & 2 & -3 & 0\end{pmatrix},\quad B=\begin{pmatrix}1 & 1 & 1 & 1\\1 & 2 & 4 & 8\\1 & -1 & 1 & -1\\1 & x & x^2 & x^3\end{pmatrix}$$

3.3 基本変形と逆行列

3 次以上の正方行列に対しては，公式 2.4 のように逆行列を簡単に求めることはできず，別の方法を考えなければならない．そのために以下の準備をしておこう．

行の基本変形は，ある特殊な形をした正則行列（単位行列 E を部分的に変形したもので，以下それを P と表す）を左側からかけることで得られる．

例 3.8 $A = \begin{pmatrix} 2 & 1 & 1 & 0 \\ 1 & 0 & 2 & -1 \\ -1 & 2 & -8 & 5 \end{pmatrix}$ に対して，第 2 行を 3 倍する正則行列 P を考えよう．

解 単位行列 $E = \begin{pmatrix} 1 & 0 & 0 \\ 0 & 1 & 0 \\ 0 & 0 & 1 \end{pmatrix}$ の $(2,2)$ 成分を 3 倍した行列 $P = \begin{pmatrix} 1 & 0 & 0 \\ 0 & 3 & 0 \\ 0 & 0 & 1 \end{pmatrix}$ を左側からかける．すると，$PA = \begin{pmatrix} 2 & 1 & 1 & 0 \\ 3 & 0 & 6 & -3 \\ -1 & 2 & -8 & 5 \end{pmatrix}$ となる．この行列 P に対して，逆行列は $P^{-1} = \begin{pmatrix} 1 & 0 & 0 \\ 0 & 1/3 & 0 \\ 0 & 0 & 1 \end{pmatrix}$ であり，したがって P は正則である． ■

例 3.9 $A = \begin{pmatrix} 2 & 1 & 1 & 0 \\ 1 & 0 & 2 & -1 \\ -1 & 2 & -8 & 5 \end{pmatrix}$ に対して，第 1 行と第 2 行を入れ替える正則行列 P を考えよう．

解 単位行列 E の一部を入れ替えた行列 $P = \begin{pmatrix} 0 & 1 & 0 \\ 1 & 0 & 0 \\ 0 & 0 & 1 \end{pmatrix}$ をかける．すると，$PA = \begin{pmatrix} 1 & 0 & 2 & -1 \\ 2 & 1 & 1 & 0 \\ -1 & 2 & -8 & 5 \end{pmatrix}$ となる．逆行列 $P^{-1} = P$ が存在するから，P は正則である． ■

例 3.10 $A = \begin{pmatrix} 2 & 1 & 1 & 0 \\ 1 & 0 & 2 & -1 \\ -1 & 2 & -8 & 5 \end{pmatrix}$ に対して，第 2 行を 3 倍し，第 1 行からひく変形を表す正則行列 P を考えよう．

解 $P = \begin{pmatrix} 1 & -3 & 0 \\ 0 & 1 & 0 \\ 0 & 0 & 1 \end{pmatrix}$ をかける．すると，$PA = \begin{pmatrix} -1 & 1 & -5 & 3 \\ 1 & 0 & 2 & -1 \\ -1 & 2 & -8 & 5 \end{pmatrix}$ となる．また，逆行列は $P^{-1} = \begin{pmatrix} 1 & 3 & 0 \\ 0 & 1 & 0 \\ 0 & 0 & 1 \end{pmatrix}$ である． ■

以上の例をもとに，三つの基本変形にはそれぞれ対応する特殊な形をした正則行列があることを一般的な形で示すことができる．

正方行列 A に対して，そのランクを求めるのと同じ手順で基本変形を行い，最後に単位行列 E になったとしよう．その過程で施される基本変形の一つ一つが上のような特殊な正則行列 $P_1, P_2, \ldots$ に対応している．

$$A \quad\to\quad P_1A \quad\to\quad P_2P_1A \quad\to\quad \cdots \quad\to\quad P_n\cdots P_2P_1A = E$$

すると，$P_n\cdots P_2P_1$ が A の逆行列ということになる．すなわち，$A^{-1} = P_n\cdots P_2P_1$ である．まったく同じ操作を同じ順序で単位行列に対して行ったとしよう．

$$E \quad\to\quad P_1E = P_1 \quad\to\quad P_2P_1 \quad\to\quad \cdots \quad\to\quad P_n\cdots P_2P_1 = A^{-1}$$

これは，逆行列 A^{-1} が基本変形によって単位行列 E から求められることを意味している．すなわち，次のような方法があることがわかる．

逆行列の求め方 (2)

A の逆行列を求めるには，A と単位行列 E とに対して同じ基本変形を平行して同時に行えばよい．すなわち，$(A \mid E)$ からスタートし，基本変形を繰り返して，$(E \mid A^{-1})$ の形にする．

注 もし $(E \mid A^{-1})$ の形にできないならば，逆行列 A^{-1} は存在しない．

例 3.11 $A = \begin{pmatrix} 2 & 1 & 1 \\ 2 & 3 & 2 \\ 1 & 2 & 1 \end{pmatrix}$ に対して A^{-1} を求めよう．

解 行の基本変形を A と E に対して同時に行えば（途中過程は省略），

$$\left(\begin{array}{ccc|ccc} 2 & 1 & 1 & 1 & 0 & 0 \\ 2 & 3 & 2 & 0 & 1 & 0 \\ 1 & 2 & 1 & 0 & 0 & 1 \end{array}\right) \to \left(\begin{array}{ccc|ccc} 1 & 0 & 0 & 1 & -1 & 1 \\ 0 & 1 & 0 & 0 & -1 & 2 \\ 0 & 0 & 1 & -1 & 3 & -4 \end{array}\right)$$

となるので，$A^{-1} = \begin{pmatrix} 1 & -1 & 1 \\ 0 & -1 & 2 \\ -1 & 3 & -4 \end{pmatrix}$ となる． ■

n 次の正方行列 A が基本変形により単位行列 E にまで変形できれば，それはすなわち，$\operatorname{rank} A = n$ ということである．したがって，次の定理が成り立つ．

定理 3.7

n 次の正方行列 A に対して

$$\mathrm{rank}\,A\begin{cases} = n & \Leftrightarrow \quad A \text{ は正則（逆行列が存在する）} \\ < n & \Leftrightarrow \quad A \text{ は正則でない（逆行列が存在しない）} \end{cases}$$

練習問題

問 3.9 次の行列をある行列の左側からかけると，それはどのような基本変形を施すことになるか.

(1) $\begin{pmatrix} 1 & 0 & 0 \\ 0 & 3 & 0 \\ 0 & 0 & 1 \end{pmatrix}$ (2) $\begin{pmatrix} 1 & 0 & 0 \\ 0 & 1 & 0 \\ 0 & 0 & -2 \end{pmatrix}$ (3) $\begin{pmatrix} 1 & 0 & 0 \\ 0 & 0 & 1 \\ 0 & 1 & 0 \end{pmatrix}$

(4) $\begin{pmatrix} 0 & 0 & 1 \\ 0 & 1 & 0 \\ 1 & 0 & 0 \end{pmatrix}$ (5) $\begin{pmatrix} 1 & 0 & 0 \\ 0 & 1 & -2 \\ 0 & 0 & 1 \end{pmatrix}$ (6) $\begin{pmatrix} 1 & 0 & 0 \\ 0 & 1 & 0 \\ 4 & 0 & 1 \end{pmatrix}$

(7) $\begin{pmatrix} 1 & 0 & 0 & 0 \\ 0 & -1 & 0 & 0 \\ 0 & 0 & 1 & 0 \\ 0 & 0 & 0 & 4 \end{pmatrix}$ (8) $\begin{pmatrix} 0 & 1 & 0 & 0 \\ 1 & 0 & 0 & 0 \\ 0 & 0 & 0 & 1 \\ 0 & 0 & 1 & 0 \end{pmatrix}$ (9) $\begin{pmatrix} 1 & 0 & 0 & 1 \\ 0 & 1 & 0 & 0 \\ 0 & -1 & 1 & 0 \\ 0 & 0 & 0 & 1 \end{pmatrix}$

問 3.10 基本変形で次の行列の逆行列を求めよ.

(1) $\begin{pmatrix} 1 & 5 \\ -2 & 4 \end{pmatrix}$ (2) $\begin{pmatrix} 1 & 2 & 3 \\ 1 & 3 & 4 \\ 2 & 4 & 7 \end{pmatrix}$ (3) $\begin{pmatrix} 1 & 2 & 3 \\ 4 & 5 & 6 \\ 7 & 8 & 9 \end{pmatrix}$

(4) $\begin{pmatrix} 1 & -2 & 0 \\ -1 & 3 & 2 \\ 1 & -1 & 4 \end{pmatrix}$ (5) $\begin{pmatrix} 1 & 0 & -1 & 2 \\ 3 & 2 & 0 & 1 \\ -2 & 1 & 3 & -6 \\ 2 & 2 & 0 & 1 \end{pmatrix}$ (6) $\begin{pmatrix} 2 & 1 & 3 & 1 \\ 1 & 0 & 1 & 0 \\ 4 & 3 & 6 & 2 \\ 1 & 1 & 2 & 1 \end{pmatrix}$

4 行列式

連立１次方程式の解法を考えると，行列式という形式に導かれる．ここではその基本的な性質を学び，具体的な計算が容易にできるようになることを目標とする．

4.1 置 換

n 個の自然数 $1, 2, 3, \ldots, n$ を並べ替えることを**置換**という．その置換から成る集合を S_n と表す．一般に，S_n に含まれる置換は $n!$ 個ある．

$n=2$ のとき，S_2 は二つの置換から成る．それを次のように 2 行から成る行列のような形で表す．ただし，これは本来の行列という意味ではなく，上の行に並んでいる数が下の行のように並べ替えられることを表しているだけとする．

$$\begin{pmatrix} 1 & 2 \\ 1 & 2 \end{pmatrix}, \quad \begin{pmatrix} 1 & 2 \\ 2 & 1 \end{pmatrix}$$

$$\begin{matrix} 1 & 2 \\ \downarrow & \downarrow \\ 1 & 2 \end{matrix} \quad \text{並べ替え} \quad \begin{matrix} 1 & 2 \\ \downarrow & \downarrow \\ 2 & 1 \end{matrix}$$

$n=3$ のとき，S_3 は次の六つの置換から成る．

$$\begin{pmatrix} 1 & 2 & 3 \\ 1 & 2 & 3 \end{pmatrix}, \begin{pmatrix} 1 & 2 & 3 \\ 1 & 3 & 2 \end{pmatrix}, \begin{pmatrix} 1 & 2 & 3 \\ 2 & 1 & 3 \end{pmatrix}, \begin{pmatrix} 1 & 2 & 3 \\ 2 & 3 & 1 \end{pmatrix}, \begin{pmatrix} 1 & 2 & 3 \\ 3 & 1 & 2 \end{pmatrix}, \begin{pmatrix} 1 & 2 & 3 \\ 3 & 2 & 1 \end{pmatrix}$$

☑**注** $\begin{pmatrix} 1 & 2 \\ 1 & 2 \end{pmatrix}$ や $\begin{pmatrix} 1 & 2 & 3 \\ 1 & 2 & 3 \end{pmatrix}$ のように，並べ替えされていないものも置換の一つと考え，これを**恒等置換**という．

二つの置換 $p, q \in S_n$ に対して，**積** pq（または**合成**ともいう）を「先に置換 q によって並び替えをしたのち，次に置換 p によって並び替えた結果」と定義する．

例 4.1 $p = \begin{pmatrix} 1 & 2 & 3 & 4 \\ 3 & 2 & 1 & 4 \end{pmatrix}, q = \begin{pmatrix} 1 & 2 & 3 & 4 \\ 4 & 2 & 3 & 1 \end{pmatrix}$ のとき，積 pq を求めると，次のようになる．

$$pq = \begin{pmatrix} 1 & 2 & 3 & 4 \\ 4 & 2 & 1 & 3 \end{pmatrix}$$

$$\begin{matrix} 1 & 2 & 3 & 4 & \\ \downarrow & \downarrow & \downarrow & \downarrow & q \\ 4 & 2 & 3 & 1 & \\ \downarrow & \downarrow & \downarrow & \downarrow & p \\ 4 & 2 & 1 & 3 & \end{matrix}$$

☑**注** かける順番に注意．すなわち，右側の置換を先に，次に左側の置換をする．したがって，一般

に $pq \neq qp$ である．また，恒等置換を e と表すとき，任意の置換 p に対して $ep = pe = p$ である．さらに逆置換を考えることができ，集合 S_n は代数学で学ぶ群の構造をもっていることがわかる．

n 個の数のうち，二つだけを置き換え，ほかは動かさないような置換を**互換**という．たとえば，次の置換は互換である．

$$\begin{pmatrix} 1 & 2 \\ 2 & 1 \end{pmatrix}, \quad \begin{pmatrix} 1 & 2 & 3 \\ 3 & 2 & 1 \end{pmatrix}, \quad \begin{pmatrix} 1 & 2 & 3 & 4 \\ 1 & 4 & 3 & 2 \end{pmatrix}, \quad \begin{pmatrix} 1 & 2 & 3 & 4 & 5 \\ 1 & 2 & 3 & 5 & 4 \end{pmatrix}$$

これらを簡単に，それぞれ

$$(1,2), \quad (1,3), \quad (2,4), \quad (4,5)$$

と表す．

例 4.2 置換 $p = \begin{pmatrix} 1 & 2 & 3 & 4 \\ 3 & 1 & 4 & 2 \end{pmatrix}$ をいくつかの互換の積で表そう．

解 表し方は一通りではなく，いろいろ考えられ，たとえば $p = (2,4)(1,2)(1,3)$，または $p = (1,3)(3,4)(2,4)$ などがある． ■

$$\begin{array}{ccccc}
1 & 2 & 3 & 4 & \\
\downarrow & \vdots & \downarrow & \vdots & (1,3) \\
3 & 2 & 1 & 4 & \\
\vdots & \downarrow & \downarrow & \vdots & (1,2) \\
3 & 1 & 2 & 4 & \\
\vdots & \vdots & \downarrow & \downarrow & (2,4) \\
3 & 1 & 4 & 2 &
\end{array}
\qquad\qquad
\begin{array}{ccccc}
1 & 2 & 3 & 4 & \\
\vdots & \downarrow & \vdots & \downarrow & (2,4) \\
1 & 4 & 3 & 2 & \\
\vdots & \downarrow & \downarrow & \vdots & (3,4) \\
1 & 3 & 4 & 2 & \\
\downarrow & \downarrow & \vdots & \vdots & (1,3) \\
3 & 1 & 4 & 2 &
\end{array}$$

定理 4.1

一般に次の関係式が成り立つ．

(1) $(i,j) = (k,i)(k,j)(k,i)$

(2) $(i,j)(i,k) = (i,j)(j,k)(i,j)(j,k)$

(1) の図式

$$\begin{array}{ccccccc}
\cdots & i & \cdots & j & \cdots & k & \cdots \\
 & \downarrow & & & & \downarrow & \\
\cdots & k & \cdots & j & \cdots & i & \cdots \\
 & \downarrow & & \downarrow & & & \\
\cdots & j & \cdots & k & \cdots & i & \cdots \\
 & & & \downarrow & & \downarrow & \\
\cdots & j & \cdots & i & \cdots & k & \cdots
\end{array}$$

この定理から，上の例 4.2 に示した二つの結果は同じものであること，すなわち，

$$(2,4)(1,2)(1,3) = (1,3)(3,4)(2,4)$$

であることが次のようにして確かめられる．

$$\text{左辺} = (2,4)(1,2)(1,3)$$ ← 定理 4.1 (1) を適用

$$
\begin{aligned}
&= (1,2)(1,4)(1,2)\,(1,2)(1,3) && \leftarrow (1,2)(1,2)\text{ は恒等置換} \\
&= (1,2)\,(1,4)(1,3) && \leftarrow \text{定理 4.1 (1) を適用} \\
&= (3,1)(3,2)(3,1)\,(1,4)(1,3) \\
&= (1,3)\,(3,2)\,(1,3)(1,4)(1,3) \\
&= (1,3)\,(4,3)(4,2)(4,3)\,(1,3)(1,4)(1,3) \\
&= (1,3)(3,4)(2,4)(3,4)\,(1,3)(1,4)(1,3) \\
&= (1,3)(3,4)(2,4)(3,4)\,(3,4) && \leftarrow (3,4)(3,4)\text{ は恒等置換} \\
&= (1,3)(3,4)(2,4) = \text{右辺}
\end{aligned}
$$

定理 4.1 により，次のことが導かれる．

定理 4.2

任意の置換はいくつかの互換の積で表すことができる．その表し方は一通りではないが，偶数個の積になるか奇数個の積になるかは変わらない．

偶数個の積になるものを**偶置換**といい，奇数個の積になるものを**奇置換**という．置換 p に対して，その符号 $\mathrm{sgn}(p)$ を次のように定める．

$$
\mathbf{sgn}\,(\boldsymbol{p}) = \begin{cases} 1 & (p\text{ が偶置換のとき}) \\ -1 & (p\text{ が奇置換のとき}) \end{cases}
$$

例 4.3 $p = \begin{pmatrix} 1 & 2 & 3 & 4 \\ 3 & 2 & 4 & 1 \end{pmatrix}$ は偶置換であり，$\mathrm{sgn}(p) = 1$.

$q = \begin{pmatrix} 1 & 2 & 3 & 4 \\ 3 & 1 & 4 & 2 \end{pmatrix}$ は奇置換であり，$\mathrm{sgn}(q) = -1$.

定理 4.3

S_n に含まれる偶置換と奇置換は半分ずつ，すなわち $\dfrac{n!}{2}$ 個ずつある．

証明　S_n の偶置換から成る部分集合を A とし，奇置換から成る部分集合を B とすると，

$$
S_n = A \cup B, \quad A \cap B = \emptyset
$$

である．対応 $f\colon A \to B$ を

$$
f(p) = (1,2)p \qquad \leftarrow \text{互換 } (1,2) \text{ と置換 } p \in A \text{ の積}
$$

と定めれば，f は上への 1 対 1 写像となるからである． ■

練習問題

問 4.1 S_3 の置換を偶置換と奇置換に分けて書き出せ．

問 4.2 次の置換について，積 pq と qp を求めよ．

(1) $p = \begin{pmatrix} 1 & 2 & 3 & 4 \\ 3 & 4 & 2 & 1 \end{pmatrix}$, $q = \begin{pmatrix} 1 & 2 & 3 & 4 \\ 2 & 4 & 1 & 3 \end{pmatrix}$

(2) $p = \begin{pmatrix} 1 & 2 & 3 & 4 & 5 \\ 3 & 4 & 5 & 2 & 1 \end{pmatrix}$, $q = \begin{pmatrix} 1 & 2 & 3 & 4 & 5 \\ 2 & 5 & 1 & 4 & 3 \end{pmatrix}$

問 4.3 次の置換 p を互換の積で表し，$\mathrm{sgn}(p)$ を求めよ．

(1) $p = \begin{pmatrix} 1 & 2 & 3 & 4 \\ 3 & 4 & 2 & 1 \end{pmatrix}$ (2) $p = \begin{pmatrix} 1 & 2 & 3 & 4 & 5 \\ 2 & 4 & 5 & 1 & 3 \end{pmatrix}$

(3) $p = \begin{pmatrix} 1 & 2 & 3 & 4 & 5 \\ 4 & 2 & 5 & 1 & 3 \end{pmatrix}$ (4) $p = \begin{pmatrix} 1 & 2 & \cdots & n-1 & n \\ 2 & 3 & \cdots & n & 1 \end{pmatrix}$

4.2 行列式の定義

まず，準備として，一般の置換を

$$p = \begin{pmatrix} 1 & 2 & \cdots & n \\ p(1) & p(2) & \cdots & p(n) \end{pmatrix}$$

と表すことにする．ここで，各 $p(k)$ は $1, 2, \ldots, n$ のどれかの数であり，「k が $p(k)$ に置き換えられた」ということを意味するものとする．

一般に，n 次の正方行列 A に対して，**行列式**と呼ばれる値を次のように定義し，それを $\det \boldsymbol{A}$ または $|\boldsymbol{A}|$ と表す．

行列式の定義式

$$\det A = |A| = \sum_{p} \mathrm{sgn}(p) a_{1p(1)} a_{2p(2)} \cdots a_{np(n)}$$

ここで，$\displaystyle\sum_{p}$ はすべての置換 $p \in S_n$ について和をとることを意味するものとし，各 $a_{kp(k)}$ は「第 k 行第 $p(k)$ 列の成分」とする．

☑**注** ただし，$|A|$ は絶対値という意味ではない．絶対値をとる場合は abs$|A|$ と表すことにする．なお，行列式は英語で determinant という．行列 matrix とは違うことに注意しよう．

例 4.4 行列式 $\begin{vmatrix} 1 & 2 & 3 \\ 4 & 5 & 6 \\ 7 & 8 & 9 \end{vmatrix}$ に対して，置換 $p = \begin{pmatrix} 1 & 2 & 3 \\ 3 & 1 & 2 \end{pmatrix}$ が定める項を求めよう．

解　p は偶置換だから $\mathrm{sgn}(p)=1$，第 1 行第 3 列は $a_{13}=3$，第 2 行第 1 列は $a_{21}=4$，第 3 行第 2 列は $a_{32}=8$ であるから，以上をかけて次のようになる．

$$\begin{vmatrix} 1 & 2 & 3 \\ 4 & 5 & 6 \\ 7 & 8 & 9 \end{vmatrix}$$

$$1\times 3\times 4\times 8=96$$ ■

公式 4.1

2 次の行列式の場合，$\begin{vmatrix} a & b \\ c & d \end{vmatrix} = ad-bc$

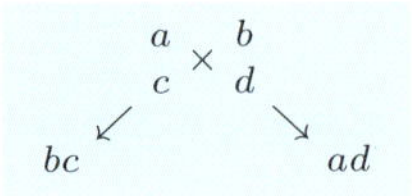

証明　行と列の位置がわかるように，$A=\begin{pmatrix} a_{11} & a_{12} \\ a_{21} & a_{22} \end{pmatrix}$ と表す．定義式にもとづいて行列式の値を求めると，

$$\det A = \begin{vmatrix} a_{11} & a_{12} \\ a_{21} & a_{22} \end{vmatrix} = \sum_{p} \mathrm{sgn}(p)\, a_{1p(1)}a_{2p(2)}$$

$$= \mathrm{sgn}\begin{pmatrix} 1 & 2 \\ 1 & 2 \end{pmatrix} a_{11}a_{22} + \mathrm{sgn}\begin{pmatrix} 1 & 2 \\ 2 & 1 \end{pmatrix} a_{12}a_{21} = a_{11}a_{22}-a_{12}a_{21}$$

となるからである． ■

例 4.5　$\begin{vmatrix} 2 & -5 \\ 4 & 3 \end{vmatrix} = 6-(-20)=26$

公式 4.2

3 次の行列式の場合，$\begin{vmatrix} a_{11} & a_{12} & a_{13} \\ a_{21} & a_{22} & a_{23} \\ a_{31} & a_{32} & a_{33} \end{vmatrix} = ① - ②$

ただし，① と ② は以下のように計算した値とする．

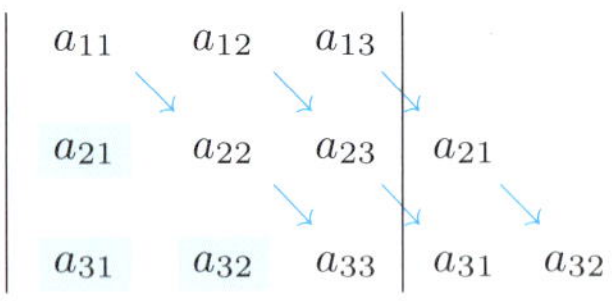

① は左上から右下へ，すなわち ↘ の方向の三つの積を合計

$$a_{11}a_{22}a_{33} + a_{12}a_{23}a_{31} + a_{13}a_{21}a_{32}$$

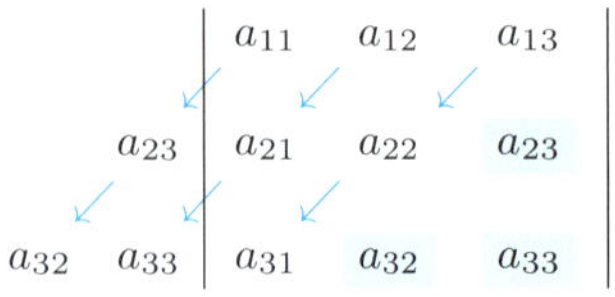

② は右上から左下へ，すなわち ↙ の方向の三つの積を合計

$$a_{13}a_{22}a_{31} + a_{12}a_{21}a_{33} + a_{11}a_{23}a_{32}$$

証明　定義式にもとづいて行列式の値を求めると，

$$
\begin{aligned}
\begin{vmatrix} a_{11} & a_{12} & a_{13} \\ a_{21} & a_{22} & a_{23} \\ a_{31} & a_{32} & a_{33} \end{vmatrix} &= \sum_p \operatorname{sgn}(p) a_{1p(1)} a_{2p(2)} a_{3p(3)} \\
&= \operatorname{sgn}\begin{pmatrix} 1 & 2 & 3 \\ 1 & 2 & 3 \end{pmatrix} a_{11}a_{22}a_{33} + \operatorname{sgn}\begin{pmatrix} 1 & 2 & 3 \\ 2 & 3 & 1 \end{pmatrix} a_{12}a_{23}a_{31} \\
&\quad + \operatorname{sgn}\begin{pmatrix} 1 & 2 & 3 \\ 3 & 1 & 2 \end{pmatrix} a_{13}a_{21}a_{32} + \operatorname{sgn}\begin{pmatrix} 1 & 2 & 3 \\ 1 & 3 & 2 \end{pmatrix} a_{11}a_{23}a_{32} \\
&\quad + \operatorname{sgn}\begin{pmatrix} 1 & 2 & 3 \\ 2 & 1 & 3 \end{pmatrix} a_{12}a_{21}a_{33} + \operatorname{sgn}\begin{pmatrix} 1 & 2 & 3 \\ 3 & 2 & 1 \end{pmatrix} a_{13}a_{22}a_{31} \\
&= a_{11}a_{22}a_{33} + a_{12}a_{23}a_{31} + a_{13}a_{21}a_{32} \\
&\quad - a_{11}a_{23}a_{32} - a_{12}a_{21}a_{33} - a_{13}a_{22}a_{31}
\end{aligned}
$$

となるからである. ■

☑**注**　公式 4.1 と 4.2 より，2 次と 3 次の行列式の値は ↘ の方向の積和から ↙ の方向の積和を引くことで計算できる．これを**サラスの方法**という．ただし，この方法は 4 次以上の行列式では使えない．

例 4.6　サラスの方法で $|A| = \begin{vmatrix} 1 & 4 & 3 \\ -2 & 5 & 2 \\ 6 & 4 & -3 \end{vmatrix}$ の値を求めよう．

解　次の図式を参考にして，$|A| = (-15 + 48 - 24) - (8 + 24 + 90) = -113$ となる． ■

$$
\begin{array}{ccccc}
1 & 4 & 3 & & \\
\searrow & \searrow & \searrow & & \\
 & 5 & 2 & -2 & \\
 & \searrow & \searrow & \searrow & \\
 & & -3 & 6 & 4 \\
 & & \Downarrow & \Downarrow & \Downarrow \\
 & & -15 & 48 & -24
\end{array}
\qquad
\begin{array}{ccccc}
 & & 1 & 4 & 3 \\
 & & \swarrow & \swarrow & \swarrow \\
 & 2 & -2 & 5 & \\
 & \swarrow & \swarrow & \swarrow & \\
4 & -3 & 6 & & \\
\Downarrow & \Downarrow & \Downarrow & & \\
8 & 24 & 90 & &
\end{array}
$$

公式 4.3

三角行列 A の行列式 $|A|$ の値は，対角成分だけの積になる．

証明　恒等置換が定める項だけになるからである． ■

例 4.7
$$
\begin{vmatrix} 1 & 2 & 3 & 4 \\ 0 & 3 & 4 & 5 \\ 0 & 0 & 5 & 6 \\ 0 & 0 & 0 & 7 \end{vmatrix} = \begin{vmatrix} 1 & 0 & 0 & 0 \\ 2 & 3 & 0 & 0 \\ 3 & 4 & 5 & 0 \\ 4 & 5 & 6 & 7 \end{vmatrix} = \operatorname{sgn}\begin{pmatrix} 1 & 2 & 3 & 4 \\ 1 & 2 & 3 & 4 \end{pmatrix} \times 1 \times 3 \times 5 \times 7 = 105
$$

練習問題

問 4.4　次の行列式に対して，置換 p が定める項の値を求めよ．

(1) $\begin{vmatrix} 1 & 2 & 3 \\ 2 & 3 & 4 \\ 3 & 4 & 5 \end{vmatrix}$, $p = \begin{pmatrix} 1 & 2 & 3 \\ 2 & 3 & 1 \end{pmatrix}$　　(2) $\begin{vmatrix} -4 & 6 & 5 & 0 \\ 3 & -1 & 9 & 2 \\ 1 & 4 & -3 & 7 \\ 6 & 7 & 4 & -2 \end{vmatrix}$, $p = \begin{pmatrix} 1 & 2 & 3 & 4 \\ 2 & 4 & 1 & 3 \end{pmatrix}$

問 4.5 次の行列式の値を求めよ．

- サラスの方法で

(1) $\begin{vmatrix} 4 & -6 \\ 3 & 1 \end{vmatrix}$ (2) $\begin{vmatrix} 5 & 2 \\ -4 & -3 \end{vmatrix}$ (3) $\begin{vmatrix} 3 & 5 & 1 \\ 1 & -6 & 2 \\ 7 & 4 & -4 \end{vmatrix}$

(4) $\begin{vmatrix} 4 & -2 & -1 \\ 2 & -3 & 0 \\ 1 & 5 & 3 \end{vmatrix}$ (5) $\begin{vmatrix} 3 & -6 & 5 \\ 0 & 2 & 8 \\ 0 & 0 & 4 \end{vmatrix}$ (6) $\begin{vmatrix} 1 & -2 & 3 \\ -1 & 2 & -3 \\ 1 & -2 & 3 \end{vmatrix}$

- 定義にもとづいて

(7) $\begin{vmatrix} 0 & 0 & 0 & 3 \\ 0 & 0 & -3 & 0 \\ 0 & 5 & 3 & 2 \\ 4 & 5 & 6 & 7 \end{vmatrix}$ (8) $\begin{vmatrix} 0 & 2 & 0 & 0 \\ -1 & 4 & 0 & 2 \\ 7 & 0 & 0 & -4 \\ -3 & 5 & 2 & 1 \end{vmatrix}$

4.3 行列式の性質

実際に行列式の値を求めるときは定義にもとづいて計算せずに，以下の定理で示される性質を使って行列式を変形して計算する．2 次と 3 次の場合にはサラスの方法（公式 4.1，公式 4.2）が使えるが，それも行列式の変形をしてから使うのがよい．定理の証明はおもに 3 次の場合で簡単に説明するが，一般に n 次の場合でも同様である．

定理 4.4

行列を転置しても値は変わらない．すなわち，$|{}^tA| = |A|$

証明 $A = \begin{pmatrix} a_{11} & a_{12} & a_{13} \\ a_{21} & a_{22} & a_{23} \\ a_{31} & a_{32} & a_{33} \end{pmatrix}$ に対して，${}^tA = \begin{pmatrix} a_{11} & a_{21} & a_{31} \\ a_{12} & a_{22} & a_{32} \\ a_{13} & a_{23} & a_{33} \end{pmatrix}$ であり，定義式

$$|{}^tA| = \sum_{p} \mathrm{sgn}(p) a_{1p(1)} a_{2p(2)} a_{3p(3)}$$

に現れる各置換 $p = \begin{pmatrix} 1 & 2 & 3 \\ p(1) & p(2) & p(3) \end{pmatrix}$ は「上段は列の番号，下段は行の番号」を表している．ここで，上段と下段を入れ替え

$$p' = \begin{pmatrix} p(1) & p(2) & p(3) \\ 1 & 2 & 3 \end{pmatrix} = \begin{pmatrix} 1 & 2 & 3 \\ p'(1) & p'(2) & p'(3) \end{pmatrix}$$

とおくと，$\mathrm{sgn}(p) = \mathrm{sgn}(p')$ であり，

$$|A| = \sum_{p'} \mathrm{sgn}(p') a_{1p'(1)} a_{2p'(2)} a_{3p'(3)}$$

となるからである． ■

☑**注**　この定理により，以下の定理 4.5〜4.11 に述べる「行」についての行列式の変形は，すべて「列」についても成立する．

定理 4.5

ある行の共通因数はくくり出せる．

証明　たとえば，第 1 行が $a_{1k} = cb_{1k}$（c が共通因数）となっているとき，次のようになる．

$$\begin{vmatrix} a_{11} & a_{12} & a_{13} \\ a_{21} & a_{22} & a_{23} \\ a_{31} & a_{32} & a_{33} \end{vmatrix} = \begin{vmatrix} cb_{11} & cb_{12} & cb_{13} \\ a_{21} & a_{22} & a_{23} \\ a_{31} & a_{32} & a_{33} \end{vmatrix} = \sum_p \mathrm{sgn}(p) cb_{1p(1)} a_{2p(2)} a_{3p(3)}$$

$$= c\sum_p \mathrm{sgn}(p) b_{1p(1)} a_{2p(2)} a_{3p(3)} = c\begin{vmatrix} b_{11} & b_{12} & b_{13} \\ a_{21} & a_{22} & a_{23} \\ a_{31} & a_{32} & a_{33} \end{vmatrix}$$ ■

例 4.8

$$\begin{vmatrix} 1 & 4 & 7 \\ 2 & 10 & 8 \\ 3 & 6 & 9 \end{vmatrix} = 3\begin{vmatrix} 1 & 4 & 7 \\ 2 & 10 & 8 \\ 1 & 2 & 3 \end{vmatrix}$$ ← 第 3 行から共通因数 3 をくくり出す

$$= 6\begin{vmatrix} 1 & 2 & 7 \\ 2 & 5 & 8 \\ 1 & 1 & 3 \end{vmatrix}$$ ← 第 2 列から共通因数 2 をくくり出す

定理 4.6

ある行の成分がすべて 0 $\Rightarrow$ $|A| = 0$

例 4.9

$$\begin{vmatrix} 3 & 6 & 9 \\ 1 & 4 & 7 \\ 0 & 0 & 0 \end{vmatrix} = 0$$ ← 第 3 行から共通因数 0 をくくり出す

定理 4.7

ある行の各成分が二つの数の和（差）$\Rightarrow$ 行列式の和（差）に分解できる．

証明　たとえば，第 1 行が $a_{1k} = b_{1k} + c_{1k}$ となっているとき，次のようになる．

$$\begin{vmatrix} a_{11} & a_{12} & a_{13} \\ a_{21} & a_{22} & a_{23} \\ a_{31} & a_{32} & a_{33} \end{vmatrix} = \begin{vmatrix} b_{11}+c_{11} & b_{12}+c_{12} & b_{13}+c_{13} \\ a_{21} & a_{22} & a_{23} \\ a_{31} & a_{32} & a_{33} \end{vmatrix}$$

$$= \sum_p \mathrm{sgn}(p)(b_{1p(1)} + c_{1p(1)}) a_{2p(2)} a_{3p(3)}$$

$$= \sum_p \mathrm{sgn}(p) b_{1p(1)} a_{2p(2)} a_{3p(3)} + \sum_p \mathrm{sgn}(p) c_{1p(1)} a_{2p(2)} a_{3p(3)}$$

$$= \begin{vmatrix} b_{11} & b_{12} & b_{13} \\ a_{21} & a_{22} & a_{23} \\ a_{31} & a_{32} & a_{33} \end{vmatrix} + \begin{vmatrix} c_{11} & c_{12} & c_{13} \\ a_{21} & a_{22} & a_{23} \\ a_{31} & a_{32} & a_{33} \end{vmatrix}$$ ■

例 4.10 $\begin{vmatrix} 1 & 4 & 7 \\ 2 & 5 & 8 \\ 3 & 6 & 9 \end{vmatrix} = \begin{vmatrix} 1 & 4 & 7 \\ 1+1 & 2+3 & 3+5 \\ 3 & 6 & 9 \end{vmatrix} = \begin{vmatrix} 1 & 4 & 7 \\ 1 & 2 & 3 \\ 3 & 6 & 9 \end{vmatrix} + \begin{vmatrix} 1 & 4 & 7 \\ 1 & 3 & 5 \\ 3 & 6 & 9 \end{vmatrix}$

または $\begin{vmatrix} 1 & 4 & 7 \\ 2 & 5 & 8 \\ 3 & 6 & 9 \end{vmatrix} = \begin{vmatrix} 2-1 & 5-1 & 8-1 \\ 2 & 5 & 8 \\ 3 & 5 & 9 \end{vmatrix} = \begin{vmatrix} 2 & 5 & 8 \\ 2 & 5 & 8 \\ 3 & 6 & 9 \end{vmatrix} - \begin{vmatrix} 1 & 1 & 1 \\ 2 & 5 & 8 \\ 3 & 6 & 9 \end{vmatrix}$ など

定理 4.8

二つの行を交換 $\Rightarrow$ 符号が変わる．

証明 たとえば，第 1 行と第 2 行を交換すると，行列式の定義式において

$$p = \begin{pmatrix} 2 & 1 & 3 \\ p(1) & p(2) & p(3) \end{pmatrix} = \begin{pmatrix} 1 & 2 & 3 \\ p(2) & p(1) & p(3) \end{pmatrix}$$

$$= \begin{pmatrix} 1 & 2 & 3 \\ p(1) & p(2) & p(3) \end{pmatrix} \begin{pmatrix} 1 & 2 & 3 \\ 2 & 1 & 3 \end{pmatrix}$$

$$\mathrm{sgn}(p) = -\,\mathrm{sgn}\begin{pmatrix} 1 & 2 & 3 \\ p(1) & p(2) & p(3) \end{pmatrix}$$

となるからである． ■

例 4.11 $\begin{vmatrix} 1 & 4 & 7 \\ 2 & 5 & 8 \\ 3 & 6 & 9 \end{vmatrix} = -\begin{vmatrix} 2 & 5 & 8 \\ 1 & 4 & 7 \\ 3 & 6 & 9 \end{vmatrix}$ ← 第 1 行と第 2 行を交換

定理 4.9

二つの行の成分がすべて同じ $\Rightarrow$ $|A| = 0$

証明 たとえば，行列式 $|A|$ の第 1 行と第 2 行がまったく同じだとすれば，その 2 行を入れ替えた行列式の値は符号が変わるのだから，$|A| = -|A|$ となり $|A| = 0$． ■

定理 4.10

二つの比例する行がある $\Rightarrow$ $|A| = 0$

証明 定理 4.5 と定理 4.9 を用いる． ■

例 4.12 $\begin{vmatrix} 1 & 4 & 7 \\ 1 & 2 & 3 \\ 3 & 6 & 9 \end{vmatrix} = 0$ ← 第 2 行と第 3 行が比例している

定理 4.11

ある行の各成分を定数倍して，それらを他の行に加えても（ひいても），値は変わらない．

証明 たとえば，$|A| = \begin{vmatrix} a_{11} & a_{12} & a_{13} \\ a_{21} & a_{22} & a_{23} \\ a_{31} & a_{32} & a_{33} \end{vmatrix}$ に対して，第 2 行を k 倍して第 1 行に加えたとしよう．すると，定理 4.7 より

$$\begin{vmatrix} a_{11} + ka_{21} & a_{12} + ka_{22} & a_{13} + ka_{23} \\ a_{21} & a_{22} & a_{23} \\ a_{31} & a_{32} & a_{33} \end{vmatrix} = \begin{vmatrix} a_{11} & a_{12} & a_{13} \\ a_{21} & a_{22} & a_{23} \\ a_{31} & a_{32} & a_{33} \end{vmatrix} + \begin{vmatrix} ka_{21} & ka_{22} & ka_{23} \\ a_{21} & a_{22} & a_{23} \\ a_{31} & a_{32} & a_{33} \end{vmatrix}$$

となる．ここで，右辺の第 2 項にある行列式を見ると，第 1 行と第 2 行が比例しているので，定理 4.10 により 0 となるからである． ■

例 4.13

$$\begin{vmatrix} 1 & 4 & 7 \\ 2 & 5 & 8 \\ 3 & 6 & 9 \end{vmatrix} = \begin{vmatrix} 1 & 4 & 7 \\ 1 & 1 & 1 \\ 3 & 6 & 9 \end{vmatrix} \quad \leftarrow \text{第 2 行から第 1 行の 1 倍をひいた}$$

$$= \begin{vmatrix} 3 & 6 & 9 \\ 1 & 1 & 1 \\ 3 & 6 & 9 \end{vmatrix} \quad \leftarrow \text{第 1 行に第 2 行の 2 倍を加えた}$$

定理 4.12

(1) $|E| = 1, \quad |O| = 0$

(2) $|AB| = |A| \cdot |B|$ ただし A, B は同じ次数の正方行列とする．

証明 (2) の証明は簡単でない．定理 4.7 を繰り返し適用し，途中で定理 4.9 または定理 4.10 により，余計な項を消去していく．その過程を 2 次の場合で見てみよう．特別な変形や巧妙な計算をしているわけでないことがわかり，これを一般化すれば，n 次の場合の証明が得られる．

$$A = \begin{pmatrix} a_{11} & a_{12} \\ a_{21} & a_{22} \end{pmatrix}, \quad B = \begin{pmatrix} b_{11} & b_{12} \\ b_{21} & b_{22} \end{pmatrix}$$

とおくと，

$$|AB| = \begin{vmatrix} a_{11}b_{11} + a_{12}b_{21} & a_{11}b_{12} + a_{12}b_{22} \\ a_{21}b_{11} + a_{22}b_{21} & a_{21}b_{12} + a_{22}b_{22} \end{vmatrix}$$

となる．ここで，第 2 行を

$$a_{21}b_{11} + a_{22}b_{21} = \alpha, \quad a_{21}b_{12} + a_{22}b_{22} = \beta$$

とおいて見やすくすると，定理 4.7 により次のようになる．

$$\begin{aligned} |AB| &= \begin{vmatrix} a_{11}b_{11} & a_{11}b_{12} \\ \alpha & \beta \end{vmatrix} + \begin{vmatrix} a_{12}b_{21} & a_{12}b_{22} \\ \alpha & \beta \end{vmatrix} \\ &= a_{11}\begin{vmatrix} b_{11} & b_{12} \\ a_{21}b_{11} + a_{22}b_{21} & a_{21}b_{12} + a_{22}b_{22} \end{vmatrix} \\ &\quad + a_{12}\begin{vmatrix} b_{21} & b_{22} \\ a_{21}b_{11} + a_{22}b_{21} & a_{21}b_{12} + a_{22}b_{22} \end{vmatrix} \end{aligned}$$

$$= a_{11}\left\{\begin{vmatrix} b_{11} & b_{12} \\ a_{21}b_{11} & a_{21}b_{12} \end{vmatrix} + \begin{vmatrix} b_{11} & b_{12} \\ a_{22}b_{21} & a_{22}b_{22} \end{vmatrix}\right\}$$

$$+ a_{12}\left\{\begin{vmatrix} b_{21} & b_{22} \\ a_{21}b_{11} & a_{21}b_{12} \end{vmatrix} + \begin{vmatrix} b_{21} & b_{22} \\ a_{22}b_{21} & a_{22}b_{22} \end{vmatrix}\right\}$$

$$= a_{11}\left\{0 + a_{22}\begin{vmatrix} b_{11} & b_{12} \\ b_{21} & b_{22} \end{vmatrix}\right\} + a_{12}\left\{a_{21}\begin{vmatrix} b_{21} & b_{22} \\ b_{11} & b_{12} \end{vmatrix} + 0\right\}$$

$$= a_{11}a_{22}\begin{vmatrix} b_{11} & b_{12} \\ b_{21} & b_{22} \end{vmatrix} - a_{12}a_{21}\begin{vmatrix} b_{11} & b_{12} \\ b_{21} & b_{22} \end{vmatrix}$$

$$= (a_{11}a_{22} - a_{12}a_{21})\begin{vmatrix} b_{11} & b_{12} \\ b_{21} & b_{22} \end{vmatrix} = \begin{vmatrix} a_{11} & a_{12} \\ a_{21} & a_{22} \end{vmatrix}\begin{vmatrix} b_{11} & b_{12} \\ b_{21} & b_{22} \end{vmatrix}$$ ■

☑**注** (2) は正方行列でなければならない．たとえば，$A = \begin{pmatrix} 1 & 2 & 3 \\ 4 & 5 & 6 \end{pmatrix}$，$B = \begin{pmatrix} 1 & 2 \\ 3 & 4 \\ 5 & 6 \end{pmatrix}$ のとき，$|AB| = \begin{vmatrix} 22 & 28 \\ 49 & 64 \end{vmatrix}$ となり計算可能であるが，$|A|$ と $|B|$ は定義されない．

例 4.14 以上の性質を使って，行列式 $|A| = \begin{vmatrix} 2 & -6 & 9 \\ -3 & 4 & 8 \\ 1 & 2 & 7 \end{vmatrix}$ の値を計算しよう．

解 いきなりサラスの方法で計算しないで考えてみよう．以下の過程はあくまでも一つの計算例であり，ほかにもいろいろな変形が考えられる．

$$|A| = 2\begin{vmatrix} 2 & -3 & 9 \\ -3 & 2 & 8 \\ 1 & 1 & 7 \end{vmatrix} \quad \leftarrow \text{第 2 列から共通因数 2 を出した}$$

$$= 2\begin{vmatrix} 0 & -5 & -5 \\ -3 & 2 & 8 \\ 1 & 1 & 7 \end{vmatrix} \quad \leftarrow \text{第 1 行から第 3 行の 2 倍をひいた}$$

$$= -10\begin{vmatrix} 0 & 1 & 1 \\ -3 & 2 & 8 \\ 1 & 1 & 7 \end{vmatrix} \quad \leftarrow \text{第 1 行から共通因数 } -5 \text{ を出した}$$

$$= -10\begin{vmatrix} 0 & 1 & 0 \\ -3 & 2 & 6 \\ 1 & 1 & 6 \end{vmatrix} \quad \leftarrow \text{第 3 列から第 2 列をひいた}$$

$$= -60\begin{vmatrix} 0 & 1 & 0 \\ -3 & 2 & 1 \\ 1 & 1 & 1 \end{vmatrix} \quad \leftarrow \text{第 3 列から共通因数 6 を出した}$$

$$= -60 \times 4 = -240 \quad \leftarrow \text{あとはサラスの方法で}$$ ■

☑**注** 途中の変形はいろいろなやり方があるが，要点を簡単にいえば，「0 と 1 をできるだけ増やし，かけ算を楽にすること」であり，「ある程度変形したら，あとはサラスの方法で決着をつける」と判断すればよい．

定理 4.13

n 次の正方行列 A について　$\mathrm{rank}\,A < n \quad \Rightarrow \quad |A| = 0$

証明　適当な変形により，少なくとも一つの行はすべての成分が0になり，定理4.6と定理4.12の (2) から導かれる． ■

練習問題

問 4.6　行列式の性質や定義式を使って，次の値を求めよ．

(1) $\begin{vmatrix} 22 & 28 \\ 49 & 64 \end{vmatrix}$　(2) $\begin{vmatrix} 1 & 4 & 7 \\ 2 & 5 & 8 \\ 3 & 6 & 9 \end{vmatrix}$　(3) $\begin{vmatrix} 4 & 1 & 3 \\ 12 & 0 & 9 \\ -8 & 7 & 6 \end{vmatrix}$

(4) $\begin{vmatrix} 0 & 1 & 3 & 4 \\ 4 & 0 & 1 & 3 \\ 3 & 4 & 0 & 1 \\ 1 & 3 & 4 & 0 \end{vmatrix}$　(5) $\begin{vmatrix} 0 & 0 & 0 & 3 \\ 0 & 0 & -3 & 0 \\ 0 & 5 & 3 & 2 \\ 4 & 5 & 6 & 7 \end{vmatrix}$　(6) $\begin{vmatrix} 0 & 2 & 0 & 0 \\ -1 & 4 & 2 & 0 \\ 7 & 0 & -4 & 0 \\ -3 & 5 & 1 & 2 \end{vmatrix}$

(7) $\begin{vmatrix} 4 & 0 & 0 & 1 & 0 \\ 2 & -3 & 0 & 0 & 0 \\ 1 & 0 & 0 & -2 & 3 \\ 0 & 3 & 2 & 0 & 0 \\ 0 & 0 & 4 & 0 & 2 \end{vmatrix}$　(8) $\begin{vmatrix} 101 & 99 & 98 \\ 101 & 100 & 102 \\ 102 & 97 & 100 \end{vmatrix}$　(9) $\begin{vmatrix} \frac{1}{2} & \frac{1}{3} & \frac{1}{4} \\ \frac{1}{4} & \frac{1}{2} & \frac{1}{3} \\ \frac{1}{3} & \frac{1}{4} & \frac{1}{2} \end{vmatrix}$

問 4.7　n 次の正方行列 A に対して，$|aA| = a^n|A|$ を証明せよ．

問 4.8　行列 A が正則ならば $|A| \neq 0$ であり，$|A^{-1}| = |A|^{-1}$ であることを示せ．

4.4 余因子と逆行列

一般に，n 次の行列式 $|A| = \begin{vmatrix} a_{11} & a_{12} & \cdots & a_{1n} \\ a_{21} & a_{22} & \cdots & a_{2n} \\ \vdots & \vdots & & \vdots \\ a_{n1} & a_{n2} & \cdots & a_{nn} \end{vmatrix}$ について，第 i 行，第 j 列を抜いてできる $(n-1)$ 次の行列式を A_{ij} と表すとき，

$$\tilde{A}_{ij} = (-1)^{i+j} A_{ij}$$

を「成分 a_{ij} に対する**余因子**」という．

例 4.15　$|A| = \begin{vmatrix} 1 & 2 & 3 & 4 \\ 5 & 6 & 7 & 8 \\ 9 & 10 & 11 & 12 \\ 13 & 14 & 15 & 16 \end{vmatrix}$ のとき，$(3, 2)$ 成分に対する余因子 $\tilde{A}_{32}$ を求めよう．

解　第3行，第2列を抜き取り，小行列式 A_{32} を作る．

$$\begin{vmatrix} 1 & 2 & 3 & 4 \\ 5 & 6 & 7 & 8 \\ 9 & 10 & 11 & 12 \\ 13 & 14 & 15 & 16 \end{vmatrix} \quad \to \quad A_{32} = \begin{vmatrix} 1 & 3 & 4 \\ 5 & 7 & 8 \\ 13 & 15 & 16 \end{vmatrix}$$

これに符号 $(-1)^{3+2} = -1$ をつけ，余因子は $\tilde{A}_{32} = -\begin{vmatrix} 1 & 3 & 4 \\ 5 & 7 & 8 \\ 13 & 15 & 16 \end{vmatrix}$ である．■

☑**注**　符号 $(-1)^{i+j}$ は，右図のようにプラス・マイナス交互に並んでいる．この例の場合，$(3,2)$ 成分の符号はマイナスである．

$$\begin{vmatrix} + & - & + & - \\ - & + & - & + \\ + & - & + & - \\ - & + & - & + \end{vmatrix}$$

定理 4.14　余因子展開

次の等式が成り立つ．

$$|A| = a_{i1}\tilde{A}_{i1} + a_{i2}\tilde{A}_{i2} + \cdots + a_{in}\tilde{A}_{in} \quad \cdots ①$$
$$= a_{1j}\tilde{A}_{1j} + a_{2j}\tilde{A}_{2j} + \cdots + a_{nj}\tilde{A}_{nj} \quad \cdots ②$$

① を第 i 行に関する余因子展開，② を第 j 列に関する余因子展開という．

証明　3次の行列式 $|A| = \begin{vmatrix} a_{11} & a_{12} & a_{13} \\ a_{21} & a_{22} & a_{23} \\ a_{31} & a_{32} & a_{33} \end{vmatrix}$ について，第2行で余因子展開する過程を示す．

$$|A| = \begin{vmatrix} a_{11} & a_{12} & a_{13} \\ a_{21}+0 & 0+a_{22} & 0+a_{23} \\ a_{31} & a_{32} & a_{33} \end{vmatrix} = \begin{vmatrix} a_{11} & a_{12} & a_{13} \\ a_{21} & 0 & 0 \\ a_{31} & a_{32} & a_{33} \end{vmatrix} + \begin{vmatrix} a_{11} & a_{12} & a_{13} \\ 0 & a_{22} & a_{23} \\ a_{31} & a_{32} & a_{33} \end{vmatrix}$$

$$= \begin{vmatrix} a_{11} & a_{12} & a_{13} \\ a_{21} & 0 & 0 \\ a_{31} & a_{32} & a_{33} \end{vmatrix} + \begin{vmatrix} a_{11} & a_{12} & a_{13} \\ 0 & a_{22}+0 & 0+a_{23} \\ a_{31} & a_{32} & a_{33} \end{vmatrix}$$

$$= \begin{vmatrix} a_{11} & a_{12} & a_{13} \\ a_{21} & 0 & 0 \\ a_{31} & a_{32} & a_{33} \end{vmatrix} + \begin{vmatrix} a_{11} & a_{12} & a_{13} \\ 0 & a_{22} & 0 \\ a_{31} & a_{32} & a_{33} \end{vmatrix} + \begin{vmatrix} a_{11} & a_{12} & a_{13} \\ 0 & 0 & a_{23} \\ a_{31} & a_{32} & a_{33} \end{vmatrix}$$

$$= (-1)^{2+1}\begin{vmatrix} a_{21} & 0 & 0 \\ a_{11} & a_{12} & a_{13} \\ a_{31} & a_{32} & a_{33} \end{vmatrix} + (-1)^{2+2}\begin{vmatrix} a_{22} & 0 & 0 \\ a_{12} & a_{11} & a_{13} \\ a_{32} & a_{31} & a_{33} \end{vmatrix}$$

$$+ (-1)^{2+3}\begin{vmatrix} a_{23} & 0 & 0 \\ a_{13} & a_{11} & a_{12} \\ a_{33} & a_{31} & a_{32} \end{vmatrix}$$

$$= (-1)^{2+1}a_{21}A_{21} + (-1)^{2+2}a_{22}A_{22} + (-1)^{2+3}a_{23}A_{23}$$

$$= a_{21}\tilde{A}_{21} + a_{22}\tilde{A}_{22} + a_{23}\tilde{A}_{23}$$

■

例 4.16 $\begin{vmatrix} 1 & 4 & 7 \\ 2 & 5 & 8 \\ 3 & 6 & 9 \end{vmatrix} = 3\begin{vmatrix} 4 & 7 \\ 5 & 8 \end{vmatrix} - 6\begin{vmatrix} 1 & 7 \\ 2 & 8 \end{vmatrix} + 9\begin{vmatrix} 1 & 4 \\ 2 & 5 \end{vmatrix}$ ← 第 3 行で余因子展開

例 4.17 $\begin{vmatrix} 1 & 0 & 4 & 7 \\ 2 & 0 & 5 & 8 \\ 3 & 7 & 6 & 9 \\ 4 & 0 & 1 & 10 \end{vmatrix} = -7\begin{vmatrix} 1 & 4 & 7 \\ 2 & 5 & 8 \\ 4 & 1 & 10 \end{vmatrix}$ ← 第 2 列で余因子展開

例 4.18 $|A| = \begin{vmatrix} 1 & 1 & 0 & 3 \\ -1 & 3 & 4 & 2 \\ 2 & 3 & 5 & 4 \\ 3 & -2 & -2 & 2 \end{vmatrix}$ の値を求めよう．

解 以下の過程は，いろいろ考えられる変形の一つである．

$$|A| = \begin{vmatrix} 1 & 0 & 0 & 0 \\ -1 & 4 & 4 & 5 \\ 2 & 1 & 5 & -2 \\ 3 & -5 & -2 & -7 \end{vmatrix}$$
← 第 2 列から第 1 列をひく
第 4 列から第 1 列の 3 倍をひく

$$= \begin{vmatrix} 4 & 4 & 5 \\ 1 & 5 & -2 \\ -5 & -2 & -7 \end{vmatrix}$$
← 第 1 行で余因子展開

$$= \begin{vmatrix} 0 & -16 & 13 \\ 1 & 5 & -2 \\ 0 & 23 & -17 \end{vmatrix}$$
← 第 1 行から第 2 行の 4 倍をひく
第 3 行に第 2 行の 5 倍をたす

$$= -\begin{vmatrix} -16 & 13 \\ 23 & -17 \end{vmatrix}$$
← 第 1 列で余因子展開

$$= -\begin{vmatrix} -3 & 13 \\ 6 & -17 \end{vmatrix}$$
← 第 1 列に第 2 列をたす

$$= 3\begin{vmatrix} 1 & 13 \\ -2 & -17 \end{vmatrix} = 3(-17+26) = 27$$

サラスの方法は，成分ができるだけ小さい数になってから使うとよい． ■

この例のように，大きな行列式を計算するとき，余因子展開という方法は非常に有効である．そのほか，次に説明する「行列の分割」という方法もある．

行列の分割 大きな行列の成分をブロックに分けて，小さな行列の集まりとして見ると扱いやすい場合がある．たとえば，

$$A = \begin{pmatrix} 6 & 2 \\ 0 & 1 \end{pmatrix}, \quad B = \begin{pmatrix} 1 & 3 \\ 2 & 1 \end{pmatrix}, \quad C = \begin{pmatrix} 3 & 2 \\ 8 & 4 \end{pmatrix}, \quad D = \begin{pmatrix} 3 & 0 \\ 0 & 5 \end{pmatrix}$$

のとき，$\begin{vmatrix} 6 & 2 & 1 & 3 \\ 0 & 1 & 2 & 1 \\ 3 & 2 & 3 & 0 \\ 8 & 4 & 0 & 5 \end{vmatrix} = \begin{vmatrix} A & B \\ C & D \end{vmatrix}$ のように表す．

公式 4.4

以下の等式が成り立つ．

(1) $\begin{vmatrix} A & B \\ O & D \end{vmatrix} = \begin{vmatrix} A & O \\ C & D \end{vmatrix} = |A| \cdot |D|$ (2) $\begin{vmatrix} A & B \\ B & A \end{vmatrix} = |A+B| \cdot |A-B|$

(3) $\begin{vmatrix} E & B \\ C & D \end{vmatrix} = |D - CB|$

証明は省略するが，それは次の例の解を参考にして示すことができるだろう．

例 4.19 次のような形の分割も成り立つことを示そう．

$$\begin{vmatrix} 1 & 2 & 0 & 0 & 0 \\ 3 & 4 & 0 & 0 & 0 \\ a & b & 5 & 6 & 7 \\ c & d & 8 & 9 & 10 \\ e & f & 11 & 12 & 13 \end{vmatrix} = \begin{vmatrix} 1 & 2 \\ 3 & 4 \end{vmatrix} \cdot \begin{vmatrix} 5 & 6 & 7 \\ 8 & 9 & 10 \\ 11 & 12 & 13 \end{vmatrix}$$

解 第 1 行で余因子展開すると，

$$(\text{左辺}) = 1 \cdot \begin{vmatrix} 4 & 0 & 0 & 0 \\ b & 5 & 6 & 7 \\ d & 8 & 9 & 10 \\ f & 11 & 12 & 13 \end{vmatrix} - 2 \cdot \begin{vmatrix} 3 & 0 & 0 & 0 \\ a & 5 & 6 & 7 \\ c & 8 & 9 & 10 \\ e & 11 & 12 & 13 \end{vmatrix}$$

となる．さらに，第 1 行で余因子展開すると，続きは以下のようになる．

$$\begin{aligned} &= 1 \times 4 \cdot \begin{vmatrix} 5 & 6 & 7 \\ 8 & 9 & 10 \\ 11 & 12 & 13 \end{vmatrix} - 2 \times 3 \cdot \begin{vmatrix} 5 & 6 & 7 \\ 8 & 9 & 10 \\ 11 & 12 & 13 \end{vmatrix} \\ &= (1 \times 4 - 2 \times 3) \cdot \begin{vmatrix} 5 & 6 & 7 \\ 8 & 9 & 10 \\ 11 & 12 & 13 \end{vmatrix} \\ &= \begin{vmatrix} 1 & 2 \\ 3 & 4 \end{vmatrix} \cdot \begin{vmatrix} 5 & 6 & 7 \\ 8 & 9 & 10 \\ 11 & 12 & 13 \end{vmatrix} \\ &= (\text{右辺}) \end{aligned}$$

■

次に，余因子と逆行列の関係について考えよう．その準備として正方行列 $A =$

$\begin{pmatrix} a_{11} & a_{12} & \cdots & a_{1n} \\ a_{21} & a_{22} & \cdots & a_{2n} \\ \vdots & \vdots & & \vdots \\ a_{n1} & a_{n2} & \cdots & a_{nn} \end{pmatrix}$ の各成分 a_{ij} に対する余因子 $\tilde{A}_{ij}$ を成分とする行列

$$\tilde{A} = \begin{pmatrix} \tilde{A}_{11} & \tilde{A}_{12} & \cdots & \tilde{A}_{1n} \\ \tilde{A}_{21} & \tilde{A}_{22} & \cdots & \tilde{A}_{2n} \\ \vdots & \vdots & & \vdots \\ \tilde{A}_{n1} & \tilde{A}_{n2} & \cdots & \tilde{A}_{nn} \end{pmatrix}$$

を考え，これを**余因子行列**という．

☑注 $\tilde{A}$ の転置行列 ${}^t\tilde{A}$ を余因子行列と定義する本もある．

例 4.20 次の行列について，それぞれ余因子行列を求めよう．

$$A = \begin{pmatrix} 1 & 2 \\ 3 & 4 \end{pmatrix}, \quad B = \begin{pmatrix} 0 & 1 & 2 \\ 7 & 8 & 3 \\ 6 & 5 & 4 \end{pmatrix}$$

解 A について

$$\tilde{A}_{11} = 4, \quad \tilde{A}_{12} = -3, \quad \tilde{A}_{21} = -2, \quad \tilde{A}_{22} = 1$$

だから，$\tilde{A} = \begin{pmatrix} 4 & -3 \\ -2 & 1 \end{pmatrix}$ である．次に，B について余因子を計算すると，

$$\tilde{B}_{11} = \begin{vmatrix} 8 & 3 \\ 5 & 4 \end{vmatrix} = 17, \quad \tilde{B}_{12} = -\begin{vmatrix} 7 & 3 \\ 6 & 4 \end{vmatrix} = -10, \quad \tilde{B}_{13} = \begin{vmatrix} 7 & 8 \\ 6 & 5 \end{vmatrix} = -13$$

$$\tilde{B}_{21} = -\begin{vmatrix} 1 & 2 \\ 5 & 4 \end{vmatrix} = 6, \quad \tilde{B}_{22} = \begin{vmatrix} 0 & 2 \\ 6 & 4 \end{vmatrix} = -12, \quad \tilde{B}_{23} = -\begin{vmatrix} 0 & 1 \\ 6 & 5 \end{vmatrix} = 6$$

$$\tilde{B}_{31} = \begin{vmatrix} 1 & 2 \\ 8 & 3 \end{vmatrix} = -13, \quad \tilde{B}_{32} = -\begin{vmatrix} 0 & 2 \\ 7 & 3 \end{vmatrix} = 14, \quad \tilde{B}_{33} = \begin{vmatrix} 0 & 1 \\ 7 & 8 \end{vmatrix} = -7$$

となるから，$\tilde{B} = \begin{pmatrix} 17 & -10 & -13 \\ 6 & -12 & 6 \\ -13 & 14 & -7 \end{pmatrix}$ である． ■

☑注 余因子行列は，次のように見るとわかりやすい．

• 2 次の場合

$$\begin{pmatrix} +\begin{vmatrix} 1 & 2 \\ 3 & 4 \end{vmatrix} & -\begin{vmatrix} 1 & 2 \\ 3 & 4 \end{vmatrix} \\ -\begin{vmatrix} 1 & 2 \\ 3 & 4 \end{vmatrix} & +\begin{vmatrix} 1 & 2 \\ 3 & 4 \end{vmatrix} \end{pmatrix} \to \begin{pmatrix} 4 & -3 \\ -2 & 1 \end{pmatrix}$$

• 3 次の場合

$$\begin{pmatrix} +\begin{vmatrix} 0 & 1 & 2 \\ 7 & 8 & 3 \\ 6 & 5 & 4 \end{vmatrix} & -\begin{vmatrix} 0 & 1 & 2 \\ 7 & 8 & 3 \\ 6 & 5 & 4 \end{vmatrix} & +\begin{vmatrix} 0 & 1 & 2 \\ 7 & 8 & 3 \\ 6 & 5 & 4 \end{vmatrix} \\ -\begin{vmatrix} 0 & 1 & 2 \\ 7 & 8 & 3 \\ 6 & 5 & 4 \end{vmatrix} & +\begin{vmatrix} 0 & 1 & 2 \\ 7 & 8 & 3 \\ 6 & 5 & 4 \end{vmatrix} & -\begin{vmatrix} 0 & 1 & 2 \\ 7 & 8 & 3 \\ 6 & 5 & 4 \end{vmatrix} \\ +\begin{vmatrix} 0 & 1 & 2 \\ 7 & 8 & 3 \\ 6 & 5 & 4 \end{vmatrix} & -\begin{vmatrix} 0 & 1 & 2 \\ 7 & 8 & 3 \\ 6 & 5 & 4 \end{vmatrix} & +\begin{vmatrix} 0 & 1 & 2 \\ 7 & 8 & 3 \\ 6 & 5 & 4 \end{vmatrix} \end{pmatrix}$$

網かけした部分を抜き取ったあと，余因子を計算する．プラスとマイナスの符号が交互についていることに注意．

定理 4.15

$A\,{}^t\tilde{A} = {}^t\tilde{A}A = |A|E$

証明　$A\,{}^t\tilde{A}$ の各成分を b_{ij} とおけば，

$$b_{ij} = a_{i1}\tilde{A}_{j1} + a_{i2}\tilde{A}_{j2} + \cdots + a_{in}\tilde{A}_{jn}$$

となる．ここで，$i = j$ ならば，定理 4.14 により $b_{ii} = |A|$ である．$i \neq j$ のとき，どうなるだろうか．それをわかりやすく見るために，$n = 3$ の場合で b_{12} について考えよう．

$$\begin{pmatrix} a_{11} & a_{12} & a_{13} \\ a_{21} & a_{22} & a_{23} \\ a_{31} & a_{32} & a_{33} \end{pmatrix} \begin{pmatrix} \tilde{A}_{11} & \tilde{A}_{21} & \tilde{A}_{31} \\ \tilde{A}_{12} & \tilde{A}_{22} & \tilde{A}_{32} \\ \tilde{A}_{13} & \tilde{A}_{23} & \tilde{A}_{33} \end{pmatrix} \to b_{12} = a_{11}\tilde{A}_{21} + a_{12}\tilde{A}_{22} + a_{13}\tilde{A}_{23}$$

ここで，$\tilde{A}_{21}$，$\tilde{A}_{22}$，$\tilde{A}_{23}$ は第 2 行から生じる余因子だから，b_{12} は行列式 $\begin{vmatrix} a_{11} & a_{12} & a_{13} \\ a_{11} & a_{12} & a_{13} \\ a_{31} & a_{32} & a_{33} \end{vmatrix}$ を第 2 行で余因子展開したものであり，定理 4.9 により $b_{12} = 0$ となる．このように，一般に b_{ij} は，第 i 行と第 j 行に同じ成分が並ぶ行列式

$$\begin{vmatrix} \cdots & \cdots & \cdots \\ a_{i1} & \cdots & a_{in} \\ \cdots & \cdots & \cdots \\ a_{j1} & \cdots & a_{jn} \\ \cdots & \cdots & \cdots \end{vmatrix}$$

第 i 行と第 j 行がまったく同じ
$a_{i1} = a_{j1}, \quad \cdots, \quad a_{in} = a_{jn}$

の第 j 行での余因子展開であり，その値は 0．したがって，次のようになる．

$$A\,{}^t\tilde{A} = \begin{pmatrix} |A| & & 0 \\ & \ddots & \\ 0 & & |A| \end{pmatrix} = |A|E$$

${}^t\tilde{A}\,A = |A|E$ も同様に示すことができる．■

この定理 4.15 から，次のような逆行列の求め方が得られる．

定理 4.16　逆行列の求め方 (3)

$$|A| \neq 0 \quad \Rightarrow \quad A^{-1} = \frac{1}{|A|}\,{}^t\tilde{A}$$

例 4.21　2 次の行列 $A = \begin{pmatrix} a & b \\ c & d \end{pmatrix}$ の逆行列を求めよう．

解　まず，行列式の値 $|A| = \begin{vmatrix} a & b \\ c & d \end{vmatrix} = ad - bc = 0$ のときは正則でなく，逆行列はない．余因子行列は $\tilde{A} = \begin{pmatrix} d & -c \\ -b & a \end{pmatrix}$ だから，$|A| = ad - bc \neq 0$ のとき，

$$A^{-1} = \frac{1}{|A|}\,{}^t\tilde{A} = \frac{1}{ad - bc}\begin{pmatrix} d & -b \\ -c & a \end{pmatrix}$$

が得られる．■

☑**注**　これは公式 2.4 と同じものである．

例 4.22　定理 4.16 を用いて，$A = \begin{pmatrix} 0 & 1 & 2 \\ 7 & 8 & 3 \\ 6 & 5 & 4 \end{pmatrix}$ の逆行列を求めよう．

解　まず，$|A| = -36 \neq 0$ を確認する．次に，例 4.20 の結果を用いる．

$$\tilde{A} = \begin{pmatrix} 17 & -10 & -13 \\ 6 & -12 & 6 \\ -13 & 14 & -7 \end{pmatrix}, \quad A^{-1} = -\frac{1}{36}\begin{pmatrix} 17 & 6 & -13 \\ -10 & -12 & 14 \\ -13 & 6 & -7 \end{pmatrix}$$ ■

☑**注**　このように，余因子を使って逆行列を求めるには，一般に n 次の行列の場合，n 次の行列式の計算を一つ，また $n-1$ 次の行列式の計算を n^2 個計算しなければならない．したがって，一般的には「掃き出し法」を用いた計算（3.3 節）のほうが簡単である．

ここまでの「行列の正則性」に関する結論をまとめると，次のようになる．

定理 4.17

n 次の正方行列 A に対して，以下のような同値関係が成り立つ．

$$A \text{ が正則} \quad \Leftrightarrow \quad \text{逆行列 } A^{-1} \text{ が存在する} \quad \Leftrightarrow \quad |A| \neq 0 \quad \Leftrightarrow \quad \operatorname{rank} A = n$$

練習問題

問 4.9 右の行列式に対して，以下の問いに答えよ．

(1) 第 2 行で余因子展開せよ．

(2) 第 4 列で余因子展開せよ．

(3) $|A|$ の値を求めよ．

$$|A| = \begin{vmatrix} 0 & -1 & 5 & 3 \\ 3 & -2 & -2 & 2 \\ 4 & 0 & -4 & 0 \\ 6 & 0 & 8 & 0 \end{vmatrix}$$

問 4.10 右の行列式について，以下の問いに答えよ．

(1) 第 3 行で余因子展開せよ．

(2) $(4,3)$ 成分に対する余因子の値が -2 であるとき，定数 a の値を定めよ．

(3) (2) のときの行列式 $|A|$ の値を求めよ．

$$|A| = \begin{vmatrix} a & -2 & 5 & -5 \\ 1 & 0 & -4 & 2 \\ 0 & 2 & -1 & 0 \\ -2 & 1 & 3 & 0 \end{vmatrix}$$

問 4.11 次の行列式の値を求めよ．

(1) $\begin{vmatrix} 1 & 0 & 3 & -1 \\ 0 & 1 & 2 & 4 \\ -3 & 1 & 5 & 4 \\ 4 & 8 & 6 & -5 \end{vmatrix}$　(2) $\begin{vmatrix} 3 & -3 & -6 & 0 & 5 \\ 7 & 5 & 1 & 4 & 0 \\ 0 & 0 & 4 & 0 & 3 \\ 0 & 0 & 8 & 0 & 6 \\ 0 & 0 & 3 & -1 & -2 \end{vmatrix}$

(3) $\begin{vmatrix} 3 & -3 & -6 & 4 & 0 \\ 0 & 5 & 1 & -2 & 0 \\ -1 & 7 & 0 & 1 & 3 \\ 0 & 0 & 8 & 0 & 6 \\ 0 & 0 & 3 & 0 & -2 \end{vmatrix}$　(4) $\begin{vmatrix} 0 & 0 & 2 & 5 \\ 0 & 0 & -2 & 4 \\ -3 & 6 & -2 & 4 \\ 3 & 2 & 6 & -5 \end{vmatrix}$

問 4.12 次の行列の余因子行列と逆行列を求めよ．

(1) $A = \begin{pmatrix} 1 & 3 & 0 \\ 1 & 4 & -2 \\ 3 & 0 & 2 \end{pmatrix}$　(2) $B = \begin{pmatrix} 1 & 0 & 1 & 0 \\ 0 & 1 & 0 & 1 \\ -1 & 0 & 1 & 0 \\ 0 & 1 & 0 & -1 \end{pmatrix}$

問 4.13 $A = \begin{pmatrix} 3 & 4 \\ 5 & 7 \end{pmatrix}$, $B = \begin{pmatrix} 7 & -2 \\ 10 & -3 \end{pmatrix}$ とするとき，$AX = B$, $YA = B$ となる行列 X, Y を求めよ．

問 4.14 次の行列が正則であるための条件と，その条件のもとで逆行列を求めよ．

$$A = \begin{pmatrix} a & 10 & 2 \\ -1 & 5 & 1 \\ 15 & 0 & 5 \end{pmatrix}$$

4.5 特別な形の行列式

A が交代行列ならば ${}^tA = -A$ だから，$|A| = |-A|$ となり，n 次の行列のとき問 4.7 より，$|-A| = (-1)^n|A|$ である．n が奇数ならば $|A| = -|A|$ となり，次の結果が得られる．

公式 4.5

A は奇数次の交代行列 $\Rightarrow$ $|A| = 0$

例 4.23 $\begin{vmatrix} 0 & 1 & -2 \\ -1 & 0 & -3 \\ 2 & 3 & 0 \end{vmatrix} = 0$

次の行列式は有名である．

公式 4.6 ヴァンデルモンドの行列式

$$\begin{vmatrix} 1 & 1 & \cdots & 1 \\ x_1 & x_2 & \cdots & x_n \\ (x_1)^2 & (x_2)^2 & \cdots & (x_n)^2 \\ \vdots & \vdots & & \vdots \\ (x_1)^{n-1} & (x_2)^{n-1} & \cdots & (x_n)^{n-1} \end{vmatrix} = \prod_{i<j}(x_j - x_i)$$

☑**注** 公式 4.6 右辺の記号 $\displaystyle\prod_{i<j}(x_j - x_i)$ は

$i < j$ である $(x_j - x_i)$ をすべてかけ合わせた式

という意味である．具体的に表せば，次のような差積である．

	x_1	x_2	x_3	$\cdots$	x_{n-1}
x_2	$x_2 - x_1$				
x_3	$x_3 - x_1$	$x_3 - x_2$			
x_4	$x_4 - x_1$	$x_4 - x_2$	$x_4 - x_3$		
$\vdots$	$\vdots$	$\vdots$	$\vdots$	$\ddots$	
x_n	$x_n - x_1$	$x_n - x_2$	$x_n - x_3$	$\cdots$	$x_n - x_{n-1}$

証明 3 次の場合の証明を示そう．

$$|A| = \begin{vmatrix} 1 & 1 & 1 \\ x_1 & x_2 & x_3 \\ (x_1)^2 & (x_2)^2 & (x_3)^2 \end{vmatrix} \qquad \cdots ①$$

とおく．「第 2 列から第 1 列をひく」と「第 3 列から第 1 列をひく」という変形をすると

$$|A| = \begin{vmatrix} 1 & 0 & 0 \\ x_1 & x_2 - x_1 & x_3 - x_1 \\ (x_1)^2 & (x_2)^2 - (x_1)^2 & (x_3)^2 - (x_1)^2 \end{vmatrix}$$

となる．第 1 行で余因子展開し，因数分解の公式 $a^2 - b^2 = (a - b)(a + b)$ を使えば

$$|A| = \begin{vmatrix} x_2 - x_1 & x_3 - x_1 \\ (x_2 - x_1)(x_2 + x_1) & (x_3 - x_1)(x_3 + x_1) \end{vmatrix}$$

となり，各列から共通因数をくくり出せば，次のようになる．

$$|A| = (x_2 - x_1)(x_3 - x_1)\begin{vmatrix} 1 & 1 \\ x_2 + x_1 & x_3 + x_1 \end{vmatrix}$$
$$= (x_2 - x_1)(x_3 - x_1)(x_3 - x_2)$$ ■

別証明　① は x_1, x_2, x_3 の式になるので，

$$|A| = f(x_1, x_2, x_3)$$

とおく．x_2 に x_1 を代入すると，定理 4.9 より $f(x_1, x_1, x_3) = 0$ だから，因数定理により $f(x_1, x_2, x_3)$ は $(x_2 - x_1)$ で割り切れる．同様に，

$$f(x_1, x_2, x_1) = 0, \quad f(x_1, x_2, x_2) = 0$$

だから，因数定理により，$f(x_1, x_2, x_3)$ は $(x_3 - x_1)$ でも $(x_3 - x_2)$ でも割り切れる．また，$f(x_1, x_2, x_3)$ は各 x_i について 2 次式である．そこで，

$$f(x_1, x_2, x_3) = k(x_2 - x_1)(x_3 - x_1)(x_3 - x_2)$$

とおく．これは恒等式なので，$x_1 = 0, x_2 = 1, x_3 = 2$ を代入して $k = 1$ を得る．この別証明を使うことで，公式 4.6 の一般的な証明が得られる． ■

例 4.24

$$\begin{vmatrix} 1 & 1 & 1 \\ a & b & c \\ a^2 & b^2 & c^2 \end{vmatrix} = (b-a)(c-a)(c-b)$$

	a	b
b	$b-a$	
c	$c-a$	$c-b$

例 4.25

$$\begin{vmatrix} 1 & 1 & 1 & 1 \\ 1 & x & y & z \\ 1 & x^2 & y^2 & z^2 \\ 1 & x^3 & y^3 & z^3 \end{vmatrix}$$
$$= (x-1)(y-1)(z-1)(y-x)(z-x)(z-y)$$

	1	x	y
x	$x-1$		
y	$y-1$	$y-x$	
z	$z-1$	$z-x$	$z-y$

行列式の因数分解

行列式の性質を使って因数分解することを考えよう．

例 4.26　$\begin{vmatrix} a & b+c & bc \\ b & c+a & ca \\ c & a+b & ab \end{vmatrix}$ を因数分解しよう．

解

$$\begin{vmatrix} a & b+c & bc \\ b & c+a & ca \\ c & a+b & ab \end{vmatrix} = \begin{vmatrix} a & a+b+c & bc \\ b & b+c+a & ca \\ c & c+a+b & ab \end{vmatrix}$$

← 第 1 列を第 2 列に加える

$$= (a+b+c)\begin{vmatrix} a & 1 & bc \\ b & 1 & ca \\ c & 1 & ab \end{vmatrix}$$

← 第 2 列から共通因数 $(a+b+c)$ をくくり出す

$$= (a+b+c)\begin{vmatrix} a & 1 & bc \\ b-a & 0 & ca-bc \\ c-a & 0 & ab-bc \end{vmatrix}$$ ← 第 2 行・第 3 行から第 1 行をひく

$$= -(a+b+c)\begin{vmatrix} b-a & ca-bc \\ c-a & ab-bc \end{vmatrix}$$ ← 第 2 列で余因子展開

$$= -(a+b+c)\begin{vmatrix} b-a & c(a-b) \\ c-a & b(a-c) \end{vmatrix}$$ ← 第 2 列を因数分解

$$= -(a+b+c)(a-b)(c-a)\begin{vmatrix} -1 & c \\ 1 & -b \end{vmatrix}$$ ← 第 1 行から $(a-b)$ を出す 第 2 行から $(c-a)$ を出す

$$= -(a+b+c)(a-b)(b-c)(c-a)$$ ■

練習問題

問 4.15 次の行列式を計算せよ.

(1) $\begin{vmatrix} a & a^2 & a^3 \\ b & b^2 & b^3 \\ c & c^2 & c^3 \end{vmatrix}$ (2) $\begin{vmatrix} 1 & 1 & 1 \\ a^2 & b^2 & c^2 \\ a^4 & b^4 & c^4 \end{vmatrix}$ (3) $\begin{vmatrix} 1 & 1 & 1 & 1 \\ a & -a & b & -b \\ a^2 & a^2 & b^2 & b^2 \\ a^3 & -a^3 & b^3 & -b^3 \end{vmatrix}$

問 4.16 次の行列式を計算せよ.

(1) $\begin{vmatrix} 0 & 9 & -4 \\ -9 & 0 & -6 \\ 4 & 6 & 0 \end{vmatrix}$ (2) $\begin{vmatrix} 1 & 1 & 1 & 1 \\ 2 & 3 & 4 & 5 \\ 2^2 & 3^2 & 4^2 & 5^2 \\ 2^3 & 3^3 & 4^3 & 5^3 \end{vmatrix}$ (3) $\begin{vmatrix} 2 & 1 & 4 & 8 \\ -4 & 1 & 16 & -64 \\ 1 & -1 & -1 & 1 \\ 3 & 1 & 9 & 27 \end{vmatrix}$

問 4.17 次の行列式を計算せよ.

(1) $\begin{vmatrix} 1 & a & b+c \\ 1 & b & c+a \\ 1 & c & a+b \end{vmatrix}$ (2) $\begin{vmatrix} 0 & a & 1 & -1 \\ -a & 0 & -1 & 1 \\ 1 & -1 & 1 & 0 \\ 0 & 0 & a & 0 \end{vmatrix}$

問 4.18 次の行列式を因数分解せよ.

(1) $\begin{vmatrix} a & a^2 & b+c \\ b & b^2 & c+a \\ c & c^2 & a+b \end{vmatrix}$ (2) $\begin{vmatrix} 1 & 1 & 1 \\ 1 & a & a^2 \\ 1 & a^3 & a^4 \end{vmatrix}$ (3) $\begin{vmatrix} x & 1 & 2 & 3 \\ 1 & x & 2 & 3 \\ 1 & 2 & x & 3 \\ 1 & 2 & 3 & x \end{vmatrix}$

(4) $\begin{vmatrix} a & 1 & a & 1 \\ 1 & a & a & 1 \\ 1 & 1 & a & 1 \\ 1 & 1 & 0 & 1 \end{vmatrix}$ (5) $\begin{vmatrix} 1 & 0 & x & 1 \\ x & 1 & 1 & 0 \\ 0 & 1 & 1 & x \\ 1 & x & 0 & 1 \end{vmatrix}$ (6) $\begin{vmatrix} -x & 2 & -2 & 0 \\ -1 & x & 1 & 2 \\ 3 & x & 3 & x \\ x & 3 & x & 3 \end{vmatrix}$

5 行列式の応用

行列式と連立 1 次方程式の関係，行列式とベクトルの関係，行列式と図形の方程式の関係など，それぞれの場面で行列式がはたす重要な役割について考えよう．

5.1 クラメルの公式

連立 1 次方程式の解法についてもう一度考えてみよう．未知数が二つの場合，

$$(1)\quad \begin{cases} a_1x + b_1y = c_1 \\ a_2x + b_2y = c_2 \end{cases}$$

に対して，

$$A = \begin{pmatrix} a_1 & b_1 \\ a_2 & b_2 \end{pmatrix},\quad A_x = \begin{pmatrix} c_1 & b_1 \\ c_2 & b_2 \end{pmatrix},\quad A_y = \begin{pmatrix} a_1 & c_1 \\ a_2 & c_2 \end{pmatrix}$$

とおくとき，次の結果が得られる．

定理 5.1

連立 1 次方程式 (1) の解は次のように求められる．

$$|A| \neq 0 \quad \Rightarrow \quad x = \frac{|A_x|}{|A|},\quad y = \frac{|A_y|}{|A|}$$ （これを**クラメルの公式**という）

証明 $A_x = \begin{pmatrix} c_1 & b_1 \\ c_2 & b_2 \end{pmatrix} = \begin{pmatrix} a_1x + b_1y & b_1 \\ a_2x + b_2y & b_2 \end{pmatrix} = \begin{pmatrix} a_1 & b_1 \\ a_2 & b_2 \end{pmatrix}\begin{pmatrix} x & 0 \\ y & 1 \end{pmatrix}$ だから，$E_x = \begin{pmatrix} x & 0 \\ y & 1 \end{pmatrix}$ とおくと，$AE_x = A_x$ となる．ここで $|E_x| = x$ だから，$|A|x = |A_x|$ となる．同様に，$E_y = \begin{pmatrix} 1 & x \\ 0 & y \end{pmatrix}$ とおくと，$|E_y| = y$ であり，$AE_y = A_y$ より，$|A|y = |A_y|$ となる．したがって，$|A| \neq 0$ のとき，上の結果となる． ■

例 5.1 クラメルの公式を用いて連立方程式 $\begin{cases} 2x + y = 0 \\ 4x - y = 3 \end{cases}$ を解こう．

解 $A = \begin{pmatrix} 2 & 1 \\ 4 & -1 \end{pmatrix}$，$A_x = \begin{pmatrix} 0 & 1 \\ 3 & -1 \end{pmatrix}$，$A_y = \begin{pmatrix} 2 & 0 \\ 4 & 3 \end{pmatrix}$ とおくとき，$|A| = -6 \neq 0$ であり，$|A_x| = -3$, $|A_y| = 6$ だから，次のようになる．

$$x = \frac{-3}{-6} = \frac{1}{2},\quad y = \frac{6}{-6} = -1$$ ■

同様に，未知数が三つの連立 1 次方程式

$$(2)\quad \begin{cases} a_1x + b_1y + c_1z = d_1 \\ a_2x + b_2y + c_2z = d_2 \\ a_3x + b_3y + c_3z = d_3 \end{cases}$$

があるとき，

$$A = \begin{pmatrix} a_1 & b_1 & c_1 \\ a_2 & b_2 & c_2 \\ a_3 & b_3 & c_3 \end{pmatrix}, \quad A_x = \begin{pmatrix} d_1 & b_1 & c_1 \\ d_2 & b_2 & c_2 \\ d_3 & b_3 & c_3 \end{pmatrix},$$

$$A_y = \begin{pmatrix} a_1 & d_1 & c_1 \\ a_2 & d_2 & c_2 \\ a_3 & d_3 & c_3 \end{pmatrix}, \quad A_z = \begin{pmatrix} a_1 & b_1 & d_1 \\ a_2 & b_2 & d_2 \\ a_3 & b_3 & d_3 \end{pmatrix}$$

とおくと，解は次のように得られる．

定理 5.2

連立 1 次方程式 (2) の解は次のように求められる．

$$|A| \neq 0 \quad \Rightarrow \quad x = \frac{|A_x|}{|A|}, \quad y = \frac{|A_y|}{|A|}, \quad z = \frac{|A_z|}{|A|}$$ **（クラメルの公式）**

証明 $E_x = \begin{pmatrix} x & 0 & 0 \\ y & 1 & 0 \\ z & 0 & 1 \end{pmatrix}, E_y = \begin{pmatrix} 1 & x & 0 \\ 0 & y & 0 \\ 0 & z & 1 \end{pmatrix}, E_z = \begin{pmatrix} 1 & 0 & x \\ 0 & 1 & y \\ 0 & 0 & z \end{pmatrix}$ とおくと，

$$|E_x| = x, \quad |E_y| = y, \quad |E_z| = z$$

であり，

$$AE_x = \begin{pmatrix} a_1x + b_1y + c_1z & b_1 & c_1 \\ a_2x + b_2y + c_2z & b_2 & c_2 \\ a_3x + b_3y + c_3z & b_3 & c_3 \end{pmatrix} = \begin{pmatrix} d_1 & b_1 & c_1 \\ d_2 & b_2 & c_2 \\ d_3 & b_3 & c_3 \end{pmatrix} = A_x$$

となるから，$|A|\,|E_x| = |A_x|$ より，$|A| \neq 0$ のとき $x = \dfrac{|A_x|}{|A|}$ を得る．y と z についても同様である． ■

☑注 定理 5.1，定理 5.2 の証明を見れば，未知数が四つ以上ある連立 1 次方程式に対しても，まったく同様の公式が得られることがわかる．

例 5.2 クラメルの公式を用いて連立方程式 $\begin{cases} x + 2y - z = 0 \\ -x - 4y + 3z = -1 \\ x + 2z = 0 \end{cases}$ を解こう．

解 行列を使って表せば，

$$\begin{pmatrix} 1 & 2 & -1 \\ -1 & -4 & 3 \\ 1 & 0 & 2 \end{pmatrix} \begin{pmatrix} x \\ y \\ z \end{pmatrix} = \begin{pmatrix} 0 \\ -1 \\ 0 \end{pmatrix}$$

となる．ここで，係数行列

$$A = \begin{pmatrix} 1 & 2 & -1 \\ -1 & -4 & 3 \\ 1 & 0 & 2 \end{pmatrix}, \quad A_x = \begin{pmatrix} 0 & 2 & -1 \\ -1 & -4 & 3 \\ 0 & 0 & 2 \end{pmatrix},$$

$$A_y = \begin{pmatrix} 1 & 0 & -1 \\ -1 & -1 & 3 \\ 1 & 0 & 2 \end{pmatrix}, \quad A_z = \begin{pmatrix} 1 & 2 & 0 \\ -1 & -4 & -1 \\ 1 & 0 & 0 \end{pmatrix}$$

を考えるとき，$|A| = -2 \neq 0$ であり，$|A_x| = 4$, $|A_y| = -3$, $|A_z| = -2$ だから，

$$x = \frac{4}{-2} = -2, \quad y = \frac{-3}{-2} = \frac{3}{2}, \quad z = \frac{-2}{-2} = 1$$

となる． ■

☑注 以上の例でわかるように，一般に，未知数が n 個のときは n 次の行列式の計算を $n+1$ 回計算しなければならない．未知数が多くなればそれに応じて次数の大きな行列式の計算をしなければならず，しかも，$|A| = 0$ のときはまったく解けないことになる．

このような理由で，一般的には「掃き出し法」による計算（3.1 節）のほうが簡単で確実である．しかも，解が一意に定まらない場合についても結果を導くことができる．ここで，連立 1 次方程式の解法について今までに学んだことを簡単にまとめておこう．

① 掃き出し法	未知数の個数と方程式の数が違っていても適用できる．三つの基本変形を用いるだけであり，どのような場合にも有効．
② 逆行列の利用 ③ クラメルの公式	未知数の個数と方程式の数が一致しているとき適用できる．解が一意に定まる場合にのみ有効であり，計算量が多い．

定数項がすべて 0 の連立 1 次方程式

$$\begin{cases} a_1x + b_1y = 0 \\ a_2x + b_2y = 0 \end{cases} \quad \text{または} \quad \begin{cases} a_1x + b_1y + c_1z = 0 \\ a_2x + b_2y + c_2z = 0 \\ a_3x + b_3y + c_3z = 0 \end{cases}$$

に対して，係数行列を

$$A = \begin{pmatrix} a_1 & b_1 \\ a_2 & b_2 \end{pmatrix} \quad \text{または} \quad A = \begin{pmatrix} a_1 & b_1 & c_1 \\ a_2 & b_2 & c_2 \\ a_3 & b_3 & c_3 \end{pmatrix}$$

とおくとき，$|A| \neq 0$ ならばクラメルの公式より自明な解 $(x = y = z = 0)$ しかないことがわかる．したがって，定理 3.2 を言い換えれば，次のようになる．

定理 5.3

定数項がすべて 0 の連立 1 次方程式が自明な解以外の解をもつための必要十分条件は，$|A| = 0$ である．

練習問題

問 5.1 クラメルの公式を用いて次の連立方程式を解け．

(1) $\begin{pmatrix} 1 & 2 \\ -2 & -1 \end{pmatrix}\begin{pmatrix} x \\ y \end{pmatrix} = \begin{pmatrix} -4 \\ 3 \end{pmatrix}$　(2) $\begin{cases} 3x + 2y = 0 \\ x - 2y = 8 \end{cases}$

(3) $\begin{cases} 3x + y + 3z = 1 \\ -y + 2z = 2 \\ x - z = -2 \end{cases}$　(4) $\begin{pmatrix} 2 & 3 & -1 \\ -1 & 2 & 2 \\ 1 & 1 & -1 \end{pmatrix}\begin{pmatrix} x \\ y \\ z \end{pmatrix} = \begin{pmatrix} -3 \\ 1 \\ -2 \end{pmatrix}$

(5) $\begin{cases} x + 6y + 2z = 4 \\ -2x + 2y - 3z = 1 \\ 3x - 4y + 4z = -3 \end{cases}$　(6) $\begin{pmatrix} 1 & 3 & 2 \\ 2 & 1 & -2 \\ 3 & -2 & -4 \end{pmatrix}\begin{pmatrix} x \\ y \\ z \end{pmatrix} = \begin{pmatrix} 2 \\ -1 \\ 3 \end{pmatrix}$

問 5.2 次の連立方程式が一意に解けるための条件（k の条件式）を求めよ．

(1) $\begin{cases} x + ky + 2z = 2 \\ 2x + y - 2z = -1 \\ 3x - 2y - 4z = 3 \end{cases}$　(2) $\begin{pmatrix} 1 & 1 & 2 \\ 2 & -2 & k \\ 1 & -1 & 1 \end{pmatrix}\begin{pmatrix} x \\ y \\ z \end{pmatrix} = \begin{pmatrix} 5 \\ 2 \\ 5 \end{pmatrix}$

5.2 ベクトルと行列式

二つのベクトル $\boldsymbol{u}_1 = \begin{pmatrix} x_1 \\ y_1 \end{pmatrix}, \boldsymbol{u}_2 = \begin{pmatrix} x_2 \\ y_2 \end{pmatrix} \in \mathbf{R}^2$ について，もし 1 次従属ならば，すべてが 0 でない係数 k_1, k_2 を用いて 1 次結合の関係

$$k_1\boldsymbol{u}_1 + k_2\boldsymbol{u}_2 = \mathbf{0}$$

があるから，$\boldsymbol{u}_1 = k\boldsymbol{u}_2$ $\left(k = -\dfrac{k_2}{k_1} \text{ とおく}\right)$ となり，二つのベクトルは平行である．すると，（定理 4.10 により）

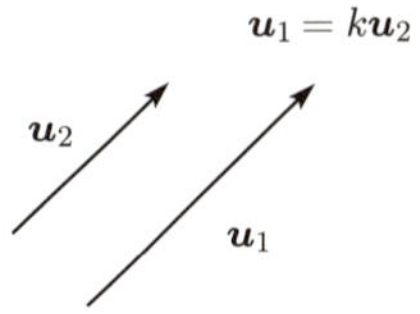

$$\begin{vmatrix} x_1 & x_2 \\ y_1 & y_2 \end{vmatrix} = \begin{vmatrix} kx_2 & x_2 \\ ky_2 & y_2 \end{vmatrix} = 0$$

となる．すなわち，次のことが成り立つ．

$$\boldsymbol{u}_1, \boldsymbol{u}_2 \text{ が 1 次従属} \quad \Rightarrow \quad \begin{vmatrix} x_1 & x_2 \\ y_1 & y_2 \end{vmatrix} = 0$$

すると，

$$\begin{vmatrix} x_1 & x_2 \\ y_1 & y_2 \end{vmatrix} \neq 0 \quad \Rightarrow \quad \boldsymbol{u}_1,\ \boldsymbol{u}_2 \text{ は 1 次独立}$$

ということになり，したがって次の定理が得られる．

定理 5.4

ベクトル $\boldsymbol{u}_1 = \begin{pmatrix} x_1 \\ y_1 \end{pmatrix}, \boldsymbol{u}_2 = \begin{pmatrix} x_2 \\ y_2 \end{pmatrix}$ について

$$1\text{ 次従属} \quad \Leftrightarrow \quad \begin{vmatrix} x_1 & x_2 \\ y_1 & y_2 \end{vmatrix} = 0, \qquad 1\text{ 次独立} \quad \Leftrightarrow \quad \begin{vmatrix} x_1 & x_2 \\ y_1 & y_2 \end{vmatrix} \neq 0$$

三つのベクトルについても同様であり，

$$\boldsymbol{u}_1 = \begin{pmatrix} x_1 \\ y_1 \\ z_1 \end{pmatrix}, \quad \boldsymbol{u}_2 = \begin{pmatrix} x_2 \\ y_2 \\ z_2 \end{pmatrix}, \quad \boldsymbol{u}_3 = \begin{pmatrix} x_3 \\ y_3 \\ z_3 \end{pmatrix}$$

が 1 次従属ならば

$$k_1\boldsymbol{u}_1 + k_2\boldsymbol{u}_2 + k_3\boldsymbol{u}_3 = \boldsymbol{0}$$

という関係がある．ここで，$k_3 \neq 0$ とすれば，$\left(a = -\dfrac{k_1}{k_3}, b = -\dfrac{k_2}{k_3} \text{ とおいて} \right)$

$$\boldsymbol{u}_3 = -\frac{k_1}{k_3}\boldsymbol{u}_1 - \frac{k_2}{k_3}\boldsymbol{u}_2 = a\boldsymbol{u}_1 + b\boldsymbol{u}_2$$

となり，

$$x_3 = ax_1 + bx_2, \quad y_3 = ay_1 + by_2, \quad z_3 = az_1 + bz_2$$

だから，

$$\begin{aligned} \begin{vmatrix} x_1 & x_2 & x_3 \\ y_1 & y_2 & y_3 \\ z_1 & z_2 & z_3 \end{vmatrix} &= \begin{vmatrix} x_1 & x_2 & ax_1 + bx_2 \\ y_1 & y_2 & ay_1 + by_2 \\ z_1 & z_2 & az_1 + bz_2 \end{vmatrix} \\ &= \begin{vmatrix} x_1 & x_2 & ax_1 \\ y_1 & y_2 & ay_1 \\ z_1 & z_2 & az_1 \end{vmatrix} + \begin{vmatrix} x_1 & x_2 & bx_2 \\ y_1 & y_2 & by_2 \\ z_1 & z_2 & bz_2 \end{vmatrix} = 0 \end{aligned}$$

となる．したがって，次の定理が導かれる．

定理 5.5

ベクトル $\boldsymbol{u}_1, \boldsymbol{u}_2, \boldsymbol{u}_3$ について

$$1\text{ 次従属} \quad \Leftrightarrow \quad \begin{vmatrix} x_1 & x_2 & x_3 \\ y_1 & y_2 & y_3 \\ z_1 & z_2 & z_3 \end{vmatrix} = 0, \qquad 1\text{ 次独立} \quad \Leftrightarrow \quad \begin{vmatrix} x_1 & x_2 & x_3 \\ y_1 & y_2 & y_3 \\ z_1 & z_2 & z_3 \end{vmatrix} \neq 0$$

幾何学的に見ると，空間 $\mathbf{R}^3$ 内の三つのベクトル $\boldsymbol{u}_1$, $\boldsymbol{u}_2$, $\boldsymbol{u}_3$ が 1 次従属であるとは，それらが一つの平面上にあることである．または，各 $\boldsymbol{u}_k$ の位置ベクトルを $\overrightarrow{\mathrm{OP}_k}$ とするとき，4 点 O, P_1, P_2, P_3 が一つの平面上にあるということができる．

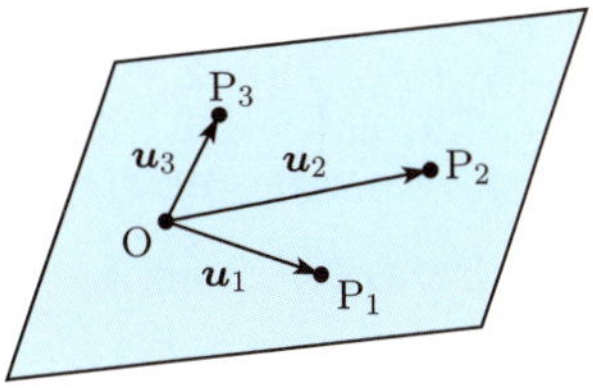

逆に，1 次独立であるとは，それらが一つの平面上にないことを意味する．

定理 5.4 と定理 5.5 から，以下の結論を導くことができる．すなわち，一般に $m \times n$ 行列

$$A = \begin{pmatrix} a_{11} & a_{12} & \cdots & a_{1n} \\ a_{21} & a_{22} & \cdots & a_{2n} \\ \vdots & \vdots & & \vdots \\ a_{m1} & a_{m2} & \cdots & a_{mn} \end{pmatrix}$$

に対して，適当に正方小行列 $A_1, A_2, \ldots$ を取り出す．k 次の小行列は全部で ${}_m\mathrm{C}_k \times {}_n\mathrm{C}_k$ 個とることができる．それぞれの行列式 $|A_1|, |A_2|, \ldots$ を求めたとき，その値が 0 にならないものがあれば，そこに含まれる列ベクトルは 1 次独立である．これを次の例で確認しよう．

例 5.3 $A = \begin{pmatrix} 1 & 2 & 3 & 4 \\ 5 & 6 & 7 & 8 \\ 9 & 10 & 11 & 12 \end{pmatrix}$ に含まれる列ベクトルのうち 1 次独立なものを求めよう．次に，適当に行または列を抜き取ってさまざまな正方行列を考え，その行列式の値を求めよう．

解 列ベクトルを

$$\boldsymbol{u}_1 = \begin{pmatrix} 1 \\ 5 \\ 9 \end{pmatrix}, \quad \boldsymbol{u}_2 = \begin{pmatrix} 2 \\ 6 \\ 10 \end{pmatrix}, \quad \boldsymbol{u}_3 = \begin{pmatrix} 3 \\ 7 \\ 11 \end{pmatrix}, \quad \boldsymbol{u}_4 = \begin{pmatrix} 4 \\ 8 \\ 12 \end{pmatrix}$$

とおく．行の基本変形をすると，

$$A \quad \to \quad \begin{pmatrix} 1 & 0 & -1 & -2 \\ 0 & 1 & 2 & 3 \\ 0 & 0 & 0 & 0 \end{pmatrix} \quad \text{したがって } \operatorname{rank} A = 2$$

となるので，1 次独立なものは $\boldsymbol{u}_1$ と $\boldsymbol{u}_2$ であり，ほかは

$$\boldsymbol{u}_3 = -\boldsymbol{u}_1 + 2\boldsymbol{u}_2, \quad \boldsymbol{u}_4 = -2\boldsymbol{u}_1 + 3\boldsymbol{u}_2$$

と表すことができる．

さて，行列 A に含まれる正方小行列をとってみよう．3 次の行列は全部で 4 個とることができ，たとえば，

$$A_1 = \begin{pmatrix} 1 & 2 & 3 \\ 5 & 6 & 7 \\ 9 & 10 & 11 \end{pmatrix}, \quad A_2 = \begin{pmatrix} 1 & 3 & 4 \\ 5 & 7 & 8 \\ 9 & 11 & 12 \end{pmatrix}, \quad \ldots$$

などであるが，$\operatorname{rank} A = 2$ であることと定理 5.5 により，すべて

$$|A_1| = 0, \quad |A_2| = 0, \quad \ldots$$

となる．次に，2 次の正方小行列をいろいろとってみよう．たとえば，

$$B_1 = \begin{pmatrix} 1 & 2 \\ 5 & 6 \end{pmatrix}, \quad B_2 = \begin{pmatrix} 6 & 8 \\ 10 & 12 \end{pmatrix}, \quad \ldots$$

などをとることができ，

$$|B_1| = -4 \neq 0, \quad |B_2| = -8 \neq 0, \quad \ldots$$

となる．$\operatorname{rank} A = 2$ であるから，すべて $= 0$ となることはない． ■

以上の考察の結果，行列 A のランクは「A に含まれる小行列式のうち値が $\neq 0$ であるものの最大次数」と一致することがわかる．このことと定理 4.4 により，定理 3.4 の等式

$$\operatorname{rank} A = \operatorname{rank}({}^t A)$$

が導かれる．

練習問題

問 5.3 次の条件を満たす a の値を求めよ．

(1) ベクトル $\begin{pmatrix} 2 \\ -3 \end{pmatrix}$ と $\begin{pmatrix} -5 \\ a \end{pmatrix}$ は平行である．

(2) ベクトル $\begin{pmatrix} 2 \\ -3 \\ 4 \end{pmatrix}, \begin{pmatrix} 1 \\ 0 \\ -5 \end{pmatrix}, \begin{pmatrix} a \\ -1 \\ 3 \end{pmatrix}$ が同一平面上にある．

問 5.4 ベクトル $\begin{pmatrix} 7 \\ 13 \\ -16 \end{pmatrix}$, $\begin{pmatrix} -6 \\ -3 \\ 12 \end{pmatrix}$, $\begin{pmatrix} 5 \\ 11 \\ -12 \end{pmatrix}$ は 1 次独立かどうか調べよ.

5.3 図形と行列式

直線や平面の方程式, また, 平行四辺形あるいは三角形の面積も, それぞれ特徴的な行列式で表すことができる.

公式 5.1

平面上の 2 点 $A(a_1, a_2)$, $B(b_1, b_2)$ を通る直線の方程式は

$$\begin{vmatrix} 1 & x & y \\ 1 & a_1 & a_2 \\ 1 & b_1 & b_2 \end{vmatrix} = 0$$

証明 (1) $a_1 \neq b_1$ のとき, 2 点を通る直線の式 $y - a_2 = \dfrac{b_2 - a_2}{b_1 - a_1}(x - a_1)$ から

$$(x - a_1)(b_2 - a_2) = (y - a_2)(b_1 - a_1)$$

となる. これを行列式で表すと

$$\begin{vmatrix} 1 & x & y \\ 0 & x - a_1 & y - a_2 \\ 0 & b_1 - a_1 & b_2 - a_2 \end{vmatrix} = 0$$

となり, これを変形すると上の公式が得られる.

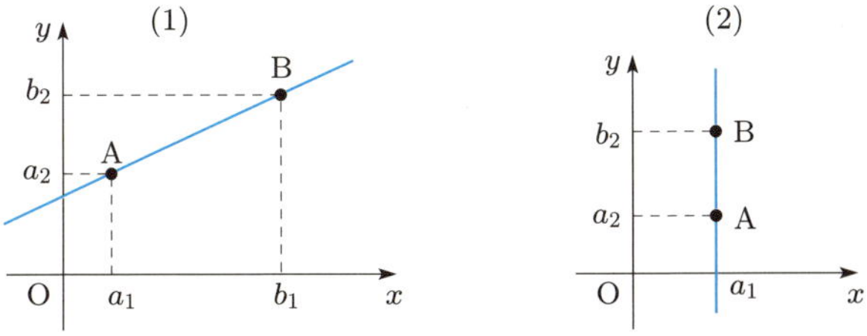

(2) $a_1 = b_1$ $(a_2 \neq b_2)$ のとき, 直線の式は $x = a_1$ となるが, これは上の公式からも導かれる. ■

例 5.4 2 点 $A(1, 2)$, $B(3, 4)$ を通る直線の方程式は, $\begin{vmatrix} 1 & x & y \\ 1 & 1 & 2 \\ 1 & 3 & 4 \end{vmatrix} = 0$ より $y = x + 1$ である.

公式 5.2

平面上の 3 点 $A(a_1, a_2)$, $B(b_1, b_2)$, $C(c_1, c_2)$ が一直線上にある条件式は

$$\begin{vmatrix} 1 & a_1 & a_2 \\ 1 & b_1 & b_2 \\ 1 & c_1 & c_2 \end{vmatrix} = 0$$

証明　公式 5.1 から得られるが，次のように導くこともできる．3 点が一直線 $px + qy + r = 0$ 上にあるなら $\begin{cases} pa_1 + qa_2 + r = 0 \\ pb_1 + qb_2 + r = 0 \\ pc_1 + qc_2 + r = 0 \end{cases}$ であるが，これは連立 1 次方程式 $\begin{cases} a_1x + a_2y + z = 0 \\ b_1x + b_2y + z = 0 \\ c_1x + c_2y + z = 0 \end{cases}$ が自明でない解 (p, q, r) をもつことを意味するので，定理 5.3 よりその係数行列式の値は 0 である． ■

例 5.5　2 点 $A(2, 0)$, $B(-3, 5)$ を通る直線と放物線 $y = x^2$ の交点の座標を求めよう．

解　交点を $P(x, x^2)$ とすると，3 点 A, B, P が一直線上にあるので，

$$\begin{vmatrix} 1 & 2 & 0 \\ 1 & -3 & 5 \\ 1 & x & x^2 \end{vmatrix} = -5x^2 - 5x + 10 = 0 \qquad \text{より} \quad x = 1, -2$$

となる．したがって，交点の座標は $(1, 1)$ と $(-2, 4)$ である． ■

公式 5.3

2 点 $A(a_1, a_2)$, $B(b_1, b_2)$ があるとき，三角形 OAB の面積は

$$S = \frac{1}{2} \operatorname{abs} \begin{vmatrix} a_1 & a_2 \\ b_1 & b_2 \end{vmatrix}$$

証明　下図のように，辺 OA, OB と x 軸の正の方向とのなす角をそれぞれ θ_1, θ_2 とし，$\theta = |\theta_2 - \theta_1|$ とおくと，$\sin\theta = |\sin(\theta_2 - \theta_1)|$ だから，次のようになる．

$$\begin{aligned} S &= \frac{1}{2}\mathrm{OA}\cdot\mathrm{OB}|\sin(\theta_2 - \theta_1)| \\ &= \frac{1}{2}\mathrm{OA}\cdot\mathrm{OB}|\sin\theta_2\cos\theta_1 - \cos\theta_2\sin\theta_1| \\ &= \frac{1}{2}\mathrm{OA}\cdot\mathrm{OB}\left|\frac{b_2}{\mathrm{OB}}\frac{a_1}{\mathrm{OA}} - \frac{b_1}{\mathrm{OB}}\frac{a_2}{\mathrm{OA}}\right| \\ &= \frac{1}{2}\mathrm{OA}\cdot\mathrm{OB}\frac{|b_2a_1 - b_1a_2|}{\mathrm{OB}\cdot\mathrm{OA}} \\ &= \frac{1}{2}|b_2a_1 - b_1a_2| \\ &= \frac{1}{2}\operatorname{abs}\begin{vmatrix} a_1 & a_2 \\ b_1 & b_2 \end{vmatrix} \end{aligned}$$ ■

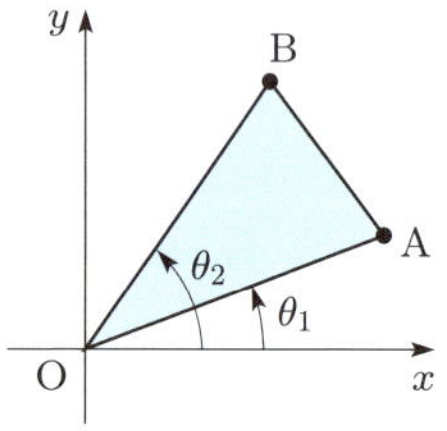

この公式から次の定理が得られる.

定理 5.6

2次の行列式の絶対値は，平面上の二つの列ベクトル（または行ベクトル）を2辺とする平行四辺形の面積を表す.

この定理 5.6 から，2次の行列 A によるベクトルの変換をすれば，図形の面積は $|A|$ の絶対値倍になることがわかる．このことを例 2.19 について考えてみよう.

4点 $\mathrm{O}(0,0)$, $\mathrm{P}(1,0)$, $\mathrm{Q}(1,1)$, $\mathrm{R}(0,1)$ を頂点とする正方形が行列 $\begin{pmatrix} 1 & 2 \\ -3 & 4 \end{pmatrix}$ による変換の結果，点 $\mathrm{O}(0,0)$, $\mathrm{P}'(1,-3)$, $\mathrm{Q}'(3,1)$, $\mathrm{R}'(2,4)$ を頂点とする平行四辺形に変形される．正方形 OPQR の面積は 1 であり，平行四辺形 $\mathrm{OP'Q'R'}$ の面積は定理 5.6 から $\mathrm{abs}\begin{vmatrix} 1 & 2 \\ -3 & 4 \end{vmatrix} = 10$ である.

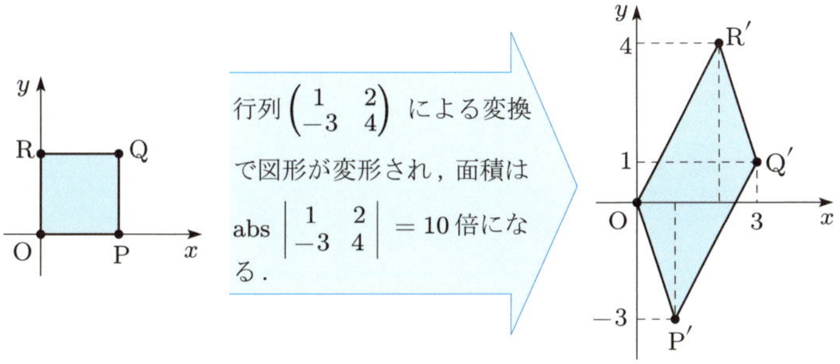

さらに，3次の行列 A によるベクトルの変換をすると，図形の体積が $|A|$ の絶対値倍になる（問 5.12 参照）．このように，行列と行列式は密接に関連している.

公式 5.4

平面上の3点 $\mathrm{A}(a_1, a_2)$, $\mathrm{B}(b_1, b_2)$, $\mathrm{C}(c_1, c_2)$ を頂点とする三角形 ABC の面積は

$$S = \frac{1}{2}\,\mathrm{abs}\begin{vmatrix} 1 & a_1 & a_2 \\ 1 & b_1 & b_2 \\ 1 & c_1 & c_2 \end{vmatrix}$$

証明 点 A を原点に重なるように平行移動すれば，点 B, C はそれぞれ

$$\mathrm{B}'(b_1 - a_1, b_2 - a_2), \quad \mathrm{C}'(c_1 - a_1, c_2 - a_2)$$

となり，三角形 $\mathrm{OB'C'}$ の面積 S は，公式 5.3 より次のようになる.

$$S = \frac{1}{2}\,\mathrm{abs}\begin{vmatrix} b_1 - a_1 & b_2 - a_2 \\ c_1 - a_1 & c_2 - a_2 \end{vmatrix} = \frac{1}{2}\,\mathrm{abs}\begin{vmatrix} 1 & a_1 & a_2 \\ 0 & b_1 - a_1 & b_2 - a_2 \\ 0 & c_1 - a_1 & c_2 - a_2 \end{vmatrix}$$

$$= \frac{1}{2}\,\mathrm{abs}\begin{vmatrix} 1 & a_1 & a_2 \\ 1 & b_1 & b_2 \\ 1 & c_1 & c_2 \end{vmatrix}$$

■

公式 5.5

平面上の 3 直線

$$a_1x + b_1y + c_1 = 0, \quad a_2x + b_2y + c_2 = 0, \quad a_3x + b_3y + c_3 = 0$$

が 1 点で交わるための条件は，$\begin{vmatrix} a_1 & b_1 & c_1 \\ a_2 & b_2 & c_2 \\ a_3 & b_3 & c_3 \end{vmatrix} = 0$ である．

証明 その交点を (x_0, y_0) とすれば，連立 1 次方程式

$$a_1x + b_1y + c_1z = 0, \quad a_2x + b_2y + c_2z = 0, \quad a_3x + b_3y + c_3z = 0$$

が自明でない解 $x = x_0$, $y = y_0$, $z = 1$ をもつことになり，定理 5.3 より係数行列が正則でない．すなわち，$\begin{vmatrix} a_1 & b_1 & c_1 \\ a_2 & b_2 & c_2 \\ a_3 & b_3 & c_3 \end{vmatrix} = 0$ である．

■

公式 5.6

空間内の 4 点

$$\mathrm{A}(a_1, a_2, a_3), \quad \mathrm{B}(b_1, b_2, b_3), \quad \mathrm{C}(c_1, c_2, c_3), \quad \mathrm{D}(d_1, d_2, d_3)$$

が同一平面上にあるための条件式は

$$\begin{vmatrix} 1 & a_1 & a_2 & a_3 \\ 1 & b_1 & b_2 & b_3 \\ 1 & c_1 & c_2 & c_3 \\ 1 & d_1 & d_2 & d_3 \end{vmatrix} = 0$$

証明 4 点 A, B, C, D が平面 $pX + qY + rZ + s = 0$ 上にあるなら，

$$\begin{cases} pa_1 + qa_2 + ra_3 + s = 0 \\ pb_1 + qb_2 + rb_3 + s = 0 \\ pc_1 + qc_2 + rc_3 + s = 0 \\ pd_1 + qd_2 + rd_3 + s = 0 \end{cases}$$

である．これは X, Y, Z, W を未知数とする連立方程式

$$\begin{cases} a_1X + a_2Y + a_3Z + W = 0 \\ b_1X + b_2Y + b_3Z + W = 0 \\ c_1X + c_2Y + c_3Z + W = 0 \\ d_1X + d_2Y + d_3Z + W = 0 \end{cases}$$

が自明でない解 (p, q, r, s) をもつことを意味するので，定理 5.3 より，その係数行列式の値は 0 である． ■

この公式は定理 5.5 から導くこともできる．また，この公式から次の公式が得られる．

公式 5.7

空間内の 3 点 $\mathrm{A}(a_1, a_2, a_3)$, $\mathrm{B}(b_1, b_2, b_3)$, $\mathrm{C}(c_1, c_2, c_3)$ を通る平面の方程式は

$$\begin{vmatrix} 1 & x & y & z \\ 1 & a_1 & a_2 & a_3 \\ 1 & b_1 & b_2 & b_3 \\ 1 & c_1 & c_2 & c_3 \end{vmatrix} = 0$$

練習問題

この節の公式を用いて，以下の問いを考えよ．

問 5.5　2 点 $\mathrm{A}(5, -2)$, $\mathrm{B}(2, 6)$ を通る直線の方程式を求めよ．

問 5.6　3 点 $\mathrm{A}(a, 3)$, $\mathrm{B}(-4, 9)$, $\mathrm{C}(1, 7)$ が一直線上にあるように a の値を定めよ．

問 5.7　2 点 $\mathrm{A}(-3, -2)$, $\mathrm{B}(6, 3)$ を通る直線と直線 $2x + y - 3 = 0$ の交点の座標を求めよ．

問 5.8　3 点 $\mathrm{A}(2, 3)$, $\mathrm{B}(-4, 9)$, $\mathrm{C}(1, 7)$ があるとき，

(1)　この 3 点を頂点とする三角形の面積を求めよ．

(2)　三角形 OAC の面積を求めよ．

(3)　OA, OB を辺にもつ平行四辺形の面積を求めよ．

問 5.9　平面上で，次の 3 直線が 1 点で交わるように a の値を定めよ．

(1)　$y = x + 2$, $y = -2x + a$, $y = 3x - 2$

(2)　$y = ax - 3$, $y = 2x - 1$, $y = -2x + 3$

問 5.10　空間 $\mathbf{R}^3$ 内で，次の平面の式を求めよ．

(1)　3 点 $\mathrm{A}(1, 4, 2)$, $\mathrm{B}(3, -2, 0)$, $\mathrm{C}(2, 1, 3)$ を通る平面

(2)　3 点 $\mathrm{O}(0, 0, 0)$, $\mathrm{A}(1, 2, 3)$, $\mathrm{B}(-2, 1, -1)$ を通る平面

問 5.11　行列 $A = \begin{pmatrix} a & b \\ c & d \end{pmatrix}$ の列ベクトルを $\boldsymbol{a} = \begin{pmatrix} a \\ c \end{pmatrix}$, $\boldsymbol{b} = \begin{pmatrix} b \\ d \end{pmatrix}$ とおくとき，次の等式が成り立つことを証明せよ．

$$|A|^2 = \begin{vmatrix} \boldsymbol{a} \cdot \boldsymbol{a} & \boldsymbol{a} \cdot \boldsymbol{b} \\ \boldsymbol{a} \cdot \boldsymbol{b} & \boldsymbol{b} \cdot \boldsymbol{b} \end{vmatrix}$$

← 右辺をグラムの行列式という

また，この等式を用いて公式 5.3 を導け．

問 5.12　三つのベクトル $\boldsymbol{a} = \begin{pmatrix} a_1 \\ a_2 \\ a_3 \end{pmatrix}, \boldsymbol{b} = \begin{pmatrix} b_1 \\ b_2 \\ b_3 \end{pmatrix}, \boldsymbol{c} = \begin{pmatrix} c_1 \\ c_2 \\ c_3 \end{pmatrix}$ があるとき，これらを列ベクトルに含む行列式 $\begin{vmatrix} a_1 & b_1 & c_1 \\ a_2 & b_2 & c_2 \\ a_3 & b_3 & c_3 \end{vmatrix}$ の絶対値は，$\boldsymbol{a}, \boldsymbol{b}, \boldsymbol{c}$ を 3 辺とする平行六面体の体積に等しいことを示せ．

問 5.13　空間内に 4 点 $\mathrm{A}(a_1, a_2, a_3)$, $\mathrm{B}(b_1, b_2, b_3)$, $\mathrm{C}(c_1, c_2, c_3)$, $\mathrm{D}(d_1, d_2, d_3)$ があるとき，これらを頂点とする 4 面体の体積 V は次の公式で得られることを示せ．

$$V = \frac{1}{6} \operatorname{abs} \begin{vmatrix} 1 & a_1 & a_2 & a_3 \\ 1 & b_1 & b_2 & b_3 \\ 1 & c_1 & c_2 & c_3 \\ 1 & d_1 & d_2 & d_3 \end{vmatrix}$$

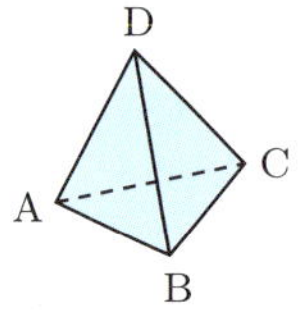

6 固有値とその応用

正方行列がベクトルを別のベクトルに移す働き（変換）について詳しく考えると，そこには正方行列が固有にもっている特別な値があることがわかる．

6.1 固有値と固有ベクトル

まず，平面上の点やベクトルが正方行列によってどのように移されるか考えてみよう．

例 6.1 行列 $A = \begin{pmatrix} -2 & 2 \\ -2 & 3 \end{pmatrix}$ による変換で，いくつかの点やベクトルがどのように移されるか調べ，また，その変換で動かない直線があるかどうか考えよう．

解 4 点 O$(0,0)$, P$(1,0)$, Q$(1,1)$, R$(0,1)$ を頂点とする正方形は，行列 A による変換の結果，点 O$(0,0)$, P$'(-2,-2)$, Q$'(0,1)$, R$'(2,3)$ を頂点とする平行四辺形に変形される．

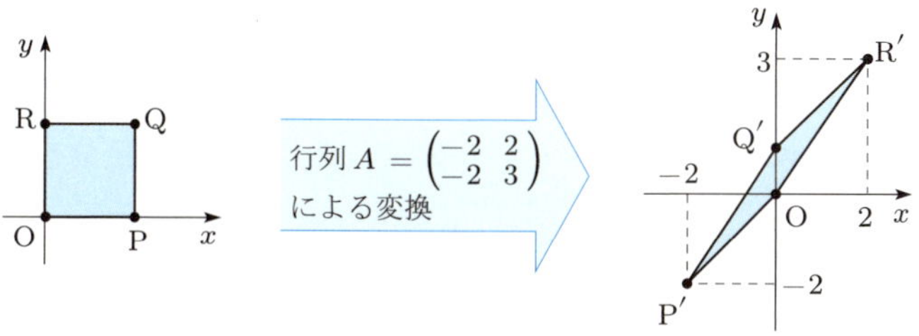

ベクトルについて見れば，

$$\overrightarrow{\mathrm{OP}} = \begin{pmatrix} 1 \\ 0 \end{pmatrix} \Rightarrow \overrightarrow{\mathrm{OP'}} = \begin{pmatrix} -2 \\ -2 \end{pmatrix}, \quad \overrightarrow{\mathrm{OR}} = \begin{pmatrix} 0 \\ 1 \end{pmatrix} \Rightarrow \overrightarrow{\mathrm{OR'}} = \begin{pmatrix} 2 \\ 3 \end{pmatrix}$$

のように移され，向きも大きさも変化している．ベクトル $\overrightarrow{\mathrm{OP}}$, $\overrightarrow{\mathrm{OR}}$ は基本ベクトルだから，それらが変われば，ほかのすべてのベクトルも変わることになる．それでは，次の二つのベクトル

$$\boldsymbol{u}_1 = \begin{pmatrix} 2 \\ 1 \end{pmatrix}, \quad \boldsymbol{u}_2 = \begin{pmatrix} 1 \\ 2 \end{pmatrix}$$

について，どう変わるか調べてみよう．

$$A\boldsymbol{u}_1 = \begin{pmatrix} -2 & 2 \\ -2 & 3 \end{pmatrix}\begin{pmatrix} 2 \\ 1 \end{pmatrix} = \begin{pmatrix} -2 \\ -1 \end{pmatrix} = -\begin{pmatrix} 2 \\ 1 \end{pmatrix} = -\boldsymbol{u}_1 \quad \text{すなわち} \quad A\boldsymbol{u}_1 = -\boldsymbol{u}_1 \quad \cdots①$$

$$A\boldsymbol{u}_2 = \begin{pmatrix} -2 & 2 \\ -2 & 3 \end{pmatrix}\begin{pmatrix} 1 \\ 2 \end{pmatrix} = \begin{pmatrix} 2 \\ 4 \end{pmatrix} = 2\begin{pmatrix} 1 \\ 2 \end{pmatrix} = 2\boldsymbol{u}_2 \quad \text{すなわち} \quad A\boldsymbol{u}_2 = 2\boldsymbol{u}_2 \quad \cdots②$$

これより，次のような結果になることがわかる．

① ベクトル $\boldsymbol{u}_1 = \begin{pmatrix} 2 \\ 1 \end{pmatrix}$ は，向きが逆向きに変換される．

② ベクトル $\boldsymbol{u}_2 = \begin{pmatrix} 1 \\ 2 \end{pmatrix}$ は，向きは変わらず，大きさが 2 倍される．

また，直線 $y = 2x$ と $y = \dfrac{x}{2}$ は A による変換で動かないこともわかる． ■

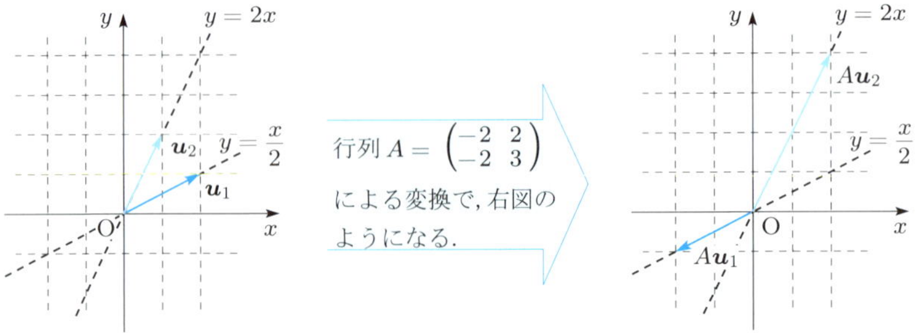

一般に，正方行列 A による変換を考えるとき，

$$A\boldsymbol{v} = \lambda\boldsymbol{v} \qquad (\text{ただし } \boldsymbol{v} \neq \boldsymbol{0}) \qquad \cdots(※)$$

となるスカラー $\lambda \in \mathbf{R}$ とベクトル $\boldsymbol{v}$ があるならば，λ を**固有値**，$\boldsymbol{v}$ を**固有ベクトル**という．上の例 6.1 の場合，行列 $\begin{pmatrix} -2 & 2 \\ -2 & 3 \end{pmatrix}$ の固有値は -1 と 2 であり，固有値 -1 に対する固有ベクトルは $\begin{pmatrix} 2 \\ 1 \end{pmatrix}$，固有値 2 に対する固有ベクトルは $\begin{pmatrix} 1 \\ 2 \end{pmatrix}$ である．ただし，一つの固有値に対して固有ベクトルは一つだけでなく，無数にある．たとえば，固有値 -1 に対する固有ベクトルは $\begin{pmatrix} 4 \\ 2 \end{pmatrix}, \begin{pmatrix} 6 \\ 3 \end{pmatrix}, \begin{pmatrix} -2 \\ -1 \end{pmatrix}, \begin{pmatrix} 1 \\ 1/2 \end{pmatrix}$ など無数にあるので，それらをまとめて固有ベクトルは

$$a\begin{pmatrix} 2 \\ 1 \end{pmatrix} \qquad (\text{ただし } a \text{ は } 0 \text{ でない任意定数})$$

と表す．固有値 2 に対する固有ベクトルについても同様である．

上の式（※）から

$$A\boldsymbol{v} - \lambda\boldsymbol{v} = (A - \lambda E)\boldsymbol{v} = \boldsymbol{0}$$

となり，これが自明でない解をもつための条件を考えると，固有値は

$$|A - \lambda E| = 0$$

← これを固有方程式という

の解であり，固有ベクトルは

$$(A - \lambda E)\boldsymbol{v} = \boldsymbol{0}$$

を満たす（$\boldsymbol{0}$ でない）ベクトルである．

注 本書では，固有値を表す記号にギリシャ文字 λ（ラムダ）を使う．固有方程式の左辺は λ に関する多項式であり，これを**固有多項式**という．なお，固有方程式と固有ベクトルを求める式を，2 次と 3 次の場合について成分を用いてまとめておこう．

行列	固有方程式	固有ベクトルを求める式
$\begin{pmatrix} a & b \\ c & d \end{pmatrix}$	$\begin{vmatrix} a-\lambda & b \\ c & d-\lambda \end{vmatrix} = 0$ ★	$\begin{pmatrix} a-\lambda & b \\ c & d-\lambda \end{pmatrix}\begin{pmatrix} x \\ y \end{pmatrix} = \begin{pmatrix} 0 \\ 0 \end{pmatrix}$
$\begin{pmatrix} a_1 & a_2 & a_3 \\ b_1 & b_2 & b_3 \\ c_1 & c_2 & c_3 \end{pmatrix}$	$\begin{vmatrix} a_1-\lambda & a_2 & a_3 \\ b_1 & b_2-\lambda & b_3 \\ c_1 & c_2 & c_3-\lambda \end{vmatrix} = 0$	$\begin{pmatrix} a_1-\lambda & a_2 & a_3 \\ b_1 & b_2-\lambda & b_3 \\ c_1 & c_2 & c_3-\lambda \end{pmatrix}\begin{pmatrix} x \\ y \\ z \end{pmatrix} = \begin{pmatrix} 0 \\ 0 \\ 0 \end{pmatrix}$

★ 2 次の場合，固有方程式は公式 6.1 で表されるものを使うことが多い．

例 6.2 行列 $A = \begin{pmatrix} 0 & 2 \\ 4 & -2 \end{pmatrix}$ の固有値と固有ベクトルを求めよう．

解 固有方程式

$$\begin{vmatrix} -\lambda & 2 \\ 4 & -2-\lambda \end{vmatrix} = \lambda^2 + 2\lambda - 8 = (\lambda + 4)(\lambda - 2) = 0$$

より，固有値は $\lambda = -4, 2$ である．

固有値 $\lambda = -4$ に対する固有ベクトル $\boldsymbol{v} = \begin{pmatrix} x \\ y \end{pmatrix}$ は，

$$\begin{pmatrix} 4 & 2 \\ 4 & 2 \end{pmatrix}\begin{pmatrix} x \\ y \end{pmatrix} = \begin{pmatrix} 0 \\ 0 \end{pmatrix} \qquad \therefore 2x + y = 0$$

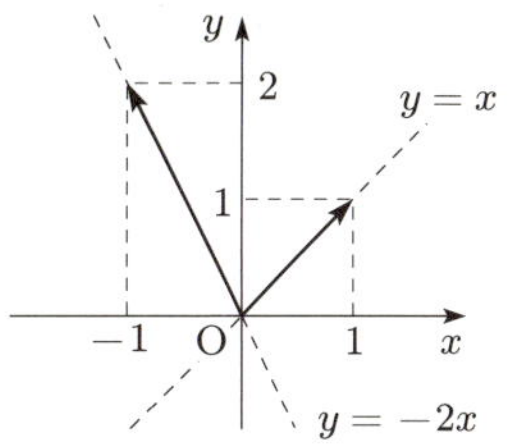

より，原点を通る直線 $y = -2x$ 上のベクトル（ただし $\boldsymbol{0}$ でない）となり，それは

$$\boldsymbol{v} = a\begin{pmatrix} -1 \\ 2 \end{pmatrix} \qquad (\text{ただし } a \text{ は } 0 \text{ でない任意定数})$$

と表される．また，固有値 $\lambda = 2$ に対する固有ベクトルは，

$$\begin{pmatrix} -2 & 2 \\ 4 & -4 \end{pmatrix}\begin{pmatrix} x \\ y \end{pmatrix} = \begin{pmatrix} 0 \\ 0 \end{pmatrix} \qquad \therefore -x + y = 0$$

より，原点を通る直線 $y = x$ 上のベクトルとなり，

$$\boldsymbol{v} = b\begin{pmatrix} 1 \\ 1 \end{pmatrix} \qquad (\text{ただし } b \text{ は } 0 \text{ でない任意定数})$$

と表される. ■

☑注　この行列 $A = \begin{pmatrix} 0 & 2 \\ 4 & -2 \end{pmatrix}$ による変換を考えるとき，直線 $y = -2x$ 上のベクトルは逆向きとなり大きさが 4 倍にされ，また直線 $y = x$ 上のベクトルは大きさが 2 倍にされるが，直線 $y = -2x$ と $y = x$ そのものは動かない.

定理 6.1

行列 A に対して，0 でない固有値とその固有ベクトルを求めたとき，その固有ベクトルが乗っている直線は，A による変換で動かない.

正方行列 A に対して，対角成分の和を**トレース**といい，$\mathbf{tr}\, \boldsymbol{A}$ と表す．一般に次のことが成り立つ.

定理 6.2

2 次の行列 A の固有方程式は，（複素数の場合や重解の場合も含めて）2 個の解（固有値）をもつ．それらを λ_1, λ_2 とするとき，次の等式が成り立つ.

$$|A| = \lambda_1 \times \lambda_2, \quad \mathrm{tr}\, A = \lambda_1 + \lambda_2$$

証明　$A = \begin{pmatrix} a & b \\ c & d \end{pmatrix}$ とするとき，固有方程式は

$$|A - \lambda E| = \begin{vmatrix} a - \lambda & b \\ c & d - \lambda \end{vmatrix} = (\lambda - \lambda_1)(\lambda - \lambda_2)$$

であり，両辺を展開すると

$$\lambda^2 - (a + d)\lambda + (ad - bc) = \lambda^2 - (\lambda_1 + \lambda_2)\lambda + \lambda_1\lambda_2$$

となる．したがって，$\lambda_1 + \lambda_2 = a + d = \mathrm{tr}\, A$ であり，$\lambda_1\lambda_2 = ad - bc = |A|$ となる. ■

この定理から次の公式が得られ，これはよく使われるので，重要である.

公式 6.1　2 次の正方行列 A に対する固有方程式

$$\boldsymbol{\lambda^2 - (\mathrm{tr}\, A)\lambda + |A| = 0}$$

例 6.3　行列 $A = \begin{pmatrix} -1 & 1 & 2 \\ -1 & 2 & 3 \\ 4 & -1 & 1 \end{pmatrix}$ の固有値と固有ベクトルを求めよう.

解　固有方程式 $\begin{vmatrix} -1-\lambda & 1 & 2 \\ -1 & 2-\lambda & 3 \\ 4 & -1 & 1-\lambda \end{vmatrix} = 0$ より，固有値 $\lambda = 3, 1, -2$ が得られる.

$\lambda = 3$ に対する固有ベクトルは，

$$\begin{pmatrix} -4 & 1 & 2 \\ -1 & -1 & 3 \\ 4 & -1 & -2 \end{pmatrix}\begin{pmatrix} x \\ y \\ z \end{pmatrix} = \begin{pmatrix} 0 \\ 0 \\ 0 \end{pmatrix} \quad \therefore x = \frac{y}{2} = z \quad \cdots ①$$

より，直線 ① 上のベクトルであり，すなわち $a\begin{pmatrix} 1 \\ 2 \\ 1 \end{pmatrix}$ である．

$\lambda = 1$ に対する固有ベクトルは，

$$\begin{pmatrix} -2 & 1 & 2 \\ -1 & 1 & 3 \\ 4 & -1 & 0 \end{pmatrix}\begin{pmatrix} x \\ y \\ z \end{pmatrix} = \begin{pmatrix} 0 \\ 0 \\ 0 \end{pmatrix} \quad \therefore x = \frac{y}{4} = -z \quad \cdots ②$$

より，直線 ② 上のベクトルであり，すなわち $b\begin{pmatrix} 1 \\ 4 \\ -1 \end{pmatrix}$ である．

$\lambda = -2$ に対する固有ベクトルは，

$$\begin{pmatrix} 1 & 1 & 2 \\ -1 & 4 & 3 \\ 4 & -1 & 3 \end{pmatrix}\begin{pmatrix} x \\ y \\ z \end{pmatrix} = \begin{pmatrix} 0 \\ 0 \\ 0 \end{pmatrix} \quad \therefore x = y = -z \quad \cdots ③$$

より，直線 ③ 上のベクトルであり，すなわち $c\begin{pmatrix} 1 \\ 1 \\ -1 \end{pmatrix}$ である．

ただし，a, b, c は 0 でない任意定数とする． ■

☑**注**　行列 $\begin{pmatrix} -1 & 1 & 2 \\ -1 & 2 & 3 \\ 4 & -1 & 1 \end{pmatrix}$ による変換を考えるとき，直線 ①，②，③ は動かないことがわかる．また，上の三つの固有ベクトル $\begin{pmatrix} 1 \\ 2 \\ 1 \end{pmatrix}, \begin{pmatrix} 1 \\ 4 \\ -1 \end{pmatrix}, \begin{pmatrix} 1 \\ 1 \\ -1 \end{pmatrix}$ は 1 次独立であることに注意しよう．一般に，次のことが成り立つ．

定理 6.3

一般に，行列 A の固有値 $\lambda_1, \lambda_2, \ldots, \lambda_n$ が相異なるとき，それらに対する固有ベクトル $\boldsymbol{v}_1, \boldsymbol{v}_2, \ldots, \boldsymbol{v}_n$ は互いに 1 次独立である．

証明　二つの場合について説明するが，三つ以上の場合も同様である．もし固有値 λ_1, λ_2 に対する固有ベクトル $\boldsymbol{v}_1, \boldsymbol{v}_2$ が 1 次従属ならば，

$$k\boldsymbol{v}_1 - \boldsymbol{v}_2 = \boldsymbol{0} \quad (k \neq 0)$$

と表すことができるから，

$$A(k\boldsymbol{v}_1 - \boldsymbol{v}_2) = kA\boldsymbol{v}_1 - A\boldsymbol{v}_2 = k\lambda_1\boldsymbol{v}_1 - \lambda_2\boldsymbol{v}_2 = k(\lambda_1 - \lambda_2)\boldsymbol{v}_1 = \boldsymbol{0}$$

となる．しかし，$\lambda_1 \neq \lambda_2$ かつ $k \neq 0$ だから $k(\lambda_1 - \lambda_2)\boldsymbol{v}_1 \neq \boldsymbol{0}$ であり，矛盾． ■

この定理の逆は成り立たない．すなわち，互いに1次独立な複数の固有ベクトルが同一の固有値から出てくることがある．

例 6.4 行列 $A=\begin{pmatrix}1&1&1\\1&1&1\\1&1&1\end{pmatrix}$ の固有値と固有ベクトルを求めよう．

解 固有方程式 $\begin{vmatrix}1-\lambda&1&1\\1&1-\lambda&1\\1&1&1-\lambda\end{vmatrix}=0$ より，固有値は $\lambda=3,0$（0 は重解）．

$\lambda=3$ に対する固有ベクトルは，

$$\begin{pmatrix}-2&1&1\\1&-2&1\\1&1&-2\end{pmatrix}\begin{pmatrix}x\\y\\z\end{pmatrix}=\begin{pmatrix}0\\0\\0\end{pmatrix}\qquad\therefore x=y=z$$

より，原点を通る直線 $x=y=z$ 上のベクトル（ただし $\mathbf{0}$ でない）となり，

$$a\begin{pmatrix}1\\1\\1\end{pmatrix}\qquad（ただし\ a\ は\ 0\ でない任意定数）$$

である．$\lambda=0$ に対する固有ベクトルは，

$$\begin{pmatrix}1&1&1\\1&1&1\\1&1&1\end{pmatrix}\begin{pmatrix}x\\y\\z\end{pmatrix}=\begin{pmatrix}0\\0\\0\end{pmatrix}\qquad\therefore x+y+z=0$$

より，原点を通る平面 $x+y+z=0$ 上のベクトル（ただし $\mathbf{0}$ でない）となる．この平面上に1次独立な二つのベクトルをとることができ，たとえば，

$$b\begin{pmatrix}1\\-1\\0\end{pmatrix},\quad c\begin{pmatrix}1\\0\\-1\end{pmatrix}\qquad（ただし\ b, c\ は\ 0\ でない任意定数）$$

となる． ■

☑注 または，平面 $x+y+z=0$ 上に互いに直交する二つのベクトルをとって，たとえば

$$b\begin{pmatrix}1\\-1\\0\end{pmatrix},\quad c\begin{pmatrix}1\\1\\-2\end{pmatrix}\qquad（ただし\ b, c\ は\ 0\ でない任意定数）$$

とすることもできる．その違いについては，問 7.20 (4) の解答参照．なお，この例の行列による変換を考えるとき，直線 $x=y=z$ と平面 $x+y+z=0$ は動かないことがわかる．また，ベクトル $a\begin{pmatrix}1\\1\\1\end{pmatrix}$ は平面 $x+y+z=0$ の法線ベクトルである．

3次の行列についても，定理 6.2 と同様な関係式がある．

定理 6.4

3 次の行列 A の固有方程式は，（複素数の場合や重解の場合も含めて）3 個の解（固有値）をもつ．それらを $\lambda_1, \lambda_2, \lambda_3$ とするとき，次の等式が成り立つ．

$$|A| = \lambda_1 \times \lambda_2 \times \lambda_3, \quad \mathrm{tr}\, A = \lambda_1 + \lambda_2 + \lambda_3$$

証明　$A = \begin{pmatrix} a_{11} & a_{12} & a_{13} \\ a_{21} & a_{22} & a_{23} \\ a_{31} & a_{32} & a_{33} \end{pmatrix}$ とおくと

$$|A - \lambda E| = \begin{vmatrix} a_{11} - \lambda & a_{12} & a_{13} \\ a_{21} & a_{22} - \lambda & a_{23} \\ a_{31} & a_{32} & a_{33} - \lambda \end{vmatrix} = (-1)^3(\lambda - \lambda_1)(\lambda - \lambda_2)(\lambda - \lambda_3)$$

であり，ここで，$\lambda = 0$ とすると

$$|A| = (-1)^3(-\lambda_1)(-\lambda_2)(-\lambda_3) = \lambda_1\lambda_2\lambda_3$$

となる．また，行列式 $|A - \lambda E|$ を展開し，整頓すると

$$-\lambda^3 + (a_{11} + a_{22} + a_{33})\lambda^2 + b\lambda + c$$

の形になる．ただし，ここで，b, c は a_{11}, a_{22}, a_{33} からなる式であるが，証明に直接関係ない部分なので，詳しく表記しない．他方，$(-1)^3(\lambda - \lambda_1)(\lambda - \lambda_2)(\lambda - \lambda_3)$ を展開し，λ^2 の項を見れば，

$$(\lambda_1 + \lambda_2 + \lambda_3)\lambda^2$$

なので，

$$\mathrm{tr}\, A = a_{11} + a_{22} + a_{33} = \lambda_1 + \lambda_2 + \lambda_3$$

が示される．■

上の証明をそのまま一般化して，n 次の場合の定理にすることができる．

次は簡単に証明できることであるが，重要なことでもあるのでここに示しておこう．

定理 6.5

対角行列または三角行列の場合，対角成分そのものが固有値である．

例 6.5　$\begin{pmatrix} a & 0 \\ 0 & b \end{pmatrix}$ の固有値は a, b である．$\begin{pmatrix} 2 & 0 & 0 \\ 3 & 4 & 0 \\ 5 & 6 & 7 \end{pmatrix}$ の固有値は 2, 4, 7 である．

練習問題

問 6.1　行列 $A = \begin{pmatrix} 3 & -1 \\ 4 & -2 \end{pmatrix}$ によるベクトルの変換で直線 $y = 4x$ と $y = x$ は動かないことを

確かめよ．

問 6.2　行列 $A=\begin{pmatrix}0&1&1\\1&0&1\\1&1&0\end{pmatrix}$ による変換で動かない直線と平面があることを確かめよ．

問 6.3　次の行列の固有値と，実数値の固有値に対する固有ベクトルを求めよ．

(1) $\begin{pmatrix}4&-5\\2&-3\end{pmatrix}$　(2) $\begin{pmatrix}1&2\\2&-2\end{pmatrix}$　(3) $\begin{pmatrix}\cos\theta&-\sin\theta\\\sin\theta&\cos\theta\end{pmatrix}$

問 6.4　次の行列の固有値と，実数値の固有値に対する固有ベクトルを求めよ．

(1) $\begin{pmatrix}1&0&2\\0&-1&0\\2&0&-2\end{pmatrix}$　(2) $\begin{pmatrix}0&1&0\\-1&0&2\\0&-2&0\end{pmatrix}$　(3) $\begin{pmatrix}1&0&2\\1&1&1\\1&0&0\end{pmatrix}$

問 6.5　行列 $A=\begin{pmatrix}a&0&1\\1&a&0\\0&4&-4\end{pmatrix}$ が固有値 0 をもつとき，a の値を求めよ．

問 6.6　次のことを証明せよ．

(1) 行列 A の固有値を λ とするとき，A^2 の固有値は λ^2 である．
(2) 正則行列 A に対して，逆行列 A^{-1} の固有値は A の固有値の逆数である．
(3) 交代行列の固有値は，0 または純虚数だけである．
(4) べき零行列の固有値は 0 だけである．

6.2　行列の対角化

例 6.1 で，行列 $A=\begin{pmatrix}-2&2\\-2&3\end{pmatrix}$ の固有値は -1 と 2 であり，固有値 -1 に対する固有ベクトルは $\begin{pmatrix}2\\1\end{pmatrix}$，固有値 2 に対する固有ベクトルは $\begin{pmatrix}1\\2\end{pmatrix}$ であることを見た．すなわち，

$$\begin{pmatrix}-2&2\\-2&3\end{pmatrix}\begin{pmatrix}2\\1\end{pmatrix}=-\begin{pmatrix}2\\1\end{pmatrix},\quad \begin{pmatrix}-2&2\\-2&3\end{pmatrix}\begin{pmatrix}1\\2\end{pmatrix}=2\begin{pmatrix}1\\2\end{pmatrix}$$

である．すると，固有ベクトルを列ベクトルとする行列 $\begin{pmatrix}2&1\\1&2\end{pmatrix}$ を考えると

$$\begin{pmatrix}-2&2\\-2&3\end{pmatrix}\begin{pmatrix}2&1\\1&2\end{pmatrix}=\begin{pmatrix}2&1\\1&2\end{pmatrix}\begin{pmatrix}-1&0\\0&2\end{pmatrix}$$

となることがわかり，

$$\begin{pmatrix}2&1\\1&2\end{pmatrix}^{-1}\begin{pmatrix}-2&2\\-2&3\end{pmatrix}\begin{pmatrix}2&1\\1&2\end{pmatrix}=\begin{pmatrix}-1&0\\0&2\end{pmatrix}$$

という関係式が得られる．これを一般的な形でいうと，行列の固有値と固有ベクトルを

λ_1 に対して $\boldsymbol{u}_1$，λ_2 に対して $\boldsymbol{u}_2$

とするとき，固有ベクトル $\boldsymbol{u}_1, \boldsymbol{u}_2$ を列ベクトルとする行列 P を考えると，

$$AP = P\begin{pmatrix} \lambda_1 & 0 \\ 0 & \lambda_2 \end{pmatrix}$$

が成り立つので，ここで P が正則ならば，

$$P^{-1}AP = \begin{pmatrix} \lambda_1 & 0 \\ 0 & \lambda_2 \end{pmatrix} \qquad \cdots ※$$

となる．このように，右辺が対角行列である関係式※の形を作ることを**行列の対角化**という．固有ベクトルが 1 次独立ならば上の行列 P は正則だから，※の形にすることは可能である．すなわち，次のようにまとめることができる．

定理 6.6

2 次の正方行列 A に対して，その固有値を λ_1, λ_2 とし，それぞれの固有ベクトルを $\boldsymbol{u}_1, \boldsymbol{u}_2$ とするとき，$\boldsymbol{u}_1, \boldsymbol{u}_2$ が 1 次独立ならば，その固有ベクトルを列ベクトルとする正則行列 P により，A は対角化可能である．

例 6.6　次の行列について対角化を考えよう．

(1) $A = \begin{pmatrix} 0 & -1 \\ 2 & 3 \end{pmatrix}$　　(2) $B = \begin{pmatrix} 0 & 1 \\ -1 & 2 \end{pmatrix}$

解　(1) 固有方程式 $\lambda^2 - 3\lambda + 2 = 0$ を解いて，固有値 $\lambda = 2, 1$ を得る．

固有値 2 に対する固有ベクトルは，$\begin{pmatrix} -2 & -1 \\ 2 & 1 \end{pmatrix}\begin{pmatrix} x \\ y \end{pmatrix} = \begin{pmatrix} 0 \\ 0 \end{pmatrix}$ より，関係式 $2x + y = 0$ を満たす $\boldsymbol{v}_1 = a\begin{pmatrix} 1 \\ -2 \end{pmatrix}$ をとる．固有値 1 に対する固有ベクトルは，$\begin{pmatrix} -1 & 1 \\ 2 & 2 \end{pmatrix}\begin{pmatrix} x \\ y \end{pmatrix} = \begin{pmatrix} 0 \\ 0 \end{pmatrix}$ より，関係式 $x + y = 0$ を満たす $\boldsymbol{v}_2 = b\begin{pmatrix} 1 \\ -1 \end{pmatrix}$ をとる（a, b は 0 でない任意定数）．

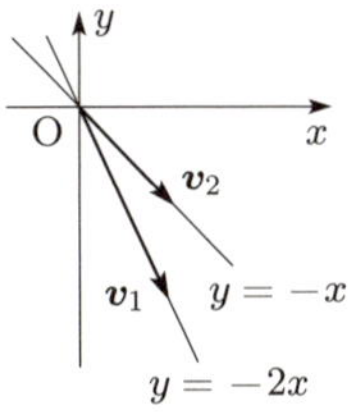

$\boldsymbol{v}_1$ と $\boldsymbol{v}_2$ は 1 次独立であるので，以下のように A を対角化することができる．すなわち，固有ベクトルを列ベクトルに含む行列 $P = \begin{pmatrix} 1 & 1 \\ -2 & -1 \end{pmatrix}$ をとると，

$$P^{-1}AP = \begin{pmatrix} -1 & -1 \\ 2 & 1 \end{pmatrix}\begin{pmatrix} 0 & -1 \\ 2 & 3 \end{pmatrix}\begin{pmatrix} 1 & 1 \\ -2 & -1 \end{pmatrix} = \begin{pmatrix} 2 & 0 \\ 0 & 1 \end{pmatrix}$$

となる．
(2) 固有方程式 $\lambda^2 - 2\lambda + 1 = 0$ を解いて，固有値 $\lambda = 1$（重解）を得る．その固有ベクトルは，$\begin{pmatrix} -1 & 1 \\ -1 & 1 \end{pmatrix}\begin{pmatrix} x \\ y \end{pmatrix} = \begin{pmatrix} 0 \\ 0 \end{pmatrix}$ より，関係式 $y = x$ を満たす $\boldsymbol{v} = a\begin{pmatrix} 1 \\ 1 \end{pmatrix}$ をとる．しかし，1 次独立な固有ベクトルはほかになく，対角化することはできない． ■

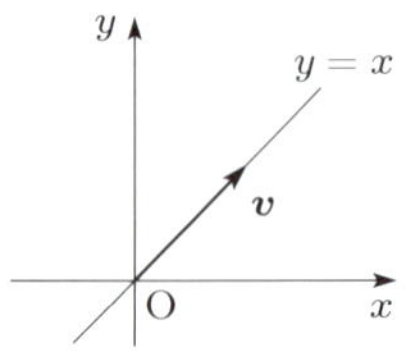

定理 6.6 は，3 次の正方行列の場合（さらに一般に n 次の場合）についても同様である．すなわち，行列 A の固有値を $\lambda_1, \lambda_2, \lambda_3$ とし，1 次独立な固有ベクトル $\boldsymbol{u}_1, \boldsymbol{u}_2, \boldsymbol{u}_3$ が得られるならば，それらを列ベクトルとする行列 P を考えると，

$$AP = P\begin{pmatrix} \lambda_1 & 0 & 0 \\ 0 & \lambda_2 & 0 \\ 0 & 0 & \lambda_3 \end{pmatrix}$$

が成り立ち，ここで P が正則なので，

$$P^{-1}AP = \begin{pmatrix} \lambda_1 & 0 & 0 \\ 0 & \lambda_2 & 0 \\ 0 & 0 & \lambda_3 \end{pmatrix}$$

のように対角化可能である．

行列の対角化の幾何学的意味については 7.4 節で議論しよう．また，対角化の応用として，**行列のべき** A^n を求める問題がある．すなわち，行列 A が対角化可能で，$P^{-1}AP = D$（D は対角行列）となるとき，$A = PDP^{-1}$ から

$$A^n = (PDP^{-1})^n = PD^nP^{-1}$$

が得られることを応用するものであるが，詳しい説明はここでは省略する．問 6.9 の解答を参照のこと．

一般に，二つの正方行列 A, B に対して，ある正則な行列 P があって

$$P^{-1}AP = B$$

という関係があるとき，A と B は**相似**であるという．

定理 6.7

A と B が相似ならば，それらの固有値は一致する．

証明 固有方程式が $|B - \lambda E| = |P^{-1}(A - \lambda E)P| = |A - \lambda E|$ のように一致するからである． ■

練習問題

問 6.7 次の行列を対角化せよ.

(1) $\begin{pmatrix} 4 & -5 \\ 2 & -3 \end{pmatrix}$ (2) $\begin{pmatrix} 1 & 2 \\ 2 & -2 \end{pmatrix}$ (3) $\begin{pmatrix} 1 & -4 \\ 1 & -3 \end{pmatrix}$ (4) $\begin{pmatrix} 5 & -1 \\ 6 & -2 \end{pmatrix}$

(5) $\begin{pmatrix} 1 & 0 & 2 \\ 0 & -1 & 0 \\ 2 & 0 & -2 \end{pmatrix}$ (6) $\begin{pmatrix} 2 & -1 & 1 \\ 0 & 1 & 1 \\ -1 & 1 & 1 \end{pmatrix}$ (7) $\begin{pmatrix} 1 & 2 & 3 \\ 0 & 2 & 3 \\ 0 & 0 & 3 \end{pmatrix}$

6.3 ハミルトン・ケイリーの定理と行列のべき

この節では 2 次の正方行列について議論する. $A = \begin{pmatrix} a & b \\ c & d \end{pmatrix}$ に対して, 次の定理が成り立つ.

定理 6.8 2 次の場合のハミルトン・ケイリーの定理

$$A^2 - (\mathrm{tr}\, A)A + |A|E = O$$

証明

$$A^2 - (\mathrm{tr}\, A)A + |A|E = \begin{pmatrix} a & b \\ c & d \end{pmatrix}^2 - (a+d)\begin{pmatrix} a & b \\ c & d \end{pmatrix} + (ad-bc)\begin{pmatrix} 1 & 0 \\ 0 & 1 \end{pmatrix}$$

$$= \begin{pmatrix} a^2+bc & ab+bd \\ ac+cd & bc+d^2 \end{pmatrix} - \begin{pmatrix} a^2+ad & ab+bd \\ ac+cd & ad+d^2 \end{pmatrix} + \begin{pmatrix} ad-bc & 0 \\ 0 & ad-bc \end{pmatrix}$$

$$= \begin{pmatrix} 0 & 0 \\ 0 & 0 \end{pmatrix}$$ ■

☑**注** 一般に, n 次の正方行列 A の固有多項式を $f(\lambda)$ とするとき, 等式 $f(A) = O$ が成り立ち, 特に $n = 2$ の場合, 上記の等式 $f(A) = A^2 - (\mathrm{tr}\, A)A + |A|E = O$ になるのである. なお, 最近はこの定理を**ケイリー・ハミルトンの定理**ということが多い.

例 6.7 $A = \begin{pmatrix} 1 & 1 \\ 0 & 2 \end{pmatrix}$ のとき, 定理 6.8 を使って A^4 を求めよう.

解 $\mathrm{tr}\, A = 3,\ |A| = 2$ だから, ハミルトン・ケイリーの定理より

$$A^2 - 3A + 2E = O \qquad したがって\ A^2 = 3A - 2E$$

となる. この関係式を続けて使うと, 次のようになる.

$$A^3 = 3A^2 - 2A = 3(3A-2E) - 2A = 7A - 6E$$

$$A^4 = 7A^2 - 6A = 7(3A-2E) - 6A = 15A - 14E$$

$$= \begin{pmatrix} 15 & 15 \\ 0 & 30 \end{pmatrix} - \begin{pmatrix} 14 & 0 \\ 0 & 14 \end{pmatrix} = \begin{pmatrix} 1 & 15 \\ 0 & 16 \end{pmatrix}$$ ■

例 6.8 $A = \begin{pmatrix} 1 & 1 \\ 0 & 2 \end{pmatrix}$ のとき，A^n を求めよう．($n \in \mathbf{N}$)

解 次の結果から予想式を立てよう．

$$A^2 = 3A - 2E, \quad A^3 = 7A - 6E, \quad A^4 = 15A - 14E$$

ここで，数列

$$3, 7, 15, \ldots \quad \Leftrightarrow \quad 2^2 - 1,\ 2^3 - 1,\ 2^4 - 1,\ \ldots$$

を考え，

$$A^n = (2^n - 1)A - (2^n - 2)E \qquad \cdots ※$$

と予想する．数学的帰納法を用いて，予想式※が正しいことを示そう．

$n = 1$ のとき成り立っている．

$n = k$ のとき $A^k = (2^k - 1)A - (2^k - 2)E$ が成り立つと仮定する．

$n = k + 1$ のとき次のようになる．

$$\begin{aligned} A^{k+1} &= AA^k = A((2^k - 1)A - (2^k - 2)E) \qquad \leftarrow \text{仮定より} \\ &= (2^k - 1)A^2 - (2^k - 2)A = (2^k - 1)(3A - 2E) - (2^k - 2)A \\ &= (2 \cdot 2^k - 1)A - (2 \cdot 2^k - 2)E \\ &= (2^{k+1} - 1)A - (2^{k+1} - 2)E \end{aligned}$$

したがって，予想式※はすべての $n \in \mathbf{N}$ について成り立つ．すると，次のようになる．

$$A^n = (2^n - 1)\begin{pmatrix} 1 & 1 \\ 0 & 2 \end{pmatrix} - (2^n - 2)\begin{pmatrix} 1 & 0 \\ 0 & 1 \end{pmatrix} = \begin{pmatrix} 1 & 2^n - 1 \\ 0 & 2^n \end{pmatrix}$$ ■

別解 1 A^2, A^3, A^4 を実際に求めると，

$$A^2 = 3A - 2E = \begin{pmatrix} 3 & 3 \\ 0 & 6 \end{pmatrix} - \begin{pmatrix} 2 & 0 \\ 0 & 2 \end{pmatrix} = \begin{pmatrix} 1 & 3 \\ 0 & 4 \end{pmatrix}$$

$$A^3 = 3A^2 - 2A = \begin{pmatrix} 3 & 9 \\ 0 & 12 \end{pmatrix} - \begin{pmatrix} 2 & 2 \\ 0 & 4 \end{pmatrix} = \begin{pmatrix} 1 & 7 \\ 0 & 8 \end{pmatrix}$$

$$A^4 = 3A^3 - 2A^2 = \begin{pmatrix} 3 & 21 \\ 0 & 24 \end{pmatrix} - \begin{pmatrix} 2 & 6 \\ 0 & 8 \end{pmatrix} = \begin{pmatrix} 1 & 15 \\ 0 & 16 \end{pmatrix}$$

となるので，一般に A^n がどんな形になるか予想式を立てることができる．すなわち，$A^n = \begin{pmatrix} 1 & a \\ 0 & b \end{pmatrix}$ の形になりそうであり，$a = b - 1$ という関係がありそうだから，$A^n = \begin{pmatrix} 1 & b-1 \\ 0 & b \end{pmatrix}$ とおく．b の部分は

$$2, 4, 8, 16, \ldots \quad \text{すなわち} \quad 2^1, 2^2, 2^3, 2^4, \ldots$$

という数列になっているので，$A^n = \begin{pmatrix} 1 & 2^n - 1 \\ 0 & 2^n \end{pmatrix}$ と予想できる．これが正しいかどうかを数学的帰納法で確かめよう．

$n = 1$ のとき成り立っている．

$n = k$ のとき $A^k = \begin{pmatrix} 1 & 2^k - 1 \\ 0 & 2^k \end{pmatrix}$ が成り立つと仮定する．

$n = k + 1$ のとき次のようになる．

$$A^{k+1} = A^k A = \begin{pmatrix} 1 & 2^k - 1 \\ 0 & 2^k \end{pmatrix}\begin{pmatrix} 1 & 1 \\ 0 & 2 \end{pmatrix} \qquad \leftarrow \text{仮定より}$$

$$= \begin{pmatrix} 1 & 1 + 2 \cdot 2^k - 2 \\ 0 & 2 \cdot 2^k \end{pmatrix} = \begin{pmatrix} 1 & 2^{k+1} - 1 \\ 0 & 2^{k+1} \end{pmatrix}$$

したがって，予想式はすべての $n \in \mathbf{N}$ について成り立つ． ■

別解 2　x^n を固有多項式 $f(x) = x^2 - 3x + 2$ で割ったとき，商を $g(x)$，余りを $px + q$ とおくと，次のように表すことができる．

$$x^n = (x^2 - 3x + 2)g(x) + px + q = (x - 1)(x - 2)g(x) + px + q$$

この式に $x = 1, 2$ を代入すると，

$$p + q = 1, \quad 2p + q = 2^n$$

という関係式が得られる．この連立方程式を解くと，

$$p = 2^n - 1, \quad q = -2^n + 2$$

となる．また，ハミルトン・ケイリーの定理より $A^2 - 3A + 2E = O$ だから，次のようになる．

$$A^n = pA + qE = (2^n - 1)A + (-2^n + 2)E = \begin{pmatrix} 1 & 2^n - 1 \\ 0 & 2^n \end{pmatrix}$$ ■

別解 3　一般に，2 次の正方行列 A の固有値を λ_1, λ_2（ただし $\lambda_1 \neq \lambda_2$）とするとき，

$$P_1 = \frac{1}{\lambda_2 - \lambda_1}(A - \lambda_1 E), \quad P_2 = \frac{1}{\lambda_1 - \lambda_2}(A - \lambda_2 E) \qquad \cdots①$$

とおくと，次の関係式が成り立つ．

$$A = \lambda_2 P_1 + \lambda_1 P_2 \qquad \cdots②$$

$$P_1 + P_2 = E, \quad P_1 P_2 = O, \quad (P_1)^2 = P_1, \quad (P_2)^2 = P_2 \qquad \cdots③$$

このとき，② を行列 ① による**スペクトル分解**という．すると，③ により，次の等式が成り立つことがわかる．

$$A^n = (\lambda_2)^n P_1 + (\lambda_1)^n P_2$$

これを応用してみよう．固有値は $\lambda = 1, 2$ であり，ハミルトン・ケイリーの定理より $(A - E)(A - 2E) = O$ だから，① にあてはめて

$$P_1 = A - E = \begin{pmatrix} 0 & 1 \\ 0 & 1 \end{pmatrix}, \quad P_2 = -(A - 2E) = \begin{pmatrix} 1 & -1 \\ 0 & 0 \end{pmatrix}$$

とおけば，次のようになる．

$$A^n = 2^n P_1 + P_2 = \begin{pmatrix} 0 & 2^n \\ 0 & 2^n \end{pmatrix} + \begin{pmatrix} 1 & -1 \\ 0 & 0 \end{pmatrix} = \begin{pmatrix} 1 & 2^n - 1 \\ 0 & 2^n \end{pmatrix}$$ ■

別解 4　別解 3 の方法は固有値が重解になるとき使えない．そのような場合でも，以下の方法は有効である．

ハミルトン・ケイリーの定理より $(A - E)(A - 2E) = O$ だから，$B = A - E$ とおく．すると，

$$A = E + B, \quad B = \begin{pmatrix} 0 & 1 \\ 0 & 1 \end{pmatrix}, \quad B^2 = B$$

となり，2 項定理により

$$\begin{aligned} A^n &= (E + B)^n \\ &= {}_n\mathrm{C}_0 E^n B^0 + {}_n\mathrm{C}_1 E^{n-1} B^1 + {}_n\mathrm{C}_2 E^{n-2} B^2 + \cdots + {}_n\mathrm{C}_n E^0 B^n \\ &= E + ({}_n\mathrm{C}_1 + {}_n\mathrm{C}_2 + \cdots + {}_n\mathrm{C}_n) B \\ &= E + (2^n - 1) B = \begin{pmatrix} 1 & 2^n - 1 \\ 0 & 2^n \end{pmatrix} \end{aligned}$$

となる．または，$B = A - 2E$ とおいてもよい．すると，

$$B = \begin{pmatrix} -1 & 1 \\ 0 & 0 \end{pmatrix}, \quad B^2 = -B, \quad A = 2E + B$$

となり，2 項定理により

$$A^n = \sum_{k=0}^{n} {}_n\mathrm{C}_k 2^{n-k} (-1)^k B^k = 2^n E + (2^n - 1) B = \begin{pmatrix} 1 & 2^n - 1 \\ 0 & 2^n \end{pmatrix}$$

が得られる． ■

☑**注**　別解 2 で，固有多項式の変数を x としている．別解 4 は問 6.10 の結果を応用している．

例 6.8 でわかるように，行列のべき A^n $(n \in \mathbf{N})$ を求める方法はいろいろあり，以上のほかに，行列の対角化を応用して A^n を求める方法もある．その詳しい説明は次の問 6.9 の解答を参照のこと．

練習問題

問 6.8 次の行列 A に対して，例 6.7 の方法で，行列 B を求めよ．

(1) $A = \begin{pmatrix} 1 & 2 \\ -1 & 3 \end{pmatrix}$, $B = A^4$ (2) $A = \begin{pmatrix} 1 & 2 \\ 0 & 3 \end{pmatrix}$, $B = A^5$

問 6.9 次の行列 A に対して，A^n を求めよ．$(n \in \mathbf{N})$

(1) $A = \begin{pmatrix} 1 & a \\ 0 & 1 \end{pmatrix}$ (2) $A = \begin{pmatrix} 5 & 4 \\ 1 & 2 \end{pmatrix}$

問 6.10 2 次の正方行列 A に対して，その固有値を λ_1, λ_2 とするとき，$A - \lambda_1 E = B$ とおくと，等式 $B^2 = (\lambda_2 - \lambda_1)B$ が成り立つことを証明せよ．

問 6.11 3 次の正方行列 A に対して，固有多項式を $f(\lambda)$ とする．また，固有値を $\lambda_1, \lambda_2, \lambda_3$ とし，それぞれの固有ベクトルを $\boldsymbol{u}_1, \boldsymbol{u}_2, \boldsymbol{u}_3$ とする．もし $\boldsymbol{u}_1, \boldsymbol{u}_2, \boldsymbol{u}_3$ が 1 次独立ならば，任意のベクトル $\boldsymbol{v} \in \mathbf{R}^3$ は $\boldsymbol{u}_1, \boldsymbol{u}_2, \boldsymbol{u}_3$ の 1 次結合で表されることを利用して $f(A) = O$ が成り立つことを証明せよ（$\lambda_1, \lambda_2, \lambda_3$ の中に同じ値があってもよい）．

7 ベクトル空間

ベクトルの演算について，その基本的性質を整理すると，ベクトルの集合に代数的な構造が内包されていることがわかる．ベクトルの内積や空間の次元などを再考し，理論的な整理を行おう．

7.1 ベクトル空間

以下，2 次元のベクトル全体の集合 $\mathbf{R}^2 = \left\{ \begin{pmatrix} x \\ y \end{pmatrix} \middle| \, x, y \in \mathbf{R} \right\}$ と，3 次元のベクトル全体の集合 $\mathbf{R}^3 = \left\{ \begin{pmatrix} x \\ y \\ z \end{pmatrix} \middle| \, x, y, z \in \mathbf{R} \right\}$ について考え，議論を進めるが，それは一般の $\mathbf{R}^n$ のベクトルについても同様に考えることができる．

これらは単にベクトルの集合というものではなく，1.1 節で議論したように，ベクトルの和 $\boldsymbol{u}+\boldsymbol{v}$ とスカラー倍 $a\boldsymbol{v}$ が定義され，次の公式を満たす構造をもっている．

公式 7.1

ベクトル $\boldsymbol{u}, \boldsymbol{v}, \boldsymbol{w} \in \mathbf{R}^n$ とスカラー $a, b \in \mathbf{R}$ について

(1) $\boldsymbol{u}+\boldsymbol{v} = \boldsymbol{v}+\boldsymbol{u}$　　(2) $(\boldsymbol{u}+\boldsymbol{v})+\boldsymbol{w} = \boldsymbol{v}+(\boldsymbol{u}+\boldsymbol{w})$

(3) $\boldsymbol{u}+\mathbf{0} = \mathbf{0}+\boldsymbol{u} = \boldsymbol{u}$　　(4) $a(b\boldsymbol{u}) = (ab)\boldsymbol{u}$

(5) $(a+b)\boldsymbol{u} = a\boldsymbol{u}+b\boldsymbol{u}$　　(6) $a(\boldsymbol{u}+\boldsymbol{v}) = a\boldsymbol{u}+a\boldsymbol{v}$

(7) $1\boldsymbol{u} = \boldsymbol{u}$　　(8) $0\boldsymbol{u} = \mathbf{0}$

さらに 1.2 節で議論したように，一般にベクトル空間 $\mathbf{R}^n$ には内積 $\boldsymbol{u}\cdot\boldsymbol{v}$ が定義され，公式 1.2 や公式 1.3 で見たように，次の四つの基本的な性質をもっている．

公式 7.2　内積の基本

(1) $\boldsymbol{u}\cdot\boldsymbol{v} = \boldsymbol{v}\cdot\boldsymbol{u}$　　(2) $(\boldsymbol{u}_1+\boldsymbol{u}_2)\cdot\boldsymbol{v} = \boldsymbol{u}_1\cdot\boldsymbol{v}+\boldsymbol{u}_2\cdot\boldsymbol{v}$

(3) $(c\boldsymbol{u})\cdot\boldsymbol{v} = c(\boldsymbol{u}\cdot\boldsymbol{v}) \quad (c \in \mathbf{R})$　　(4) $\boldsymbol{u} \neq \mathbf{0} \quad \Rightarrow \quad \boldsymbol{u}\cdot\boldsymbol{u} = |\boldsymbol{u}|^2 > 0$

一般に，集合 V があり，その二つの要素 $u, v \in V$ に対して和 $u+v \in V$ が定義され，要素 $u \in V$ とスカラー $a \in \mathbf{R}$ に対してスカラー倍 $au \in V$ が定義され，上の公式 7.1 が成り立つとき，集合 V を**ベクトル空間**（または**線形空間**）という．さらに，内積をもつベクトル空間を**内積空間**または**計量ベクトル空間**という．

例 7.1 $\mathcal{F}$ は区間 $-\pi \leq x \leq \pi$ で定義された連続関数全体からなる集合とする．関数 $f, g \in \mathcal{F}$ と定数 $k \in \mathbf{R}$ に対して，通常の和 $(f+g)(x) = f(x) + g(x)$ とスカラー倍 $(kf)(x) = k(f(x))$ を考えると，公式 7.1 が満たされるので，ベクトル空間の構造をもつ．また，二つの関数 $f, g \in \mathcal{F}$ に対して，内積 $f \cdot g$ を次のように定義しよう．

$$f \cdot g = \int_{-\pi}^{\pi} f(x)g(x)\,dx$$

すると，公式 7.2 が満たされるので，$\mathcal{F}$ は計量ベクトル空間である．さらに，すべての x に対して値として定数 1 をとる関数を 1 と表すとき，

$$\int_{-\pi}^{\pi} 1 \cdot \cos x\,dx = 0, \quad \int_{-\pi}^{\pi} 1 \cdot \sin x\,dx = 0, \quad \int_{-\pi}^{\pi} \cos x\,\sin x\,dx = 0$$

だから，

$$1 \perp \cos, \quad 1 \perp \sin, \quad \cos \perp \sin$$

と考えることができる．なお，この議論を進めてゆくことで，フーリエ級数の世界を見ることができる． ■

計量ベクトル空間においては内積によって距離が定義できることにも注意を向けておこう．平面 $\mathbf{R}^2$ 上の 2 点 $\mathrm{P}(x_1, y_1)$, $\mathrm{Q}(x_2, y_2)$ 間の距離 PQ は

$$\mathrm{PQ} = \sqrt{(x_2 - x_1)^2 + (y_2 - y_1)^2}$$

であり，これを**ユークリッド距離**という．内積を用いれば，

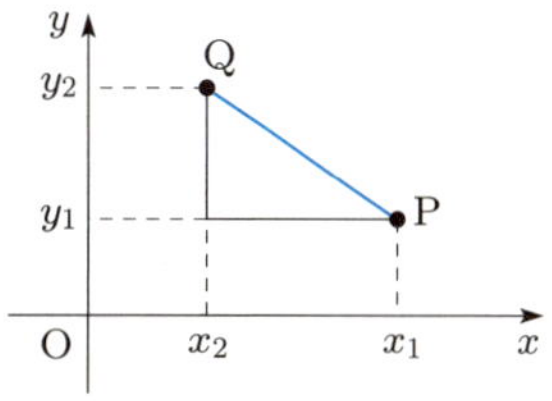

$$\mathrm{PQ} = |\overrightarrow{\mathrm{PQ}}| = \sqrt{\overrightarrow{\mathrm{PQ}} \cdot \overrightarrow{\mathrm{PQ}}}$$

と表すことができる．

ベクトル空間において，重要なのは基底と呼ばれる特別なベクトルの存在である．たとえば，ベクトル空間 $\mathbf{R}^3$ においては三つの基本ベクトル

$$\boldsymbol{e}_1 = \begin{pmatrix} 1 \\ 0 \\ 0 \end{pmatrix}, \quad \boldsymbol{e}_2 = \begin{pmatrix} 0 \\ 1 \\ 0 \end{pmatrix}, \quad \boldsymbol{e}_3 = \begin{pmatrix} 0 \\ 0 \\ 1 \end{pmatrix}$$

が特別な存在であり，ほかの任意のベクトル $\boldsymbol{v} = \begin{pmatrix} x \\ y \\ z \end{pmatrix}$ は，次のようにこれらの 1 次結合で表される．

$$\boldsymbol{v} = x\boldsymbol{e}_1 + y\boldsymbol{e}_2 + z\boldsymbol{e}_3$$

一般に，ベクトル空間 V の**基底**または**基**とは，次の条件を満たすベクトルの組 $\boldsymbol{u}_1, \boldsymbol{u}_2, \ldots, \boldsymbol{u}_m$ をいう．

(1)　$\boldsymbol{u}_1, \boldsymbol{u}_2, \ldots, \boldsymbol{u}_m$ は 1 次独立である．

(2)　V の任意のベクトルは $\boldsymbol{u}_1, \boldsymbol{u}_2, \ldots, \boldsymbol{u}_m$ の 1 次結合で表すことができる．

このとき，ベクトル空間 V は $\boldsymbol{m}$ **次元**であるといい，$\mathbf{dim}\, \boldsymbol{V} = \boldsymbol{m}$ と表す．すなわち，次元とは 1 次独立なベクトルの最大個数のことである．

特に，二つの $\boldsymbol{u}_i$, $\boldsymbol{u}_j$ が互いに直交するとき，**直交基底**という．さらに $\boldsymbol{u}_i$ がすべて単位ベクトルならば，**正規直交基底**という．

ベクトル $\boldsymbol{v} \in V$ が基底 $\boldsymbol{u}_1, \boldsymbol{u}_2, \ldots, \boldsymbol{u}_m$ によって

$$\boldsymbol{v} = a_1\boldsymbol{u}_1 + a_2\boldsymbol{u}_2 + \cdots + a_m\boldsymbol{u}_m$$

のように表されているとする．直交基底のときは，各係数 a_k は

$$\boldsymbol{v} \cdot \boldsymbol{u}_k = a_k|\boldsymbol{u}_k|^2 \qquad \text{すなわち} \quad a_k = \frac{\boldsymbol{v} \cdot \boldsymbol{u}_k}{|\boldsymbol{u}_k|^2} \qquad (k = 1, 2, \ldots, m)$$

となり，さらに正規直交基底のときは

$$a_k = \boldsymbol{v} \cdot \boldsymbol{u}_k$$

というシンプルな関係になる．このことから，基底をとるときは正規直交基底になるようにするのがよいことがわかる．

例 7.2　ベクトル空間 $\mathbf{R}^2$ において，基本ベクトルの組 $\boldsymbol{e}_1 = \begin{pmatrix} 1 \\ 0 \end{pmatrix}$, $\boldsymbol{e}_2 = \begin{pmatrix} 0 \\ 1 \end{pmatrix}$ は正規直交基底であり，$\dim \mathbf{R}^2 = 2$．また，基本ベクトルの組 $\boldsymbol{e}_1 = \begin{pmatrix} 1 \\ 0 \\ 0 \end{pmatrix}$, $\boldsymbol{e}_2 = \begin{pmatrix} 0 \\ 1 \\ 0 \end{pmatrix}$, $\boldsymbol{e}_3 = \begin{pmatrix} 0 \\ 0 \\ 1 \end{pmatrix}$ は $\mathbf{R}^3$ の正規直交基底であり，$\dim \mathbf{R}^3 = 3$.

基本ベクトル以外のベクトルの組を基底とすることもできる．

例 7.3　$\mathbf{R}^2$ において，次の二つのベクトルの組は直交基底であることを示そう．

$$\boldsymbol{u}_1 = \begin{pmatrix} 1 \\ 1 \end{pmatrix}, \quad \boldsymbol{u}_2 = \begin{pmatrix} 1 \\ -1 \end{pmatrix}$$

また，次の二つのベクトルの組は正規直交基底であることを示そう．

$$\boldsymbol{v}_1 = \frac{1}{\sqrt{2}}\begin{pmatrix} 1 \\ 1 \end{pmatrix}, \quad \boldsymbol{v}_2 = \frac{1}{\sqrt{2}}\begin{pmatrix} 1 \\ -1 \end{pmatrix}$$

解　まず，$\begin{vmatrix} 1 & 1 \\ 1 & -1 \end{vmatrix} = -2 \neq 0$ だから，定理 5.4 により $\boldsymbol{u}_1$ と $\boldsymbol{u}_2$ は 1 次独立である．次に，$\boldsymbol{e}_1 = \frac{1}{2}(\boldsymbol{u}_1 + \boldsymbol{u}_2)$, $\boldsymbol{e}_2 = \frac{1}{2}(\boldsymbol{u}_1 - \boldsymbol{u}_2)$ だから，任意のベクトル $\boldsymbol{v} = \begin{pmatrix} x \\ y \end{pmatrix}$ に対して，

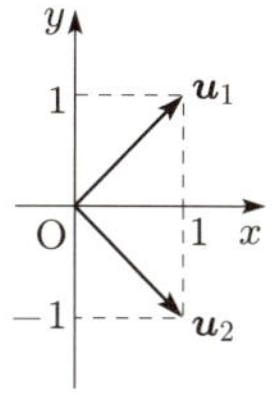

$$\boldsymbol{v} = x\boldsymbol{e}_1 + y\boldsymbol{e}_2 = \frac{x}{2}(\boldsymbol{u}_1 + \boldsymbol{u}_2) + \frac{y}{2}(\boldsymbol{u}_1 - \boldsymbol{u}_2) = \frac{x+y}{2}\boldsymbol{u}_1 + \frac{x-y}{2}\boldsymbol{u}_2$$

のように $\boldsymbol{u}_1$ と $\boldsymbol{u}_2$ の 1 次結合で表すことができるので基底であり，また，$\boldsymbol{u}_1 \perp \boldsymbol{u}_2$ が成り立っている．

$|\boldsymbol{u}_1| = \sqrt{2}$ だから，$\boldsymbol{v}_1 = \frac{1}{\sqrt{2}}\boldsymbol{u}_1$ は単位ベクトルとなる．$\boldsymbol{v}_2$ についても同様．■

☑**注**　このようにベクトルの大きさを変えて単位ベクトルにすることを**正規化**という．

逆に必ずしも直交しない基底があるとき，正規直交基底を以下のように構成する方法が考えられる．三つの 1 次独立なベクトルから成る基底 $\boldsymbol{v}_1, \boldsymbol{v}_2, \boldsymbol{v}_3$ があるとき，そこから正規直交基底 $\boldsymbol{u}_1, \boldsymbol{u}_2, \boldsymbol{u}_3$ を構成する手順を説明しよう．

まず，$\boldsymbol{u}_1 = \frac{1}{|\boldsymbol{v}_1|}\boldsymbol{v}_1$ とおく．次に

$$\boldsymbol{v}'_2 = \boldsymbol{v}_2 - (\boldsymbol{v}_2 \cdot \boldsymbol{u}_1)\boldsymbol{u}_1 \qquad \text{（右図を参考）}$$

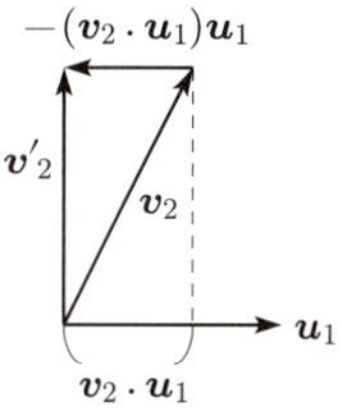

とおくと $\boldsymbol{v}'_2 \perp \boldsymbol{u}_1$ となるので，$\boldsymbol{u}_2 = \frac{1}{|\boldsymbol{v}'_2|}\boldsymbol{v}'_2$ とおく．さらに

$$\boldsymbol{v}'_3 = \boldsymbol{v}_3 - (\boldsymbol{v}_3 \cdot \boldsymbol{u}_1)\boldsymbol{u}_1 - (\boldsymbol{v}_3 \cdot \boldsymbol{u}_2)\boldsymbol{u}_2$$

とおくと $\boldsymbol{v}'_3 \perp \boldsymbol{u}_1$ かつ $\boldsymbol{v}'_3 \perp \boldsymbol{u}_2$ となるので，$\boldsymbol{u}_3 = \frac{1}{|\boldsymbol{v}'_3|}\boldsymbol{v}'_3$ とおく．

こうして正規直交基底 $\boldsymbol{u}_1, \boldsymbol{u}_2, \boldsymbol{u}_3$ が得られる．この方法を**シュミットの正規直交化**（または**グラム・シュミットの正規直交化**）という．

例 7.4　$\mathbf{R}^3$ において，次の基底にシュミットの正規直交化を適用しよう．

$$\boldsymbol{v}_1 = \begin{pmatrix} 0 \\ 1 \\ 1 \end{pmatrix}, \quad \boldsymbol{v}_2 = \begin{pmatrix} 1 \\ 0 \\ 1 \end{pmatrix}, \quad \boldsymbol{v}_3 = \begin{pmatrix} 1 \\ 1 \\ 0 \end{pmatrix}$$

解　念のために $\boldsymbol{v}_1, \boldsymbol{v}_2, \boldsymbol{v}_3$ が基底であることを確認しておこう．まず，$\begin{vmatrix} 0 & 1 & 1 \\ 1 & 0 & 1 \\ 1 & 1 & 0 \end{vmatrix} = 2 \neq 0$ だから，これらは 1 次独立である．次に任意のベクトル $\begin{pmatrix} a \\ b \\ c \end{pmatrix} \in \mathbf{R}^3$ に対して

$$\begin{pmatrix} a \\ b \\ c \end{pmatrix} = \frac{a+3b-c}{2}\boldsymbol{v}_1 + \frac{3a+b-c}{2}\boldsymbol{v}_2 + \frac{-a-b+c}{2}\boldsymbol{v}_3$$

と表すことができるので，$\boldsymbol{v}_1, \boldsymbol{v}_2, \boldsymbol{v}_3$ は基底である．

ここからシュミットの正規直交化をやってみよう．まず，$|\boldsymbol{v}_1| = \sqrt{2}$ だから

$$\boldsymbol{u}_1 = \frac{1}{\sqrt{2}}\boldsymbol{v}_1 = \frac{1}{\sqrt{2}}\begin{pmatrix} 0 \\ 1 \\ 1 \end{pmatrix} \quad \cdots ①$$

とする．次に，$\boldsymbol{v}_2 \cdot \boldsymbol{u}_1 = \dfrac{1}{\sqrt{2}}$ だから

$$\boldsymbol{v}_2' = \boldsymbol{v}_2 - \frac{1}{\sqrt{2}}\boldsymbol{u}_1 = \begin{pmatrix} 1 \\ 0 \\ 1 \end{pmatrix} - \frac{1}{2}\begin{pmatrix} 0 \\ 1 \\ 1 \end{pmatrix} = \frac{1}{2}\begin{pmatrix} 2 \\ -1 \\ 1 \end{pmatrix}$$

とする．$|\boldsymbol{v}_2'| = \dfrac{\sqrt{6}}{2}$ だから

$$\boldsymbol{u}_2 = \frac{2}{\sqrt{6}}\boldsymbol{v}_2' = \frac{1}{\sqrt{6}}\begin{pmatrix} 2 \\ -1 \\ 1 \end{pmatrix} \quad \cdots ②$$

とする．最後に，$\boldsymbol{v}_3 \cdot \boldsymbol{u}_1 = \dfrac{1}{\sqrt{2}}$，また $\boldsymbol{v}_3 \cdot \boldsymbol{u}_2 = \dfrac{1}{\sqrt{6}}$ だから

$$\boldsymbol{v}_3' = \boldsymbol{v}_3 - \frac{1}{\sqrt{2}}\boldsymbol{u}_1 - \frac{1}{\sqrt{6}}\boldsymbol{u}_2 = \begin{pmatrix} 1 \\ 1 \\ 0 \end{pmatrix} - \frac{1}{2}\begin{pmatrix} 0 \\ 1 \\ 1 \end{pmatrix} - \frac{1}{6}\begin{pmatrix} 2 \\ -1 \\ 1 \end{pmatrix} = \frac{2}{3}\begin{pmatrix} 1 \\ 1 \\ -1 \end{pmatrix}$$

とする．$|\boldsymbol{v}_3'| = \dfrac{2\sqrt{3}}{3}$ だから

$$\boldsymbol{u}_3 = \frac{3}{2\sqrt{3}}\boldsymbol{v}_3' = \frac{1}{\sqrt{3}}\begin{pmatrix} 1 \\ 1 \\ -1 \end{pmatrix} \quad \cdots ③$$

とする．こうして ①，②，③ で得られた $\boldsymbol{u}_1, \boldsymbol{u}_2, \boldsymbol{u}_3$ は，正規直交基底である． ■

練習問題

問 7.1 次を証明せよ．

(1) $\boldsymbol{u} \cdot \boldsymbol{v} = \dfrac{1}{2}(|\boldsymbol{u}+\boldsymbol{v}|^2 - |\boldsymbol{u}|^2 - |\boldsymbol{v}|^2)$

(2) $|\boldsymbol{u}+\boldsymbol{v}|^2 + |\boldsymbol{u}-\boldsymbol{v}|^2 = 2(|\boldsymbol{u}|^2 + |\boldsymbol{v}|^2)$

(3) $\boldsymbol{u} \perp \boldsymbol{v} \quad \Leftrightarrow \quad |\boldsymbol{u}+\boldsymbol{v}|^2 = |\boldsymbol{u}|^2 + |\boldsymbol{v}|^2$

(4) $(\boldsymbol{u}+\boldsymbol{v}) \perp (\boldsymbol{u}-\boldsymbol{v}) \quad \Leftrightarrow \quad |\boldsymbol{u}| = |\boldsymbol{v}|$

問 7.2 $\mathbf{R}^3$ 内の二つのベクトル $\boldsymbol{v}_1 = \begin{pmatrix} -1 \\ 0 \\ 2 \end{pmatrix}$，$\boldsymbol{v}_2 = \begin{pmatrix} 1 \\ 2 \\ 3 \end{pmatrix}$ があるとき，$\boldsymbol{v}_3 = k\boldsymbol{v}_1 + \boldsymbol{v}_2$ が $\boldsymbol{v}_1$

と直交するように定数 k を求め，ベクトル $\boldsymbol{v}_3$ の成分表示を求めよ．

問 7.3　二つのベクトル $\boldsymbol{u}, \boldsymbol{v}$ について，次のことを証明せよ．

$$\boldsymbol{u} \perp \boldsymbol{v} \quad \Rightarrow \quad \boldsymbol{u}, \boldsymbol{v} \text{ は 1 次独立}$$

問 7.4　$\mathbf{R}^3$ において，ベクトル $\boldsymbol{a} = \begin{pmatrix} 1 \\ 0 \\ 1 \end{pmatrix}, \boldsymbol{b} = \begin{pmatrix} -1 \\ 1 \\ 1 \end{pmatrix}, \boldsymbol{c} = \begin{pmatrix} 1 \\ 2 \\ -1 \end{pmatrix}$ の組は直交基底となることを示せ．

7.2 部分空間

$\mathbf{R}^n$ の部分集合 V がそれ自体で公式 7.1（八つの等式）を満たすならばベクトル空間ということになり，親ベクトル空間 $\mathbf{R}^n$ の中に子ベクトル空間 V が含まれることになる．これを**部分空間**という．$V \subset \mathbf{R}^n$ が部分空間であるためには，上の二つの条件が満たされればよい．また，$\mathbf{0} \in V$ であることがわかる．

(1)　$\boldsymbol{u}, \boldsymbol{v} \in V \quad \Rightarrow \quad \boldsymbol{u} + \boldsymbol{v} \in V$

(2)　$\boldsymbol{u} \in V, c \in \mathbf{R} \quad \Rightarrow \quad c\boldsymbol{u} \in V$

例 7.5　ベクトル空間 $\mathbf{R}^3$ の中で $\boldsymbol{u} = \begin{pmatrix} x \\ y \\ 0 \end{pmatrix}$ の形をしたベクトルから成る部分集合 V は，上の二つの条件を満たすので部分空間である．V は $\mathbf{R}^2$ と同一視できる．この意味で，$\mathbf{R}^2$ は $\mathbf{R}^3$ の部分空間である．一般に，$\mathbf{R}^{n-1}$ は $\mathbf{R}^n$ の部分空間である．

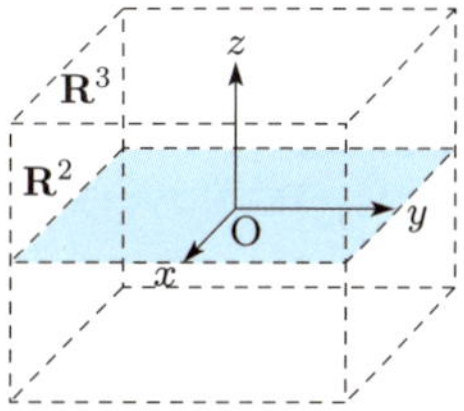

例 7.6　いくつかのベクトル $\boldsymbol{u}_1, \boldsymbol{u}_2, \ldots, \boldsymbol{u}_m \in \mathbf{R}^n$ があるとき，1 次結合

$$\boldsymbol{v} = a_1\boldsymbol{u}_1 + a_2\boldsymbol{u}_2 + \cdots + a_m\boldsymbol{u}_m$$

から成る部分集合は部分空間となる．これを「ベクトル $\boldsymbol{u}_1, \boldsymbol{u}_2, \ldots, \boldsymbol{u}_m$ が**生成する**ベクトル空間」または「ベクトル $\boldsymbol{u}_1, \boldsymbol{u}_2, \ldots, \boldsymbol{u}_m$ によって**張られる**ベクトル空間」という．

例 7.7　$\mathbf{R}^3$ は基本ベクトル $\boldsymbol{e}_1 = \begin{pmatrix} 1 \\ 0 \\ 0 \end{pmatrix}, \boldsymbol{e}_2 = \begin{pmatrix} 0 \\ 1 \\ 0 \end{pmatrix}, \boldsymbol{e}_3 = \begin{pmatrix} 0 \\ 0 \\ 1 \end{pmatrix}$ によって生成されるベクトル空間である．

例 7.8　$\mathbf{R}^2$ のベクトル $\boldsymbol{u} = \begin{pmatrix} x \\ y \end{pmatrix}$ について，次の二つの部分集合を考えよう．

(1)　V_0 は $x + y = 0$ を満たすベクトル $\boldsymbol{u}$ から成る
(2)　V_1 は $x + y = 1$ を満たすベクトル $\boldsymbol{u}$ から成る

それぞれ $\mathbf{R}^2$ の部分空間となるかどうか調べよう．

解　(1) 任意の $\boldsymbol{u}=\begin{pmatrix}x_1\\y_1\end{pmatrix}$, $\boldsymbol{v}=\begin{pmatrix}x_2\\y_2\end{pmatrix}\in V_0$ に対して

$$x_1+y_1=0,\quad x_2+y_2=0$$

である．$\boldsymbol{u}+\boldsymbol{v}=\begin{pmatrix}x\\y\end{pmatrix}$ とおくとき，$x=x_1+x_2$, $y=y_1+y_2$ であり，$x+y=0$ となることがわかるので，$\boldsymbol{u}+\boldsymbol{v}\in V_0$ である．次に，$\boldsymbol{u}=\begin{pmatrix}x\\y\end{pmatrix}\in V_0$ とすると，$x+y=0$ である．$c\in\mathbf{R}$ に対して，$c\boldsymbol{u}=\begin{pmatrix}cx\\cy\end{pmatrix}$ であり，$cx+cy=c(x+y)=0$ だから $c\boldsymbol{u}\in V_0$ となる．したがって，V_0 は部分空間である．
(2) $\mathbf{0}\notin V_1$ なので，V_1 は部分空間ではない．■

2 次元と 3 次元の場合については，次のように考えてよい．

定理 7.1

(1)　$\mathbf{R}^2$ の部分空間は，原点を通る直線（1 次元）である．
(2)　$\mathbf{R}^3$ の部分空間は，原点を通る直線（1 次元）または原点を通る平面（2 次元）である．

例 7.9　次の部分空間 V に対して，正規直交基底を求めよう．
(1)　$\mathbf{R}^2$ において，V は原点を通る直線 $y=2x$
(2)　$\mathbf{R}^3$ において，V は原点を通る平面 $x-y+2z=0$

解　(1) V に属する任意のベクトルは

$$\boldsymbol{v}=\begin{pmatrix}x\\y\end{pmatrix}=\begin{pmatrix}x\\2x\end{pmatrix}=x\begin{pmatrix}1\\2\end{pmatrix}$$

と表せるから $\begin{pmatrix}1\\2\end{pmatrix}$ は基底となり，$\dim V=1$ である．正規直交基底は $\dfrac{1}{\sqrt{5}}\begin{pmatrix}1\\2\end{pmatrix}$ である．
(2) V に属する任意のベクトルは

$$\boldsymbol{v}=\begin{pmatrix}x\\y\\z\end{pmatrix}=\begin{pmatrix}x\\x+2z\\z\end{pmatrix}=\begin{pmatrix}x\\x\\0\end{pmatrix}+\begin{pmatrix}0\\2z\\z\end{pmatrix}=x\begin{pmatrix}1\\1\\0\end{pmatrix}+z\begin{pmatrix}0\\2\\1\end{pmatrix}$$

と表すことができ，二つのベクトル $\begin{pmatrix}1\\1\\0\end{pmatrix}$, $\begin{pmatrix}0\\2\\1\end{pmatrix}$ は 1 次独立だから V の基底となり，$\dim V=2$ である．ただし，$\begin{pmatrix}1\\1\\0\end{pmatrix}$ と $\begin{pmatrix}0\\2\\1\end{pmatrix}$ は直交していないので，ここから正規直交基底を求めることができない．

そこで，直交することを考慮しながら基底を取り直そう．まず一つは $\begin{pmatrix}1\\1\\0\end{pmatrix}$ とする．これに直交するベクトル（ただし条件 $x-y+2z=0$ を満たすもの）を探し求めて，$\begin{pmatrix}-1\\1\\1\end{pmatrix}$ をとることにする．こうして得られた互いに直交するベクトルを正規化し，

$$\boldsymbol{u}_1 = \frac{1}{\sqrt{2}}\begin{pmatrix}1\\1\\0\end{pmatrix}, \quad \boldsymbol{u}_2 = \frac{1}{\sqrt{3}}\begin{pmatrix}-1\\1\\1\end{pmatrix}$$

とおく．これが V の基底であることを確かめよう．すなわち，V の任意のベクトルが $\boldsymbol{u}_1$ と $\boldsymbol{u}_2$ の 1 次結合で表すことができるかどうか検証してみよう．

V の任意のベクトル $\boldsymbol{v} = \begin{pmatrix}x\\x+2z\\z\end{pmatrix}$ に対して，$\boldsymbol{v} = a\boldsymbol{u}_1 + b\boldsymbol{u}_2$ すなわち

$$\begin{pmatrix}x\\x+2z\\z\end{pmatrix} = \frac{a}{\sqrt{2}}\begin{pmatrix}1\\1\\0\end{pmatrix} + \frac{b}{\sqrt{3}}\begin{pmatrix}-1\\1\\1\end{pmatrix}$$

となる係数 a, b が一意に求められるかどうかを調べよう．両辺の成分を比較すると，

$$x = \frac{a}{\sqrt{2}} - \frac{b}{\sqrt{3}}, \quad z = \frac{b}{\sqrt{3}}$$

であり，これを解くと，$a = \sqrt{2}(x+z), b = \sqrt{3}z$ と求められる． ■

☑注 $x-y+2z=0$ は原点を通る平面を表している．その法線ベクトルは $\begin{pmatrix}1\\-1\\2\end{pmatrix}$ であり，上でとった基底 $\boldsymbol{u}_1, \boldsymbol{u}_2$ はそれぞれその法線ベクトルに直交していることに注意しよう．

本書では，$\mathbf{R}^n$ を点の集合としてもベクトルの集合としても扱っている．厳密さに欠けるかもしれないが，特に混乱なく直感的に理解できるものと考えている．同様に，部分空間についても，点の集合とベクトルの集合とを記号の区別をしないで議論を進める．

たとえば，上の例 7.9 (1) では，「$\mathbf{R}^2$ において V は原点を通る直線 $y=2x$」を点の集合として見ると

$$V = \{(x,y) \in \mathbf{R}^2 \mid y = 2x\}$$

であるが，ベクトルの集合として見ると

$$V = \left\{ a\begin{pmatrix}1\\2\end{pmatrix} \;\middle|\; a \in \mathbf{R} \right\}$$

である．(2) についても同様である．

練習問題

問 7.5 $\mathbf{R}^3$ のベクトルを $\boldsymbol{u} = \begin{pmatrix} x \\ y \\ z \end{pmatrix}$ とするとき，次の三つの部分集合を考える．それぞれ $\mathbf{R}^3$ の部分空間となるかどうか調べよ．

(1) V_0 は $x + y + z = 0$ を満たすベクトル $\boldsymbol{u}$ から成る

(2) V_1 は $x + y + z = 1$ を満たすベクトル $\boldsymbol{u}$ から成る

(3) V_2 は $y = 2x$ を満たすベクトル $\boldsymbol{u}$ から成る

問 7.6 $\mathbf{R}^2$ において，次のベクトルが生成する部分空間はどのような集合か考えよ．

(1) $\boldsymbol{u} = \begin{pmatrix} 1 \\ 1 \end{pmatrix}$　　(2) $\boldsymbol{u}_1 = \begin{pmatrix} 2 \\ 1 \end{pmatrix}, \boldsymbol{u}_2 = \begin{pmatrix} 1 \\ 1 \end{pmatrix}$

問 7.7 3 次元空間 $\mathbf{R}^3$ 内の部分空間として平面 $x + y + z = 0$ を考える．この正規直交基底を求めよ．

問 7.8 $\mathbf{R}^3$ において，ベクトル $\boldsymbol{u}_1 = \begin{pmatrix} 1 \\ 1 \\ 0 \end{pmatrix}, \boldsymbol{u}_2 = \begin{pmatrix} 0 \\ 1 \\ 1 \end{pmatrix}$ が生成する部分空間 V はどのような集合か考えよ．また，$\boldsymbol{u}_1, \boldsymbol{u}_2$ は直交していないので，この部分空間 V の直交基底を取り直せ．

問 7.9 $\mathbf{R}^3$ において，次の二つの部分空間を考える．

$$V_1 = \left\{ (x, y, z) \;\middle|\; \frac{x}{2} = y = -z \right\}, \quad V_2 = \left\{ (x, y, z) \;\middle|\; \frac{x}{4} = \frac{y}{3} = \frac{z}{2} \right\}$$

W は次のようなベクトル $\boldsymbol{w}$ の集合とする．

$$\boldsymbol{w} = a\boldsymbol{u} + b\boldsymbol{v} \qquad (\boldsymbol{u} \in V_1, \quad \boldsymbol{v} \in V_2, \quad a, b \in \mathbf{R})$$

このとき，W は $\mathbf{R}^3$ の部分空間となることを示せ．また，この部分空間はどのような集合か．

問 7.10 $\mathbf{R}^3$ において，次の二つの部分空間を考える．

$$V_1 = \{(x, y, z) \mid x - 2y + 3z = 0\}, \quad V_2 = \{(x, y, z) \mid 3x + 2y - z = 0\}$$

このとき $W = V_1 \cap V_2$ は $\mathbf{R}^3$ の部分空間となることを示せ．また，この部分空間はどのような集合か．

7.3 線形写像と線形変換

一般に，ベクトル空間 U からベクトル空間 V への写像 $f\colon U \to V$ が右の 2 条件を満たすとき，**線形写像**または **1 次写像**という．特に，ベクトル空間 U から自分自身 U への線形写像を**線形変換**または **1 次変換**という．

(1) $f(\boldsymbol{u} + \boldsymbol{v}) = f(\boldsymbol{u}) + f(\boldsymbol{v})$

(2) $f(c\boldsymbol{u}) = cf(\boldsymbol{u}) \quad (c \in \mathbf{R})$

例 7.10 2×3 行列 $A = \begin{pmatrix} a_1 & a_2 & a_3 \\ b_1 & b_2 & b_3 \end{pmatrix}$ は $\mathbf{R}^3$ から $\mathbf{R}^2$ への線形写像となる．2 次の正方行列 $B = \begin{pmatrix} a_1 & a_2 \\ b_1 & b_2 \end{pmatrix}$ は $\mathbf{R}^2$ の線形変換となる．これらのことを確かめよう．

解 写像 $f\colon \mathbf{R}^3 \to \mathbf{R}^2$ を

$$f(\boldsymbol{v}) = A\boldsymbol{v} = \begin{pmatrix} a_1 & a_2 & a_3 \\ b_1 & b_2 & b_3 \end{pmatrix}\begin{pmatrix} x \\ y \\ z \end{pmatrix}, \qquad \boldsymbol{v} = \begin{pmatrix} x \\ y \\ z \end{pmatrix} \in \mathbf{R}^3$$

と定義すれば，f は線形写像の 2 条件を満たすからである．B についても同様なので省略． ■

このように，一般に $n \times m$ 行列は m 次元ベクトル空間 $\mathbf{R}^m$ から n 次元ベクトル空間 $\mathbf{R}^n$ への線形写像となるが，逆に線形写像があればそれを行列で表すことができる．

定理 7.2

線形写像 $f\colon \mathbf{R}^m \to \mathbf{R}^m$ があるとき，それを行列で表すことができる．

証明 $\mathbf{R}^m$ の基底 $\boldsymbol{e}_1, \ldots, \boldsymbol{e}_m$ に対して

$$f(\boldsymbol{e}_k) = \begin{pmatrix} a_{1k} \\ \vdots \\ a_{nk} \end{pmatrix} \in \mathbf{R}^n, \quad A = \begin{pmatrix} a_{11} & \cdots & a_{1m} \\ \vdots & & \vdots \\ a_{n1} & \cdots & a_{nm} \end{pmatrix}$$

とするとき，任意のベクトル

$$\boldsymbol{v} = \begin{pmatrix} v_1 \\ v_2 \\ \vdots \\ v_m \end{pmatrix} = v_1\boldsymbol{e}_1 + v_2\boldsymbol{e}_2 + \cdots + v_m\boldsymbol{e}_m$$

に対して

$$\begin{aligned} f(\boldsymbol{v}) &= v_1 f(\boldsymbol{e}_1) + \cdots + v_m f(\boldsymbol{e}_m) = v_1\begin{pmatrix} a_{11} \\ \vdots \\ a_{n1} \end{pmatrix} + \cdots + v_m\begin{pmatrix} a_{1m} \\ \vdots \\ a_{nm} \end{pmatrix} \\ &= \begin{pmatrix} v_1 a_{11} + \cdots + v_m a_{1m} \\ \vdots \\ v_1 a_{n1} + \cdots + v_m a_{nm} \end{pmatrix} = \begin{pmatrix} a_{11} & \cdots & a_{1m} \\ \vdots & & \vdots \\ a_{n1} & \cdots & a_{nm} \end{pmatrix}\begin{pmatrix} v_1 \\ \vdots \\ v_m \end{pmatrix} = A\boldsymbol{v} \end{aligned}$$

となるからである． ■

☑**注** この行列 $\begin{pmatrix} a_{11} & \cdots & a_{1m} \\ \vdots & & \vdots \\ a_{n1} & \cdots & a_{nm} \end{pmatrix}$ は基底間の対応を表している．これを線形写像 f の**表現行列**

という．基底を変えれば表現行列の成分も変わる．

線形写像 $f\colon \mathbf{R}^m \to \mathbf{R}^n$ があるとき，または線形変換 $f\colon \mathbf{R}^n \to \mathbf{R}^n$ があるとき，重要な 2 種類の部分空間がある．それは以下に説明する「像」と「核」と呼ばれるものであり，また，あとで議論する「固有空間」と呼ばれるものである．

像と核　線形写像 $f\colon \mathbf{R}^m \to \mathbf{R}^n$ に対して

(1)　集合 $\{f(\boldsymbol{u}) \mid \boldsymbol{u} \in \mathbf{R}^m\}$ は $\mathbf{R}^n$ の部分空間である．
これを**像**といい，$\mathbf{Im}\,\boldsymbol{f}$ と表す．

(2)　集合 $\{\boldsymbol{u} \mid f(\boldsymbol{u}) = \mathbf{0}\}$ は $\mathbf{R}^m$ の部分空間である．
これを**核**といい，$\mathbf{Ker}\,\boldsymbol{f}$ と表す．言い換えると，核 $\mathrm{Ker}\,f$ とは「原点に退化する」部分空間のことである．

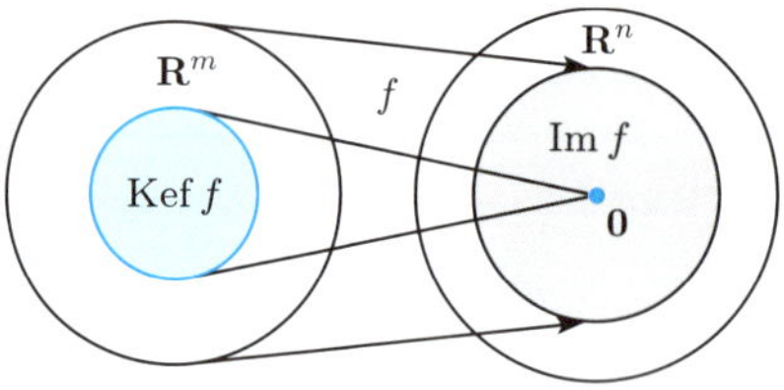

注　部分空間であることの証明は省略する．なお，$\mathrm{Im}\,f$ は「イメージ f」，また $\mathrm{Ker}\,f$ は「カーネル f」と読む．

公式 7.3

線形写像 $f\colon \mathbf{R}^m \to \mathbf{R}^n$ について次の等式が成り立つ．ただし，f の表現行列を A とする．

(1)　$\dim(\mathrm{Im}\,f) + \dim(\mathrm{Ker}\,f) = m$　　← これを次元定理という

(2)　$\dim(\mathrm{Im}\,f) = \mathrm{rank}\,A$

証明　(1) $\dim(\mathrm{Ker}\,f) = k$ とし，その基底を $\boldsymbol{u}_1, \boldsymbol{u}_2, \ldots, \boldsymbol{u}_k$ とする．

$$V = \{\boldsymbol{v} \in \mathbf{R}^m \mid \boldsymbol{v} \notin \mathrm{Ker}\,f\} \cup \{\mathbf{0}\}$$

とおくと，V は $\mathbf{R}^m$ の部分空間であり，$\mathbf{R}^m = \mathrm{Ker}\,f \cup V$ かつ $\mathrm{Ker}\,f \cap V = \mathbf{0}$ だから，V の基底を $\boldsymbol{v}_1, \boldsymbol{v}_2, \ldots, \boldsymbol{v}_j$ とすると，$j = m - k$ である．また，$f(\boldsymbol{v}_1), f(\boldsymbol{v}_2), \ldots, f(\boldsymbol{v}_j)$ は 1 次独立である．

任意の $\boldsymbol{w} \in \mathrm{Im}\,f$ に対して，$\boldsymbol{w} = f(\boldsymbol{v})$ とし，

$$\boldsymbol{v} = a_1\boldsymbol{u}_1 + a_2\boldsymbol{u}_2 + \cdots + a_k\boldsymbol{u}_k + b_1\boldsymbol{v}_1 + b_2\boldsymbol{v}_2 + \cdots + b_j\boldsymbol{v}_j$$

とおくと，

$$\boldsymbol{w} = b_1 f(\boldsymbol{v}_1) + b_2 f(\boldsymbol{v}_2) + \cdots + b_j f(\boldsymbol{v}_j)$$

となるので，$f(\boldsymbol{v}_1), f(\boldsymbol{v}_2), \ldots, f(\boldsymbol{v}_j)$ は $\mathrm{Im}\, f$ の基底であり，$\dim(\mathrm{Im}\, f) = j = m - k$ となる．

(2) は定理 3.3 から導かれる． ■

例 7.11 行列 $\begin{pmatrix} 1 & 0 \\ 1 & 1 \\ 0 & 1 \end{pmatrix}$ が表す線形写像 $f \colon \mathbf{R}^2 \to \mathbf{R}^3$ の像 $\mathrm{Im}\, f$ を考えよう．

解 $\mathbf{R}^2$ の基本ベクトル $\boldsymbol{e}_1, \boldsymbol{e}_2$ に対して

$$f(\boldsymbol{e}_1) = \begin{pmatrix} 1 \\ 1 \\ 0 \end{pmatrix}, \quad f(\boldsymbol{e}_2) = \begin{pmatrix} 0 \\ 1 \\ 1 \end{pmatrix}$$

であり，これらは 1 次独立である．像 $\mathrm{Im}\, f$ は $\begin{pmatrix} 1 \\ 1 \\ 0 \end{pmatrix}, \begin{pmatrix} 0 \\ 1 \\ 1 \end{pmatrix}$ によって生成される部分空間であり，

$$\mathrm{Im}\, f = \left\{ a\begin{pmatrix} 1 \\ 1 \\ 0 \end{pmatrix} + b\begin{pmatrix} 0 \\ 1 \\ 1 \end{pmatrix} \;\middle|\; a, b \in \mathbf{R} \right\}$$

と表すことができ，$\dim(\mathrm{Im}\, f) = 2$ である．

これは幾何学的にどんな部分空間なのか考えてみよう．この部分空間上の任意のベクトル $\begin{pmatrix} x \\ y \\ z \end{pmatrix}$ は $\begin{pmatrix} x \\ y \\ z \end{pmatrix} = a\begin{pmatrix} 1 \\ 1 \\ 0 \end{pmatrix} + b\begin{pmatrix} 0 \\ 1 \\ 1 \end{pmatrix}$ と表されるので，ここから

$$x = a, \quad y = a + b, \quad z = b$$

という関係が得られ，$y = x + z$ となる．これは原点を通る平面 $x - y + z = 0$ である．したがって，

$$\mathrm{Im}\, f = \{(x, y, z) \in \mathbf{R}^3 \mid x - y + z = 0\}$$

と表すこともできる． ■

例 7.12 行列 $\begin{pmatrix} 1 & 1 & 0 \\ 0 & 1 & 1 \end{pmatrix}$ が表す線形写像 $f \colon \mathbf{R}^3 \to \mathbf{R}^2$ の核 $\mathrm{Ker}\, f$ を考えよう．

解 $\begin{pmatrix} 1 & 1 & 0 \\ 0 & 1 & 1 \end{pmatrix}\begin{pmatrix} x \\ y \\ z \end{pmatrix} = \begin{pmatrix} 0 \\ 0 \end{pmatrix}$ より $x = z, y = -x$ という関係が得られるから，核 $\mathrm{Ker}\, f$ はベクトル $\begin{pmatrix} 1 \\ -1 \\ 1 \end{pmatrix}$ によって生成される部分空間であり，$\dim(\mathrm{Ker}\, f) = 1$ である．この部分空間は，$\mathbf{R}^3$ 内の原点 O と点 $(1, -1, 1)$ とを通る直線 $x = -y = z$ である． ■

☑**注** この部分空間も次のように，どちらで表してもよいものとする．

$$\mathrm{Ker}\, f = \left\{ a \begin{pmatrix} 1 \\ -1 \\ 1 \end{pmatrix} \,\middle|\, a \in \mathbf{R} \right\} \quad \text{または} \quad \mathrm{Ker}\, f = \{(x, y, z) \in \mathbf{R}^3 \mid x = -y = z\}$$

例 7.13 行列 $\begin{pmatrix} 1 & 2 & -1 \\ 2 & 0 & 1 \\ 3 & 2 & 0 \end{pmatrix}$ が表す線形変換 $f\colon \mathbf{R}^3 \to \mathbf{R}^3$ の $\mathrm{Im}\, f$ と $\mathrm{Ker}\, f$ を考えよう．

解 $\mathbf{R}^3$ の基本ベクトルの像が

$$f(\boldsymbol{e}_1) = \begin{pmatrix} 1 \\ 2 \\ 3 \end{pmatrix}, \quad f(\boldsymbol{e}_2) = \begin{pmatrix} 2 \\ 0 \\ 2 \end{pmatrix}, \quad f(\boldsymbol{e}_3) = \begin{pmatrix} -1 \\ 1 \\ 0 \end{pmatrix}$$

である．基本変形により

$$\begin{pmatrix} 1 & 2 & -1 \\ 2 & 0 & 1 \\ 3 & 2 & 0 \end{pmatrix} \quad \to \quad \begin{pmatrix} 1 & 0 & 1/2 \\ 0 & 1 & -3/4 \\ 0 & 0 & 0 \end{pmatrix}$$

となるので，これらの像ベクトルは 1 次独立ではなく

$$\begin{pmatrix} -1 \\ 1 \\ 0 \end{pmatrix} = \frac{1}{2}\begin{pmatrix} 1 \\ 2 \\ 3 \end{pmatrix} - \frac{3}{4}\begin{pmatrix} 2 \\ 0 \\ 2 \end{pmatrix} \qquad \text{ただし} \begin{pmatrix} 1 \\ 2 \\ 3 \end{pmatrix} \text{と} \begin{pmatrix} 2 \\ 0 \\ 2 \end{pmatrix} \text{は 1 次独立}$$

と表される．したがって，像 $\mathrm{Im}\, f$ は $\begin{pmatrix} 1 \\ 2 \\ 3 \end{pmatrix}, \begin{pmatrix} 2 \\ 0 \\ 2 \end{pmatrix}$ によって生成される部分空間であり，

$$\mathrm{Im}\, f = \left\{ a \begin{pmatrix} 1 \\ 2 \\ 3 \end{pmatrix} + b \begin{pmatrix} 2 \\ 0 \\ 2 \end{pmatrix} \,\middle|\, a, b \in \mathbf{R} \right\}$$

と表すことができ，$\dim(\mathrm{Im}\, f) = 2$ である．

次に，$\mathrm{Ker}\, f$ は連立方程式

$$\begin{pmatrix} 1 & 2 & -1 \\ 2 & 0 & 1 \\ 3 & 2 & 0 \end{pmatrix}\begin{pmatrix} x \\ y \\ z \end{pmatrix} = \begin{pmatrix} 0 \\ 0 \\ 0 \end{pmatrix}$$

の解として得られるが，上の基本変形の結果から

$$x + \frac{z}{2} = 0, \quad y - \frac{3z}{4} = 0 \qquad \text{したがって} \quad \frac{x}{2} = -\frac{y}{3} = -\frac{z}{4}$$

という関係式が得られるので，$\mathrm{Ker}\, f$ は原点を通り，$\begin{pmatrix} 2 \\ -3 \\ -4 \end{pmatrix}$ を方向ベクトルとする直線である．すなわち，

$$\mathrm{Ker}\, f = \left\{ a \begin{pmatrix} 2 \\ -3 \\ -4 \end{pmatrix} \,\middle|\, a \in \mathbf{R} \right\} \quad \text{または} \quad \mathrm{Ker}\, f = \left\{ (x, y, x) \in \mathbf{R}^3 \,\middle|\, \frac{x}{2} = -\frac{y}{3} = -\frac{z}{4} \right\}$$

であり，$\dim(\mathrm{Ker}\, f) = 1$． ■

注 $\begin{pmatrix} x \\ y \\ z \end{pmatrix} = a\begin{pmatrix} 1 \\ 2 \\ 3 \end{pmatrix} + b\begin{pmatrix} 2 \\ 0 \\ 2 \end{pmatrix}$ より $x+y-z=0$ という関係式が得られるので，$\mathrm{Im}\, f$ は「原点を通る平面 $x+y-z=0$」であり，これを次のように点の集合として表してもよい．

$$\mathrm{Im}\, f = \{(x,y,z) \in \mathbf{R}^3 \mid x+y-z=0\}$$

固有空間 正方行列 A による変換 $f\colon \mathbf{R}^n \to \mathbf{R}^n$ があるとき，その固有値 λ に対して

$$A\boldsymbol{v} = \lambda\boldsymbol{v}$$

を満たすベクトル $\boldsymbol{v}$ の集合 $W(\lambda)$ を**固有空間**という．$W(\lambda)$ は $\mathbf{R}^n$ の部分空間である．

注 固有ベクトルの定義では除かれていた零ベクトル $\mathbf{0}$ が，固有空間の定義では排除されていないことに注意せよ．部分空間となることの証明は問 7.16 で考えよう．

例 7.14 行列 $A = \begin{pmatrix} 3 & -1 \\ 4 & -2 \end{pmatrix}$ によって表される線形変換の固有空間を求めよう．

解 $\mathrm{tr}\, A = 1$，$|A| = -2$ だから固有方程式は $\lambda^2 - \lambda - 2 = 0$ であり，これを解いて固有値 $\lambda = 2, -1$ を得る．それぞれの固有ベクトルを求めると，

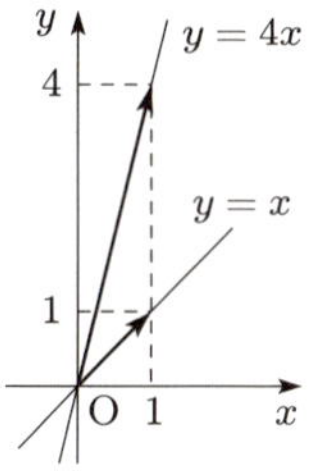

$\lambda = 2$ のとき

$$\begin{pmatrix} 1 & -1 \\ 4 & -4 \end{pmatrix}\begin{pmatrix} x \\ y \end{pmatrix} = \begin{pmatrix} 0 \\ 0 \end{pmatrix} \qquad \text{より } x - y = 0$$

$\lambda = -1$ のとき

$$\begin{pmatrix} 4 & -1 \\ 4 & -1 \end{pmatrix}\begin{pmatrix} x \\ y \end{pmatrix} = \begin{pmatrix} 0 \\ 0 \end{pmatrix} \qquad \text{より } 4x - y = 0$$

となるから，直線 $y = x$ と $y = 4x$ 上にあるベクトル

$$a\begin{pmatrix} 1 \\ 1 \end{pmatrix}, \quad b\begin{pmatrix} 1 \\ 4 \end{pmatrix} \qquad (\text{ただし } a, b \text{ は } 0 \text{ でない任意定数})$$

である．ここで，「ただし」の条件をとったものが固有空間となる．したがって

$$W(2) = \left\{ a\begin{pmatrix} 1 \\ 1 \end{pmatrix} \,\middle|\, a \in \mathbf{R} \right\}, \quad W(-1) = \left\{ b\begin{pmatrix} 1 \\ 4 \end{pmatrix} \,\middle|\, b \in \mathbf{R} \right\}$$

となる． ■

注 $W(2)$ は原点を通る直線 $y = x$ そのものである．また，$W(-1)$ は原点を通る直線 $y = 4x$ である．よって，次のように表してもよい．

$$W(2) = \{(x,y) \in \mathbf{R}^2 \mid y = x\}, \quad W(-1) = \{(x,y) \in \mathbf{R}^2 \mid y = 4x\}$$

例 7.15 行列 $\begin{pmatrix} 0 & 1 & 1 \\ 1 & 0 & 1 \\ 1 & 1 & 0 \end{pmatrix}$ によって表される線形変換の固有空間を求めよう．

解 固有方程式 $\begin{vmatrix} -\lambda & 1 & 1 \\ 1 & -\lambda & 1 \\ 1 & 1 & -\lambda \end{vmatrix} = 0$ を解いて固有値 $\lambda = 2, -1$ を得る．ただし，$\lambda = -1$ は 2 重解である．$\lambda = 2$ に対する固有ベクトルを求めると，

$$\begin{pmatrix} -2 & 1 & 1 \\ 1 & -2 & 1 \\ 1 & 1 & -2 \end{pmatrix}\begin{pmatrix} x \\ y \\ z \end{pmatrix} = \begin{pmatrix} 0 \\ 0 \\ 0 \end{pmatrix} \qquad \text{より } x = y = z$$

となり，ここで関係式 $x = y = z$ は $\mathbf{R}^3$ 内の原点を通り，方向ベクトルが $\begin{pmatrix} 1 \\ 1 \\ 1 \end{pmatrix}$ の直線である．したがって，

$$W(2) = \left\{ a\begin{pmatrix} 1 \\ 1 \\ 1 \end{pmatrix} \;\middle|\; a \in \mathbf{R} \right\} \quad \text{または} \quad W(2) = \{(x, y, z) \in \mathbf{R}^3 \mid x = y = z\}$$

となる．次に，$\lambda = -1$ に対する固有ベクトルを求めると，

$$\begin{pmatrix} 1 & 1 & 1 \\ 1 & 1 & 1 \\ 1 & 1 & 1 \end{pmatrix}\begin{pmatrix} x \\ y \\ z \end{pmatrix} = \begin{pmatrix} 0 \\ 0 \\ 0 \end{pmatrix} \qquad \text{より } x + y + z = 0$$

となり，ここで関係式 $x + y + z = 0$ は $\mathbf{R}^3$ 内の原点を通る平面を表す．この平面上の 1 次独立なベクトルを二つ選んで，

$$W(-1) = \left\{ a\begin{pmatrix} 1 \\ -1 \\ 0 \end{pmatrix} + b\begin{pmatrix} 1 \\ 1 \\ -2 \end{pmatrix} \;\middle|\; a, b \in \mathbf{R} \right\}$$

または

$$W(-1) = \{(x, y, z) \in \mathbf{R}^3 \mid x + y + z = 0\}$$

となる． ■

☑**注** 直線 $x = y = z$ は平面 $x + y + z = 0$ に対して垂直である．すなわち法線になっている．対称行列の固有空間は，この例のように，互いに直交する関係になる．定理 7.9 を参照．

例 7.16 行列 $\begin{pmatrix} 2 & -1 & 1 \\ 0 & 1 & 1 \\ -1 & 1 & 1 \end{pmatrix}$ によって表される線形変換の固有空間を求めよう．

解 固有方程式 $\begin{vmatrix} 2-\lambda & -1 & 1 \\ 0 & 1-\lambda & 1 \\ -1 & 1 & 1-\lambda \end{vmatrix} = 0$ を解いて固有値 $\lambda = 2, 1$ を得る．ただし，$\lambda = 1$ は 2 重解である．$\lambda = 2$ に対する固有ベクトルを求めると，

$$\begin{pmatrix} 0 & -1 & 1 \\ 0 & -1 & 1 \\ -1 & 1 & -1 \end{pmatrix}\begin{pmatrix} x \\ y \\ z \end{pmatrix} = \begin{pmatrix} 0 \\ 0 \\ 0 \end{pmatrix} \quad \text{より } x = 0,\ y = z$$

となり，ここで，関係式 $x = 0,\ y = z$ は，空間 $\mathbf{R}^3$ 内で平面 $x = 0$ 上の直線 $y = z$ を意味するので，

$$W(2) = \left\{ a\begin{pmatrix} 0 \\ 1 \\ 1 \end{pmatrix} \middle| \ a \in \mathbf{R} \right\} \quad \text{または} \quad W(2) = \{(0, y, z) \in \mathbf{R}^3 \mid y = z\}$$

となる．次に，$\lambda = 1$ に対する固有ベクトルを求めると，

$$\begin{pmatrix} 1 & -1 & 1 \\ 0 & 0 & 1 \\ -1 & 1 & 0 \end{pmatrix}\begin{pmatrix} x \\ y \\ z \end{pmatrix} = \begin{pmatrix} 0 \\ 0 \\ 0 \end{pmatrix} \quad \text{より } z = 0,\ x = y$$

となり，ここで，関係式 $z = 0,\ x = y$ は平面 $z = 0$ 上の直線 $x = y$ を意味するので，

$$W(1) = \left\{ b\begin{pmatrix} 1 \\ 1 \\ 0 \end{pmatrix} \middle| \ b \in \mathbf{R} \right\} \quad \text{または} \quad W(1) = \{(x, y, 0) \in \mathbf{R}^3 \mid x = y\}$$

となる． ■

注 $\mathbf{R}^3$ 内の点の集合として見るとき，固有空間 $W(2)$ は平面 $x = 0$ 上の直線 ① $y = z$ であり，固有空間 $W(1)$ は平面 $z = 0$ 上の直線 ② $x = y$ である．この二つの直線は直交する関係でない．このように非対称行列の場合，固有値に重解があっても，その固有空間が平面とならず直線であったり，また，固有空間どうしが直交しないことがある．

それに対して，対称行列の場合は例 7.15 のように，重解のとき固有空間は平面となり，また，固有空間どうしは必ず直交する関係になる．

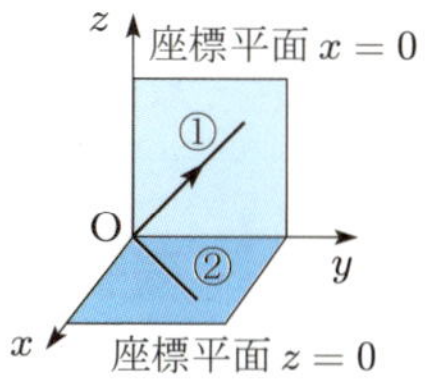

定義から，次の定理は明らかである．

定理 7.3

$\mathbf{R}^n$ 上の線形変換 f を表す行列を A とするとき，もし A が固有値 $\lambda = 0$ をもつならば，

$$\mathrm{Ker}\, f = W(0)$$

練習問題

問 7.11 基本ベクトル $\begin{pmatrix} 1 \\ 0 \\ 0 \end{pmatrix}, \begin{pmatrix} 0 \\ 1 \\ 0 \end{pmatrix}, \begin{pmatrix} 0 \\ 0 \\ 1 \end{pmatrix}$ をそれぞれベクトル $\begin{pmatrix} 1 \\ 2 \\ 5 \end{pmatrix}, \begin{pmatrix} 2 \\ 1 \\ 3 \end{pmatrix}, \begin{pmatrix} -2 \\ 1 \\ 1 \end{pmatrix}$ に移す線形変換 f があるとき，この表現行列を答えよ．また，この線形変換によりベクトル $\begin{pmatrix} 4 \\ -5 \\ 3 \end{pmatrix}$

はどのようなベクトルに移されるか．さらに，$\dim(\mathrm{Im}\, f)$ を求めよ．

問 7.12　行列 $\begin{pmatrix} 1 & 0 \\ 1 & -1 \\ 0 & 1 \end{pmatrix}$ が表す線形写像 $f\colon \mathbf{R}^2 \to \mathbf{R}^3$ の像 $\mathrm{Im}\, f$ はどのような図形なのか答えよ．また，$\dim(\mathrm{Im}\, f)$ を求めよ．

問 7.13　行列 $\begin{pmatrix} 1 & -1 & 0 \\ 1 & 0 & 1 \end{pmatrix}$ が表す線形写像 $f\colon \mathbf{R}^3 \to \mathbf{R}^2$ の核 $\mathrm{Ker}\, f$ はどのような図形なのか答えよ．また，$\dim(\mathrm{Ker}\, f)$ を求めよ．

問 7.14　行列 $\begin{pmatrix} 2 & 1 & 1 \\ 5 & 3 & 2 \\ 1 & 1 & 0 \end{pmatrix}$ が表す線形変換 $f\colon \mathbf{R}^3 \to \mathbf{R}^3$ の像 $\mathrm{Im}\, f$ と核 $\mathrm{Ker}\, f$ はどのような図形なのか答えよ．また，$\dim(\mathrm{Im}\, f)$ と $\dim(\mathrm{Ker}\, f)$ を求めよ．

問 7.15　次の行列の固有値と，実数値の固有値に対する固有空間を求めよ．

(1) $\begin{pmatrix} 2 & 2 \\ 2 & -1 \end{pmatrix}$　　(2) $\begin{pmatrix} 0 & 1 \\ 0 & 0 \end{pmatrix}$

(3) $\begin{pmatrix} 0 & 0 & 2 \\ 0 & 1 & -1 \\ -1 & 0 & 3 \end{pmatrix}$　　(4) $\begin{pmatrix} 1 & -1 & 0 \\ 3 & 4 & 0 \\ 0 & 0 & 5 \end{pmatrix}$　　(5) $\begin{pmatrix} -1 & 2 & 2 \\ 2 & -1 & 2 \\ 2 & 2 & -1 \end{pmatrix}$

問 7.16　一般に，固有空間 $W(\lambda)$ は $\mathbf{R}^n$ の部分空間であることを証明せよ．

7.4　直交変換と対称行列の対角化

ベクトル空間 $\mathbf{R}^n$ の内積を変えない線形変換 $f\colon \mathbf{R}^n \to \mathbf{R}^n$，すなわち

$$f(\boldsymbol{u}) \cdot f(\boldsymbol{v}) = \boldsymbol{u} \cdot \boldsymbol{v} \quad （任意の\ \boldsymbol{u}, \boldsymbol{v} \in \mathbf{R}^n\ に対して）$$

を満たす f を**直交変換**という．

定理 7.4

f が直交変換のとき，次のことが成り立つ．

(1)　$|f(\boldsymbol{u})| = |\boldsymbol{u}|$

(2)　$\boldsymbol{u} \perp \boldsymbol{v} \quad \Rightarrow \quad f(\boldsymbol{u}) \perp f(\boldsymbol{v})$

(3)　$\boldsymbol{u}_1, \boldsymbol{u}_2, \ldots, \boldsymbol{u}_n$ が正規直交基底 $\Rightarrow$ $f(\boldsymbol{u}_1), f(\boldsymbol{u}_2), \ldots, f(\boldsymbol{u}_n)$ も正規直交基底

一般に，$|\boldsymbol{u}|^2 = \boldsymbol{u} \cdot \boldsymbol{u}$ であることを用いて証明することができる．

定理 7.5

上の定理の (1) の逆が成り立つ．すなわち

$$|f(\boldsymbol{u})| = |\boldsymbol{u}| \quad (\text{任意の } \boldsymbol{u} \in \mathbf{R}^n \text{ に対して}) \quad \Rightarrow \quad f \text{ は直交変換である}$$

証明　次のように $f(\boldsymbol{u}) \cdot f(\boldsymbol{v}) = \boldsymbol{u} \cdot \boldsymbol{v}$ を示すことができる．

$$\begin{aligned} f(\boldsymbol{u}) \cdot f(\boldsymbol{v}) &= \frac{1}{2}(|f(\boldsymbol{u}) + f(\boldsymbol{v})|^2 - |f(\boldsymbol{u})|^2 - |f(\boldsymbol{v})|^2) \\ &= \frac{1}{2}(|f(\boldsymbol{u} + \boldsymbol{v})|^2 - |f(\boldsymbol{u})|^2 - |f(\boldsymbol{v})|^2) \\ &= \frac{1}{2}(|\boldsymbol{u} + \boldsymbol{v}|^2 - |\boldsymbol{u}|^2 - |\boldsymbol{v}|^2) \\ &= \boldsymbol{u} \cdot \boldsymbol{v} \end{aligned}$$

■

したがって，直交変換とは「ベクトルの大きさを変えない変換」ということができる．

定理 7.6

直交変換 $f \colon \mathbf{R}^n \to \mathbf{R}^n$ の表現行列 P は次の性質をもつ．

$${}^tPP = E \qquad \text{すなわち} \qquad {}^tP = P^{-1}$$

証明　$P = \begin{pmatrix} a_{11} & \cdots & a_{1n} \\ \vdots & & \vdots \\ a_{n1} & \cdots & a_{nn} \end{pmatrix}$ の列ベクトル $\boldsymbol{a}_1 = \begin{pmatrix} a_{11} \\ \vdots \\ a_{n1} \end{pmatrix}, \ldots, \boldsymbol{a}_n = \begin{pmatrix} a_{1n} \\ \vdots \\ a_{nn} \end{pmatrix}$ を考えると，各 $\boldsymbol{a}_k = f(\boldsymbol{e}_k)$ だから

$$\boldsymbol{a}_i \cdot \boldsymbol{a}_j = f(\boldsymbol{e}_i) \cdot f(\boldsymbol{e}_j) = \boldsymbol{e}_i \cdot \boldsymbol{e}_j = \delta_{ij}$$

となる．一方，${}^tPP = \begin{pmatrix} x_{11} & \cdots & x_{1n} \\ \vdots & & \vdots \\ x_{n1} & \cdots & x_{nn} \end{pmatrix}$ とおくと，$x_{ij} = {}^t\boldsymbol{a}_i\boldsymbol{a}_j = \boldsymbol{a}_i \cdot \boldsymbol{a}_j = \delta_{ij}$ より ${}^tPP = E$ となる．

■

この定理の性質

$${}^tPP = E \qquad \text{すなわち} \qquad {}^tP = P^{-1}$$

をもつ行列 P を**直交行列**という．

例 7.17　次は直交行列である．

(1) $\begin{pmatrix} 0 & 1 \\ 1 & 0 \end{pmatrix}$　(2) $\begin{pmatrix} \cos\theta & -\sin\theta \\ \sin\theta & \cos\theta \end{pmatrix}$　(3) $\begin{pmatrix} 1/\sqrt{3} & 0 & 2/\sqrt{6} \\ 1/\sqrt{3} & 1/\sqrt{2} & -1/\sqrt{6} \\ -1/\sqrt{3} & 1/\sqrt{2} & 1/\sqrt{6} \end{pmatrix}$

定理 7.4 の (3) の内容をこの例で説明すると，それぞれの直交行列の列ベクトルの組，すなわち (1) では $\begin{pmatrix}0\\1\end{pmatrix}$, $\begin{pmatrix}1\\0\end{pmatrix}$ が $\mathbf{R}^2$ の正規直交基底になること，(2) では $\begin{pmatrix}\cos\theta\\\sin\theta\end{pmatrix}$, $\begin{pmatrix}-\sin\theta\\\cos\theta\end{pmatrix}$ が $\mathbf{R}^2$ の正規直交基底になること，(3) では $\dfrac{1}{\sqrt{3}}\begin{pmatrix}1\\1\\-1\end{pmatrix}$, $\dfrac{1}{\sqrt{2}}\begin{pmatrix}0\\1\\1\end{pmatrix}$, $\dfrac{1}{\sqrt{6}}\begin{pmatrix}2\\-1\\1\end{pmatrix}$ が $\mathbf{R}^3$ の正規直交基底になることを意味している．

定理 7.7

P を直交行列とするとき

(1) 線形変換 $f\colon \mathbf{R}^n \to \mathbf{R}^n$ を $f(\boldsymbol{u}) = P\boldsymbol{u}$ で定義するならば，f は直交変換である．

(2) P の列ベクトルは正規直交基底となる．

証明 (1)
$$f(\boldsymbol{u})\cdot f(\boldsymbol{v}) = P\boldsymbol{u}\cdot P\boldsymbol{v} = {}^t(P\boldsymbol{u})P\boldsymbol{v}$$
$$= {}^t\boldsymbol{u}\,{}^tPP\boldsymbol{v} = {}^t\boldsymbol{u}E\boldsymbol{v} = {}^t\boldsymbol{u}\boldsymbol{v} = \boldsymbol{u}\cdot\boldsymbol{v}$$
すなわち，$f(\boldsymbol{u})\cdot f(\boldsymbol{v}) = \boldsymbol{u}\cdot\boldsymbol{v}$ が成り立つので，f は直交変換である．
(2) P の列ベクトルを $\boldsymbol{v}_1, \boldsymbol{v}_2, \ldots, \boldsymbol{v}_n$ とすると，

$$\boldsymbol{v}_k = f(\boldsymbol{e}_k) = P\boldsymbol{e}_k \qquad (k = 1, 2, \ldots, n)$$

であり，$\boldsymbol{v}_i\cdot\boldsymbol{v}_j = \boldsymbol{e}_i\cdot\boldsymbol{e}_j$ だから正規直交である．任意の $\boldsymbol{u}\in\mathbf{R}^n$ に対して

$${}^tP\boldsymbol{u} = a_1\boldsymbol{e}_1 + a_2\boldsymbol{e}_2 + \cdots + a_n\boldsymbol{e}_n$$

とおけば，

$$P\,{}^tP\boldsymbol{u} = \boldsymbol{u}$$
$$= a_1P\boldsymbol{e}_1 + a_2P\boldsymbol{e}_2 + \cdots + a_nP\boldsymbol{e}_n$$
$$= a_1\boldsymbol{v}_1 + a_2\boldsymbol{v}_2 + \cdots + a_n\boldsymbol{v}_n$$

となるので，$\boldsymbol{v}_1, \boldsymbol{v}_2, \ldots, \boldsymbol{v}_n$ は基底である． ■

定理 7.8

2 次の直交行列は，本質的に次の 2 種類だけである．

$$\begin{pmatrix}1 & 0\\0 & -1\end{pmatrix},\quad \begin{pmatrix}\cos\theta & -\sin\theta\\\sin\theta & \cos\theta\end{pmatrix}$$

前者は x 軸に関する対称変換（下図 (a)）で，後者は原点のまわりの回転（下図 (b)）である．

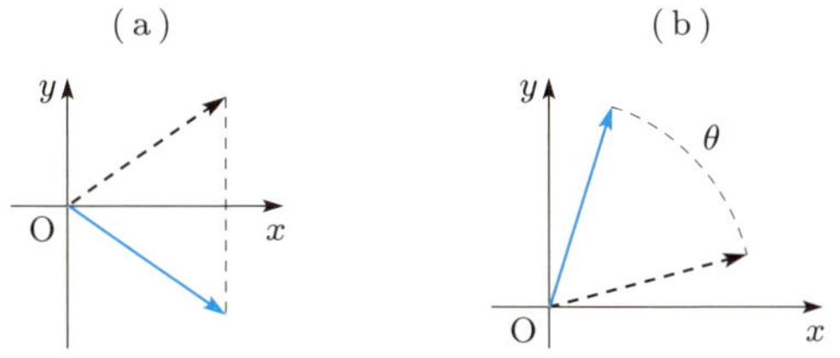

証明 $A = \begin{pmatrix} a & b \\ c & d \end{pmatrix}$ とおく.

$|\boldsymbol{A}| = 1$ のとき

${}^tA = A^{-1}$ より

$$a = d, \quad b = -c, \quad a^2 + b^2 = 1$$

となるので, A は

$$\begin{pmatrix} \cos\theta & -\sin\theta \\ \sin\theta & \cos\theta \end{pmatrix} \quad \text{または} \quad \begin{pmatrix} \sin\theta & -\cos\theta \\ \cos\theta & \sin\theta \end{pmatrix}$$

に絞られる. しかし, この二つは角度のとり方による見かけの違いであり,

$$\sin\left(\theta + \frac{\pi}{2}\right) = \cos\theta, \quad \cos\left(\theta + \frac{\pi}{2}\right) = -\sin\theta$$

という関係があるので, 本質的には $\begin{pmatrix} \cos\theta & -\sin\theta \\ \sin\theta & \cos\theta \end{pmatrix}$ の一つだけである.

$|\boldsymbol{A}| = -1$ のとき

$$a = -d, \quad b = c, \quad a^2 + b^2 = 1$$

となるので, A は

$$\begin{pmatrix} \cos\theta & \sin\theta \\ \sin\theta & -\cos\theta \end{pmatrix} \quad \text{または} \quad \begin{pmatrix} \sin\theta & \cos\theta \\ \cos\theta & -\sin\theta \end{pmatrix}$$

に絞られる. しかし, これも上と同じ理由で, 本質的には $\begin{pmatrix} \cos\theta & \sin\theta \\ \sin\theta & -\cos\theta \end{pmatrix}$ の一つだけである. さらに,

$$\begin{pmatrix} \cos\theta & \sin\theta \\ \sin\theta & -\cos\theta \end{pmatrix} = \begin{pmatrix} \cos\theta & -\sin\theta \\ \sin\theta & \cos\theta \end{pmatrix} \begin{pmatrix} 1 & 0 \\ 0 & -1 \end{pmatrix}$$

と表すことができる. ■

定理 7.8 は, 2 次の直交行列はこの二つしかないという意味ではない. 直交変換すなわち「ベクトルの大きさを変えない変換」を表す直交行列はほかにもあるが, それらはどれもこの二つを組み合わせて表すことができるという意味である. たとえば, y 軸に関する対称移動は

$$\begin{pmatrix} -1 & 0 \\ 0 & 1 \end{pmatrix} \begin{pmatrix} x \\ y \end{pmatrix} = \begin{pmatrix} -x \\ y \end{pmatrix}$$

であるが，これは $\begin{pmatrix} -1 & 0 \\ 0 & 1 \end{pmatrix} = \begin{pmatrix} \cos 180° & -\sin 180° \\ \sin 180° & \cos 180° \end{pmatrix} \begin{pmatrix} 1 & 0 \\ 0 & -1 \end{pmatrix}$ と表すことができる．

対称行列については次の重要な定理が成り立つ．

定理 7.9

対称行列の場合には

(1) 固有値はすべて実数である．

(2) 異なる固有値に対する固有ベクトルはすべて互いに直交する．

証明　(1) 2 次の場合は簡単である．$A = \begin{pmatrix} a & b \\ b & c \end{pmatrix}$ とおくと，固有方程式は

$$\lambda^2 - (a+c)\lambda + (ac - b^2) = 0$$

である．この 2 次方程式の判別式は $(a-c)^2 + 4b^2 \geq 0$ となるから，実数解が得られる．一般的な形で証明すると，以下のようになる．固有値 λ と固有ベクトル $\boldsymbol{v}$ があるとき，その成分の共役複素数をとったものを $\bar{\boldsymbol{v}}$ とすると，

$$A\boldsymbol{v} \cdot \bar{\boldsymbol{v}} = \lambda \boldsymbol{v} \cdot \bar{\boldsymbol{v}} = \lambda(\boldsymbol{v} \cdot \bar{\boldsymbol{v}})$$

であり，他方，

$$A\boldsymbol{v} \cdot \bar{\boldsymbol{v}} = {}^t(A\boldsymbol{v})\bar{\boldsymbol{v}} = {}^t\boldsymbol{v}(A\bar{\boldsymbol{v}}) = {}^t\boldsymbol{v}(\bar{\lambda}\bar{\boldsymbol{v}}) = \bar{\lambda}(\boldsymbol{v} \cdot \bar{\boldsymbol{v}})$$

だから $\lambda = \bar{\lambda}$ となる．すなわち，λ は実数である．

(2) 固有値 λ_1, λ_2 とそれぞれの固有ベクトル $\boldsymbol{v}_1, \boldsymbol{v}_2$ があるとき，

$$\boldsymbol{v}_1 \cdot A\boldsymbol{v}_2 = \boldsymbol{v}_1 \cdot \lambda_2 \boldsymbol{v}_1 = \lambda_2(\boldsymbol{v}_1 \cdot \boldsymbol{v}_2)$$

となる．他方，

$$\boldsymbol{v}_1 \cdot A\boldsymbol{v}_2 = {}^t\boldsymbol{v}_1(A\boldsymbol{v}_2) = ({}^t\boldsymbol{v}_1 A)\boldsymbol{v}_2 = {}^t(A\boldsymbol{v}_1)\boldsymbol{v}_2 = A\boldsymbol{v}_1 \cdot \boldsymbol{v}_2 = \lambda_1 \boldsymbol{v}_1 \cdot \boldsymbol{v}_2$$

だから $(\lambda_2 - \lambda_1)(\boldsymbol{v}_1 \cdot \boldsymbol{v}_2) = 0$ となり，$\lambda_1 \neq \lambda_2$ ならば $\boldsymbol{v}_1 \cdot \boldsymbol{v}_2 = 0$ である．■

定理 7.10

A が対称行列ならば，直交行列 P によって対角化可能である．すなわち

$$ {}^tPAP = \begin{pmatrix} \lambda_1 & & O \\ & \ddots & \\ O & & \lambda_n \end{pmatrix} $$

$\lambda_1, \ldots, \lambda_n$ は A の固有値
ただし同じ値（重解）があってもよい．

証明　2 次の対称行列について証明する．$A = \begin{pmatrix} a_{11} & a_{12} \\ a_{21} & a_{22} \end{pmatrix}$ とおく．ここで，$a_{12} = a_{21}$ である．A の固有値 λ とその単位固有ベクトル $\boldsymbol{p} = \begin{pmatrix} p_1 \\ p_2 \end{pmatrix}$ をとると，

$$A\boldsymbol{p} = \lambda \boldsymbol{p}, \quad \boldsymbol{p} \cdot \boldsymbol{p} = 1$$ ← ここで，λ は定理 7.9 により実数

である．次に，$\boldsymbol{p}$ と直交する単位ベクトル $\boldsymbol{q} = \begin{pmatrix} q_1 \\ q_2 \end{pmatrix}$ をとる．すなわち，

$$\boldsymbol{p} \cdot \boldsymbol{q} = 0, \quad \boldsymbol{q} \cdot \boldsymbol{q} = 1$$

である．また，$A\boldsymbol{q} = \boldsymbol{q}' = \begin{pmatrix} q_1' \\ q_2' \end{pmatrix}$ とおく．

$\boldsymbol{p}$ と $\boldsymbol{q}$ を列ベクトルに含む行列を $P = \begin{pmatrix} p_1 & q_1 \\ p_2 & q_2 \end{pmatrix}$ とすると，P は直交行列であり，

$$ {}^t\!PAP = \begin{pmatrix} p_1 & p_2 \\ q_1 & q_2 \end{pmatrix} \begin{pmatrix} \lambda p_1 & q_1' \\ \lambda p_2 & q_2' \end{pmatrix} = \begin{pmatrix} \lambda \boldsymbol{p} \cdot \boldsymbol{p} & \boldsymbol{p} \cdot \boldsymbol{q}' \\ \lambda \boldsymbol{p} \cdot \boldsymbol{q} & \boldsymbol{q} \cdot \boldsymbol{q}' \end{pmatrix} = \begin{pmatrix} \lambda & \boldsymbol{p} \cdot \boldsymbol{q}' \\ 0 & \boldsymbol{q} \cdot \boldsymbol{q}' \end{pmatrix}$$

のように ${}^t\!PAP$ は上三角行列になるが，ここで，

$$\boldsymbol{p} \cdot \boldsymbol{q}' = \boldsymbol{p} \cdot A\boldsymbol{q} = {}^t\boldsymbol{p}A\boldsymbol{q} = {}^t(A\boldsymbol{p})\boldsymbol{q} = \lambda\, {}^t\boldsymbol{p}\boldsymbol{q} = \lambda \boldsymbol{p} \cdot \boldsymbol{q} = 0$$

である．したがって，${}^t\!PAP = \begin{pmatrix} \lambda & 0 \\ 0 & \boldsymbol{q} \cdot \boldsymbol{q}' \end{pmatrix}$ のように対角行列になる．さらに，定理 6.7 により A と ${}^t\!PAP$ の固有値は一致するから，$\boldsymbol{q} \cdot \boldsymbol{q}'$ は A のもう一つの固有値である． ■

☑**注**　$\boldsymbol{p} \cdot \boldsymbol{q}' = 0$ は ${}^t\!PAP$ が対称行列になることから示すこともできる．以上の証明を数学的帰納法で行えば，一般の n 次の場合の証明が得られる．

定理 7.11

A が n 次の対称行列ならば，$\lambda_1, \ldots, \lambda_n$ の中に重解があるとき，たとえば λ_k が r 重解とするとき，$\dim W(\lambda_k) = r$ である．

証明　A の固有値を $\lambda_1, \ldots, \lambda_n$ とする．ただし，重解があるかもしれない．定理 7.10 により，A は直交行列 P によって対角化可能だから，それを

$$ {}^t\!PAP = B = \begin{pmatrix} b_1 & & O \\ & \ddots & \\ O & & b_n \end{pmatrix}$$

とおく．P の各列ベクトルを $\boldsymbol{p}_j$ とすると，$AP = PB$ だから

$$A\boldsymbol{p}_j = b_j \boldsymbol{p}_j \qquad (j = 1, 2, \ldots, n)$$

となり，各列ベクトル $\boldsymbol{p}_j$ は A の固有ベクトルであることがわかる．すると，b_j は固有値だから $\lambda_1, \ldots, \lambda_n$ のどれかと一致するので，それが λ_k であるとしよう．それが r 重解ならば，$b_j = \lambda_k$ となる列ベクトル $\boldsymbol{p}_j$ が r 個あることになる．

一方，P は正則だから $\boldsymbol{p}_1, \boldsymbol{p}_2, \ldots, \boldsymbol{p}_n$ は 1 次独立である．したがって，$b_j = \lambda_k$ となる r 個のベクトル $\boldsymbol{p}_j$ で生成される固有空間，すなわち $W(\lambda_k)$ の次元は r である． ■

以上の議論から，n 次の対称行列に対しては，たとえ固有値に重解があっても，必ず互いに直交する固有ベクトルを全部で n 個とることができる．したがって，対称行

列の場合は，直交行列を用いて必ず対角化可能である．

例 7.18 対称行列 $A = \begin{pmatrix} 1 & 2 \\ 2 & 1 \end{pmatrix}$ を対角化しよう．

解 $\mathrm{tr}\,A = 2$, $|A| = -3$ より，固有方程式は $\lambda^2 - 2\lambda - 3 = 0$ であり，固有値 $\lambda = -1, 3$ を得る．

$\lambda = -1$ に対する固有ベクトルは，$\begin{pmatrix} 2 & 2 \\ 2 & 2 \end{pmatrix}\begin{pmatrix} x \\ y \end{pmatrix} = \begin{pmatrix} 0 \\ 0 \end{pmatrix}$ より関係式 $x + y = 0$ すなわち $y = -x$ を満たすものをとり，$\boldsymbol{u}_1 = a\begin{pmatrix} 1 \\ -1 \end{pmatrix}$ とする．

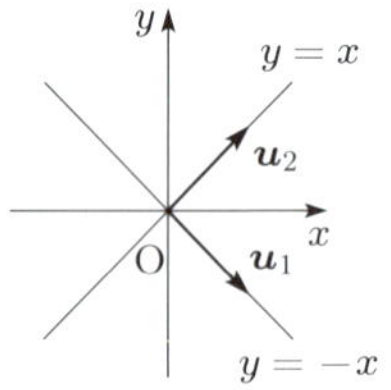

$\lambda = 3$ に対する固有ベクトルは，$\begin{pmatrix} -2 & 2 \\ 2 & -2 \end{pmatrix}\begin{pmatrix} x \\ y \end{pmatrix} = \begin{pmatrix} 0 \\ 0 \end{pmatrix}$ より関係式 $x - y = 0$ すなわち $y = x$ を満たすものをとり，$\boldsymbol{u}_2 = b\begin{pmatrix} 1 \\ 1 \end{pmatrix}$ とする．なお，以上で a, b は 0 でない任意定数とする．

2 直線 $y = x$ と $y = -x$ は図のように直交しているので，固有ベクトルをどのようにとっても直交することがわかる．それぞれの固有ベクトルを次のように正規化する．

$$\frac{1}{\sqrt{2}}\begin{pmatrix} 1 \\ -1 \end{pmatrix}, \quad \frac{1}{\sqrt{2}}\begin{pmatrix} 1 \\ 1 \end{pmatrix}$$

そして，これらを列ベクトルに含む行列 P を考える．すなわち，

$$P = \frac{1}{\sqrt{2}}\begin{pmatrix} 1 & 1 \\ -1 & 1 \end{pmatrix}$$

とおく．これは直交行列であり，定理 7.10 により，

$${}^tPAP = \frac{1}{2}\begin{pmatrix} 1 & -1 \\ 1 & 1 \end{pmatrix}\begin{pmatrix} 1 & 2 \\ 2 & 1 \end{pmatrix}\begin{pmatrix} 1 & 1 \\ -1 & 1 \end{pmatrix} = \begin{pmatrix} -1 & 0 \\ 0 & 3 \end{pmatrix}$$

のように対角化できる．■

☑注 固有ベクトルの順番は決まっているわけではなく

$$P = \frac{1}{\sqrt{2}}\begin{pmatrix} 1 & 1 \\ 1 & -1 \end{pmatrix} \qquad \leftarrow \boldsymbol{u}_2, \boldsymbol{u}_1 \text{ の順番}$$

とおくことも考えられる．もちろんこれも直交行列である．その場合には

$${}^tPAP = \begin{pmatrix} 3 & 0 \\ 0 & -1 \end{pmatrix}$$

となる．

例 7.19 対称行列 $A = \begin{pmatrix} 1 & 2 \\ 2 & 1 \end{pmatrix}$ の対角化を利用して，その線形変換の幾何学的意味を考えてみよう．

解 まず，点の移動を図で見ておこう（下図）．

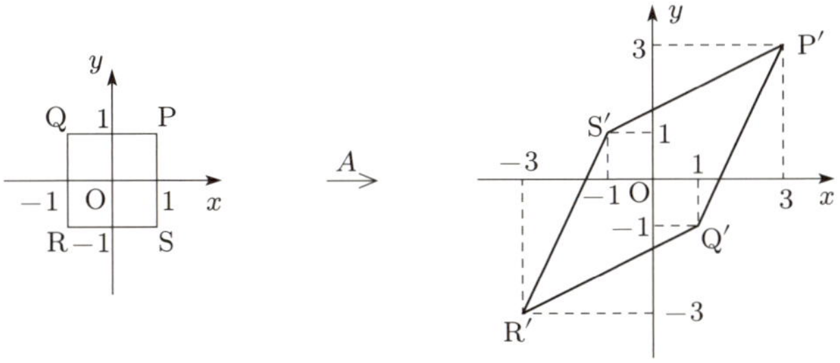

行列の対角化はこのような結果を以下のように説明することができる．例 7.18 の解より

$$ {}^tPAP = \begin{pmatrix} -1 & 0 \\ 0 & 3 \end{pmatrix} \quad \Rightarrow \quad A = P\begin{pmatrix} -1 & 0 \\ 0 & 3 \end{pmatrix}{}^tP $$

であり，ここで，

$$ P = \begin{pmatrix} 1/\sqrt{2} & 1/\sqrt{2} \\ -1/\sqrt{2} & 1/\sqrt{2} \end{pmatrix} = \begin{pmatrix} \cos 45^\circ & \sin 45^\circ \\ -\sin 45^\circ & \cos 45^\circ \end{pmatrix} $$

だから，P は「点あるいはベクトルを原点まわりに -45° 回転する」または「座標軸を原点まわりに 45° 回転する」という変換である．次に，対角行列 $\begin{pmatrix} -1 & 0 \\ 0 & 3 \end{pmatrix}$ は「x 軸方向に -1 倍し，y 軸方向に 3 倍する」という変換である．したがって，行列 A による変換は，次の三つの変換を合成したものである．

(1) ${}^tP$ によって，下図左のように，座標軸を原点まわりに -45° 回転する

(2) $\begin{pmatrix} -1 & 0 \\ 0 & 3 \end{pmatrix}$ によって，下図右のように，x 成分を -1 倍し，y 成分を 3 倍する

(3) P によって，座標軸を原点まわりに 45° 回転する（元に戻す）

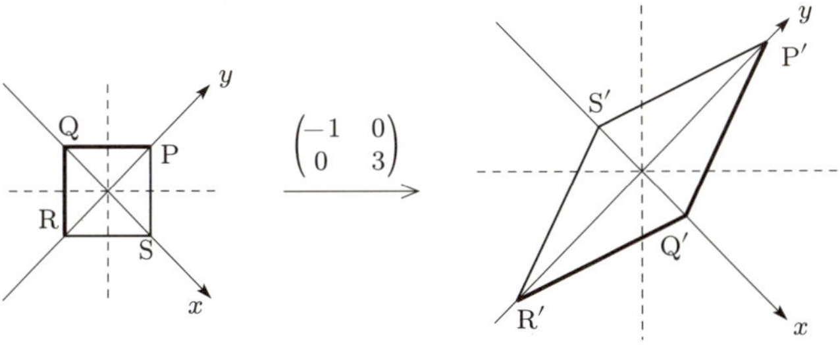

$D = \begin{pmatrix} -1 & 0 \\ 0 & 3 \end{pmatrix}$ とおくとき，$A = PD\,{}^tP$ は右図のように，ベクトル $\boldsymbol{v}$ に対して三つの非常にわかりやすい幾何学的意味をもった変換を施したものである． ■

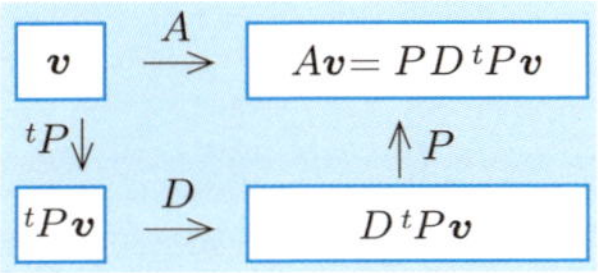

練習問題

問 7.17　P, Q を直交行列とするとき，以下を証明せよ．

(1)　$|P| = \pm 1$

(2)　P^{-1} も直交行列である

(3)　PQ も直交行列である

問 7.18　例 7.17 にある行列 $\begin{pmatrix} 0 & 1 \\ 1 & 0 \end{pmatrix}$ を定理 7.8 の 2 種類の行列で表せ．

問 7.19　行列 $A = \begin{pmatrix} 1 & -1 & 1 \\ 1 & 1 & -1 \\ 0 & 1 & 2 \end{pmatrix}$ に対して，列ベクトルが互いに直交していることを確かめ，それらを正規化し直交行列を作れ．

問 7.20　次の対称行列を，適当な直交行列を用いて対角化せよ．

(1)　$\begin{pmatrix} 0 & 2 \\ 2 & 0 \end{pmatrix}$　　(2)　$\begin{pmatrix} 7 & \sqrt{3} \\ \sqrt{3} & 5 \end{pmatrix}$　　(3)　$\begin{pmatrix} 1 & 1 \\ 1 & 1 \end{pmatrix}$　　(4)　$\begin{pmatrix} 0 & 1 & 1 \\ 1 & 0 & 1 \\ 1 & 1 & 0 \end{pmatrix}$

8 2次曲線の分類

平面上の2次曲線の分類という幾何学的な問題が，その係数を並べて得られる対称行列の代数学的な性質によって解決されることを見よう．

8.1 2次曲線

この章では2次元平面 $\mathbf{R}^2$ 上の曲線のうち，**2次曲線**と総称されるものを考える．それは円，楕円，双曲線，放物線の4種類の曲線に分類されるが，それらの標準形とグラフをまとめておこう．

円	$x^2+y^2=a^2$	楕円	$\dfrac{x^2}{a^2}+\dfrac{y^2}{b^2}=1$
双曲線	$\dfrac{x^2}{a^2}-\dfrac{y^2}{b^2}=\pm 1$	放物線	$y^2=4px$

ただし，a, b, p は定数で，$a>0, b>0, p\neq 0$ とする．

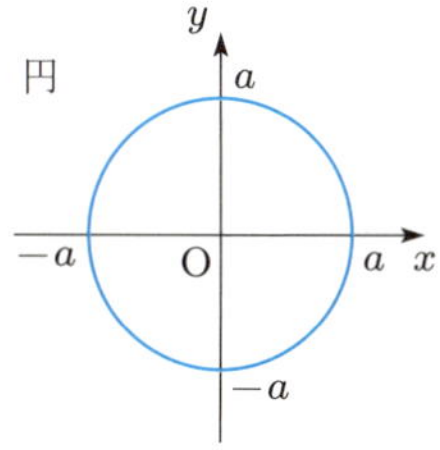

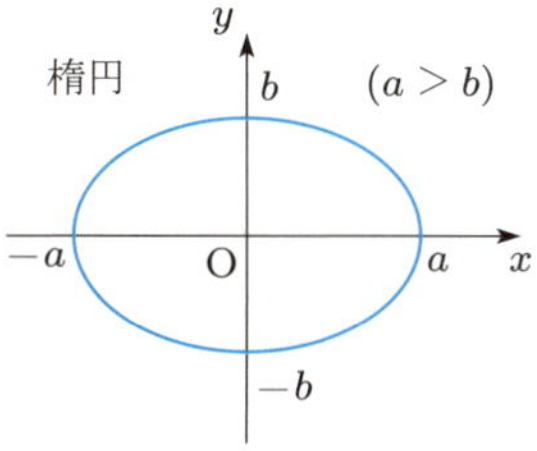

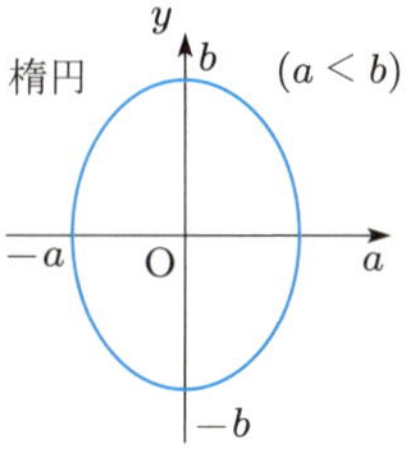

双曲線 $\dfrac{x^2}{a^2}-\dfrac{y^2}{b^2}=1$

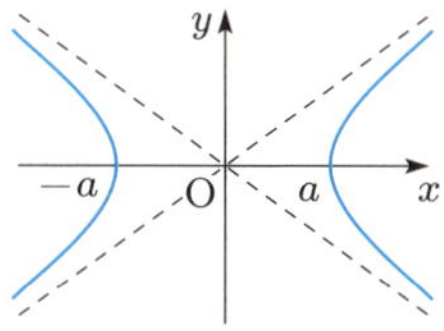

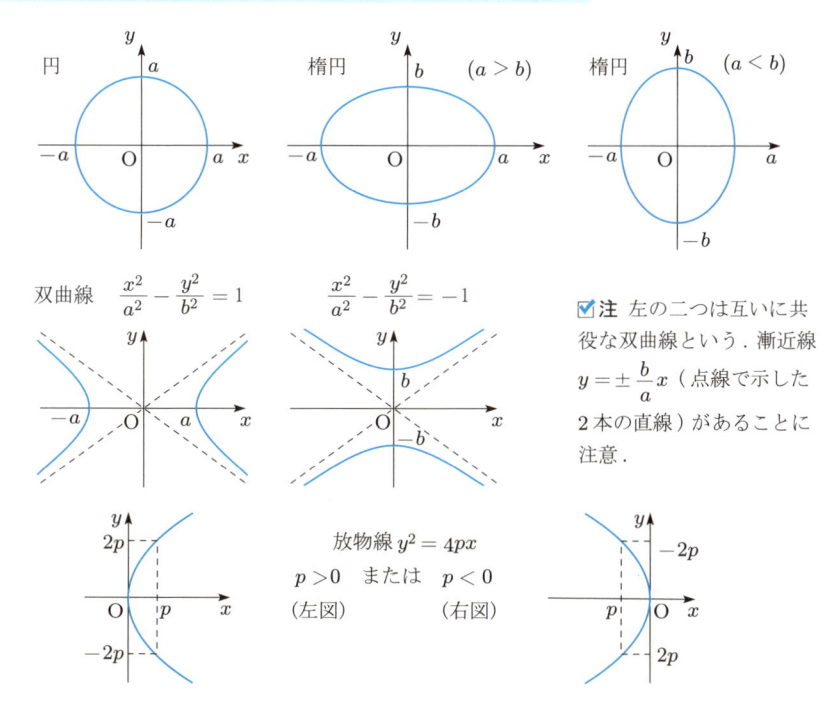

$\dfrac{x^2}{a^2}-\dfrac{y^2}{b^2}=-1$

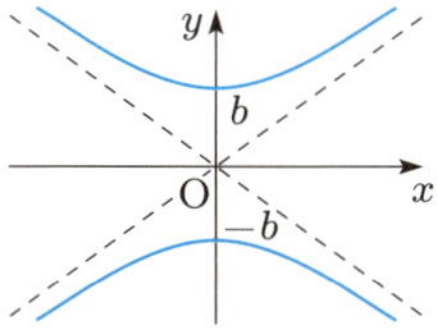

☑**注** 左の二つは互いに共役な双曲線という．漸近線 $y=\pm\dfrac{b}{a}x$（点線で示した2本の直線）があることに注意．

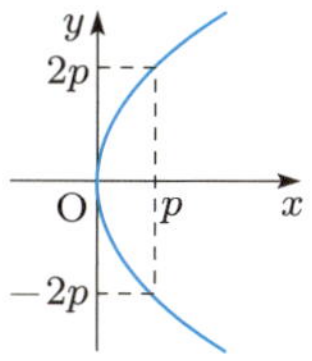

放物線 $y^2=4px$

$p>0$ または $p<0$

(左図) (右図)

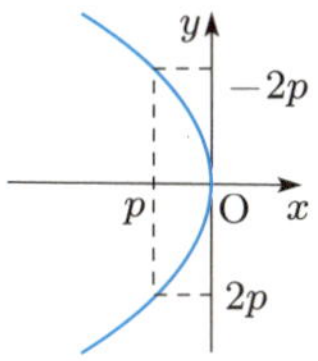

☑**注** 以上4種類のうち，円は楕円の特別な場合と見なすことができ，実質的に2次曲線は楕円，双曲線，放物線の3種類に分類されるということができる．また，これらの曲線は円錐を平面で切った断面として現れることから，総称して**円錐曲線**ということもある．

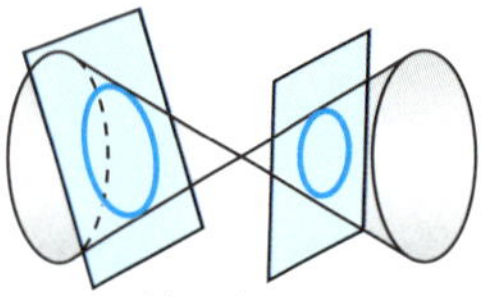

楕円と円

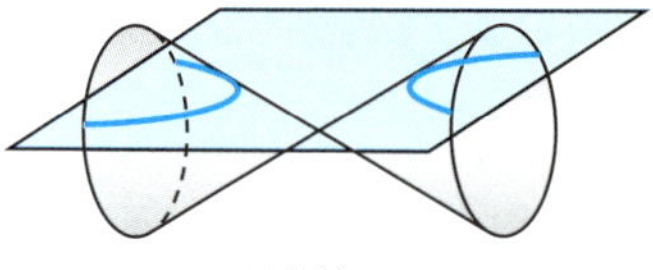

双曲線

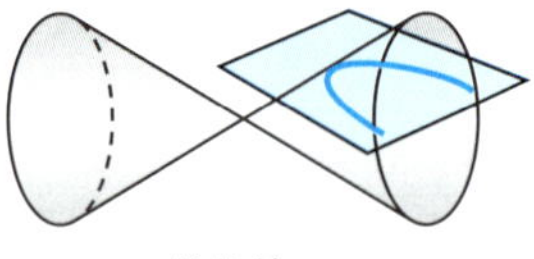

放物線

例 8.1 行列 $\begin{pmatrix} 1 & 0 \\ 1 & 1 \end{pmatrix}$ による線形変換で円 $x^2 + y^2 = 4$ はどのような式に変わるか調べよう.

解 変換前の座標を (x, y), 変換後の座標を (X, Y) と表すと,

$$\begin{pmatrix} 1 & 0 \\ 1 & 1 \end{pmatrix}\begin{pmatrix} x \\ y \end{pmatrix} = \begin{pmatrix} X \\ Y \end{pmatrix} \quad \Rightarrow \quad \begin{cases} X = x \\ Y = x + y \end{cases} \quad \text{または} \quad \begin{cases} x = X \\ y = -X + Y \end{cases}$$

となり, これを代入すると,

$$x^2 + y^2 = 4 \quad \Rightarrow \quad 2X^2 - 2XY + Y^2 = 4$$

となる. ■

☑注 参考までに, $2X^2 - 2XY + Y^2 = 4$ の図形を考えてみよう. まず, 行列 $\begin{pmatrix} 1 & 0 \\ 1 & 1 \end{pmatrix}$ による点 $\mathrm{P}(1,0)$, $\mathrm{Q}(1,1)$, $\mathrm{R}(0,1)$ の像を求めると, それぞれ $\mathrm{P}'(1,1)$, $\mathrm{Q}'(1,2)$, $\mathrm{R}(0,1)$ となる. これを図示すると, 次のようになる.

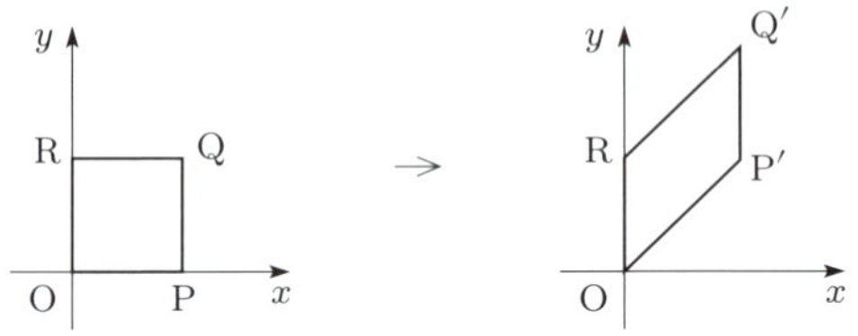

このように, 全体的に右上の方向に引き伸ばされた形ができることがわかり, この変換により円が下図のように楕円に変形される. ただし, 変換後の座標も x, y で表している.

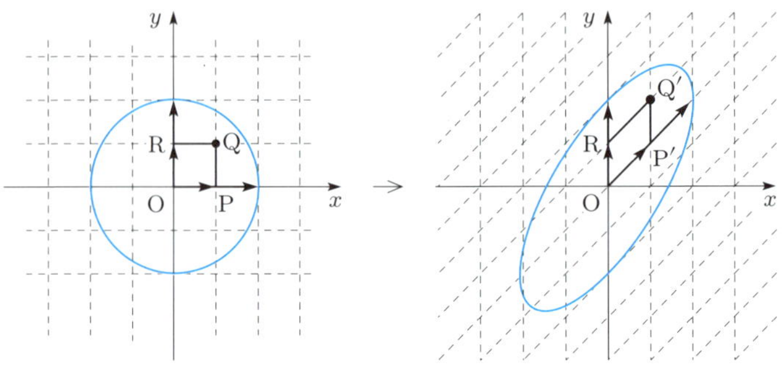

$x^2 + y^2 = 4$ 　　　 $2x^2 - 2xy + y^2 = 4$

行列 $\begin{pmatrix} 1 & 0 \\ 1 & 1 \end{pmatrix}$ は正則だから逆行列 $\begin{pmatrix} 1 & 0 \\ -1 & 1 \end{pmatrix}$ が存在し，この逆行列による変換を施せば，楕円 $2x^2 - 2xy + y^2 = 4$ を円 $x^2 + y^2 = 4$ に戻すことができる（問 8.1）．

円　$x^2 + y^2 = 4$　$\underset{\text{逆行列の変換で}}{\overset{\text{行列の変換で}}{\rightleftarrows}}$　楕円　$2x^2 - 2xy + y^2 = 4$

例 8.2　次の 2 次曲線について，グラフを原点のまわりに 45° 回転して得られる式を求めよう．

(1)　楕円　$\dfrac{x^2}{9} + \dfrac{y^2}{4} = 1$　　(2)　双曲線　$x^2 - y^2 = 1$

解　この変換を表す行列は，公式 2.5 より $\dfrac{1}{\sqrt{2}}\begin{pmatrix} 1 & -1 \\ 1 & 1 \end{pmatrix}$ である．変換前の座標を (x, y)，変換後の座標を (X, Y) と表すと，

$$X = \frac{1}{\sqrt{2}}(x - y), \quad Y = \frac{1}{\sqrt{2}}(x + y) \quad \Leftrightarrow \quad x = \frac{1}{\sqrt{2}}(X + Y), \quad y = \frac{1}{\sqrt{2}}(-X + Y)$$

である．これを代入すると，

$$(1)\quad 13X^2 - 10XY + 13Y^2 = 72 \qquad (2)\quad 2XY = 1$$

となる．これをグラフで示すと，次のようになる．■

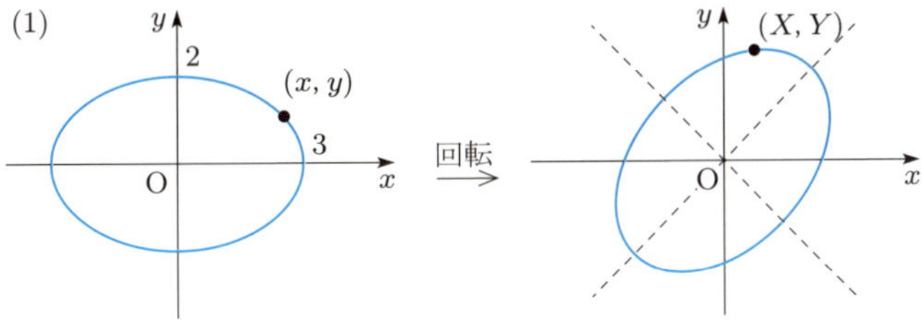

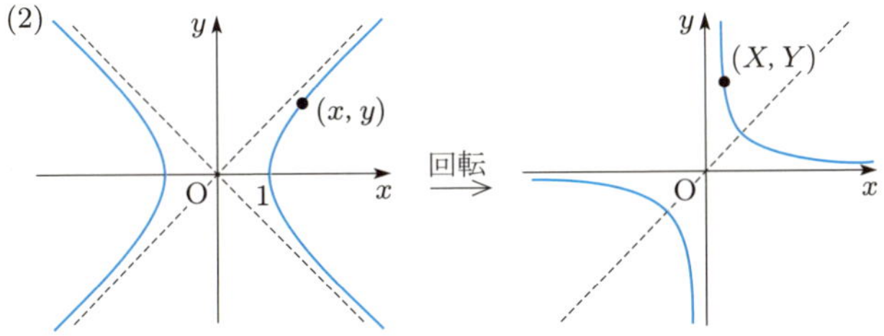

以上の考察をもとに，一般的な議論を展開しよう．平面 $\mathbf{R}^2$ 上で，変数 x, y の 2 次方程式

$$ax^2 + 2hxy + by^2 + 2p_1x + 2p_2y + c = 0$$

で表される曲線を**2次曲線**という．この左辺

$$f(x,y) = ax^2 + 2hxy + by^2 + 2p_1x + 2p_2y + c$$

を**2次形式**という．これを対称行列で表現すると，

$$f(x,y) = \begin{pmatrix} x & y & 1 \end{pmatrix} \begin{pmatrix} a & h & p_1 \\ h & b & p_2 \\ p_1 & p_2 & c \end{pmatrix} \begin{pmatrix} x \\ y \\ 1 \end{pmatrix}$$

となる．ここで，

$$A = \begin{pmatrix} a & h \\ h & b \end{pmatrix}, \qquad \widehat{A} = \begin{pmatrix} a & h & p_1 \\ h & b & p_2 \\ p_1 & p_2 & c \end{pmatrix}, \qquad \boldsymbol{v} = \begin{pmatrix} x \\ y \\ 1 \end{pmatrix}$$

とおくと，2次形式を

$$f(x,y) = {}^t\boldsymbol{v}\widehat{A}\boldsymbol{v}$$

のように表すことができる．

点 P_0 を通る任意の直線と2次曲線との二つの交点の中点が1点 P_0 に定まるとき，点 P_0 を**中心**という．

定理 8.1

中心 P_0 の座標は，連立方程式 $\begin{cases} ax + hy + p_1 = 0 \\ hx + by + p_2 = 0 \end{cases}$ の解である．

証明 点 P_0 を中心として，その座標を (x_0, y_0) とする．下図のように，この点を通る任意の直線 ℓ と曲線との交点を $\mathrm{P}(x,y)$ とする．直線 ℓ を，その方向ベクトルを $\boldsymbol{u} = \begin{pmatrix} \alpha \\ \beta \end{pmatrix}$ として媒介変数 t を用いて表すと，

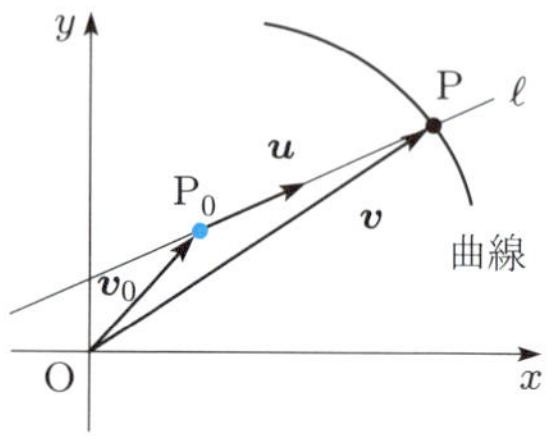

$$\boldsymbol{v} = \boldsymbol{v}_0 + t\boldsymbol{u} \quad \text{すなわち} \quad \begin{pmatrix} x \\ y \end{pmatrix} = \begin{pmatrix} x_0 \\ y_0 \end{pmatrix} + t\begin{pmatrix} \alpha \\ \beta \end{pmatrix}$$

である．ここで，形式を合わせるために

$$\boldsymbol{v} = \begin{pmatrix} x \\ y \\ 1 \end{pmatrix}, \quad \boldsymbol{v}_0 = \begin{pmatrix} x_0 \\ y_0 \\ 1 \end{pmatrix}, \quad \boldsymbol{u} = \begin{pmatrix} \alpha \\ \beta \\ 0 \end{pmatrix}$$

とおく．すると，${}^t\boldsymbol{v}\widehat{A}\boldsymbol{v} = 0$ だから，ここに $\boldsymbol{v} = \boldsymbol{v}_0 + t\boldsymbol{u}$ を代入して，

$$\begin{aligned} \text{左辺} &= {}^t(\boldsymbol{v}_0 + t\boldsymbol{u})\widehat{A}(\boldsymbol{v}_0 + t\boldsymbol{u}) \\ &= ({}^t\boldsymbol{v}_0 + t\,{}^t\boldsymbol{u})\widehat{A}(\boldsymbol{v}_0 + t\boldsymbol{u}) \end{aligned}$$

$$= ({}^t\boldsymbol{v}_0\widehat{A} + t\,{}^t\boldsymbol{u}\widehat{A})(\boldsymbol{v}_0 + t\boldsymbol{u})$$
$$= {}^t\boldsymbol{v}_0\widehat{A}\boldsymbol{v}_0 + t\,{}^t\boldsymbol{u}\widehat{A}\boldsymbol{v}_0 + t\,{}^t\boldsymbol{v}_0\widehat{A}\boldsymbol{u} + t^2\,{}^t\boldsymbol{u}\widehat{A}\boldsymbol{u}$$
$$= ({}^t\boldsymbol{u}\widehat{A}\boldsymbol{u})t^2 + ({}^t\boldsymbol{u}\widehat{A}\boldsymbol{v}_0 + {}^t\boldsymbol{v}_0\widehat{A}\boldsymbol{u})t + ({}^t\boldsymbol{v}_0\widehat{A}\boldsymbol{v}_0) \qquad \cdots ※$$

となる．ここで，${}^t\boldsymbol{u}\widehat{A}\boldsymbol{v}_0 = {}^t\boldsymbol{v}_0\widehat{A}\boldsymbol{u}$ である．なぜなら，一般にスカラー（あるいは 1 次の正方行列）k に対して ${}^tk = k$ だから，

$${}^t\boldsymbol{u}\widehat{A}\boldsymbol{v}_0 = {}^t({}^t\boldsymbol{u}\widehat{A}\boldsymbol{v}_0) = {}^t\boldsymbol{v}_0\,{}^t\widehat{A}\,{}^t({}^t\boldsymbol{u}) = {}^t\boldsymbol{v}_0\widehat{A}\boldsymbol{u} \qquad (\widehat{A}\ \text{は対称行列なので}\ {}^t\widehat{A} = \widehat{A})$$

となるからである．したがって，上式※の結果は

$$({}^t\boldsymbol{u}\widehat{A}\boldsymbol{u})t^2 + 2({}^t\boldsymbol{u}\widehat{A}\boldsymbol{v}_0)t + ({}^t\boldsymbol{v}_0\widehat{A}\boldsymbol{v}_0) = 0$$

となる．この 2 次方程式の解を t_1, t_2 とし，それぞれに対応する交点を $\mathrm{P}_1, \mathrm{P}_2$ とする．すなわち，

$$\mathrm{P}_1(x_0 + \alpha t_1, y_0 + \beta t_1), \quad \mathrm{P}_2(x_0 + \alpha t_2, y_0 + \beta t_2)$$

とする．このとき，

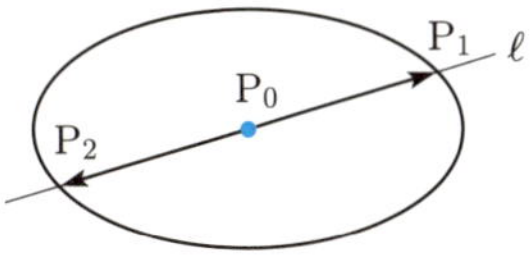

$$\overrightarrow{\mathrm{P}_0\mathrm{P}_1} = t_1\boldsymbol{u}, \quad \overrightarrow{\mathrm{P}_0\mathrm{P}_2} = t_2\boldsymbol{u}$$

であるが，点 P_0 はこの 2 点の中点だから，

$$t_2 = -t_1 \quad \text{すなわち} \quad t_1 + t_2 = 0$$

となる．すると，解と係数の関係より，

$${}^t\boldsymbol{u}\widehat{A}\boldsymbol{v}_0 = 0$$

となり，これを成分で表すと，

$$\text{左辺} = (\alpha \quad \beta \quad 0)\begin{pmatrix} a & h & p_1 \\ h & b & p_2 \\ p_1 & p_2 & c \end{pmatrix}\begin{pmatrix} x_0 \\ y_0 \\ 1 \end{pmatrix}$$
$$= (a\alpha + h\beta \quad h\alpha + b\beta \quad p_1\alpha + p_2\beta)\begin{pmatrix} x_0 \\ y_0 \\ 1 \end{pmatrix}$$
$$= (a\alpha + h\beta)x_0 + (h\alpha + b\beta)y_0 + (p_1\alpha + p_2\beta)$$
$$= (ax_0 + hy_0 + p_1)\alpha + (hx_0 + by_0 + p_2)\beta = 0$$

となる．α, β は任意だから，$\begin{cases} ax_0 + hy_0 + p_1 = 0 \\ hx_0 + by_0 + p_2 = 0 \end{cases}$ を満たさなければならない． ■

連立方程式 $\begin{cases} ax + hy + p_1 = 0 \\ hx + by + p_2 = 0 \end{cases}$ は $|A| \neq 0$ のとき唯一つの解をもち，$|A| = 0$ のとき解はないかまたは無数に存在するので，次のように大きく二つに分類できる．

$$|A| = ab - h^2 \begin{cases} \neq 0 & \Rightarrow \ \textbf{有心}\ 2\ \text{次曲線（中心をもつ 2 次曲線）} \\ = 0 & \Rightarrow \ \textbf{無心}\ 2\ \text{次曲線（中心をもたない 2 次曲線）} \end{cases}$$

円，楕円，双曲線，放物線の標準形に対応する対称行列 A は

円 $\begin{pmatrix} 1 & 0 \\ 0 & 1 \end{pmatrix}$ 　　楕円 $\begin{pmatrix} 1/a^2 & 0 \\ 0 & 1/b^2 \end{pmatrix}$

双曲線 $\begin{pmatrix} 1/a^2 & 0 \\ 0 & -1/b^2 \end{pmatrix}$ 　　放物線 $\begin{pmatrix} 0 & 0 \\ 0 & 1 \end{pmatrix}$

であり，それぞれの $|A| = ab - h^2$ を調べると，

円	$\lvert A\rvert = 1 > 0$	有心	楕円	$\lvert A\rvert = \dfrac{1}{a^2b^2} > 0$	有心
双曲線	$\lvert A\rvert = -\dfrac{1}{a^2b^2} < 0$	有心	放物線	$\lvert A\rvert = 0$	無心

となっている．この章の目標は，$|A|$ と $|\widehat{A}|$ の値によって 2 次曲線を分類することであるが，その詳しい議論は次節以降で行う．

議論を拡張して，3 次元空間 $\mathbf{R}^3$ 内の 2 次曲面について同様に考えることができ，以下の結論に到達することが知られている．ただし，本書ではその議論を省略する．

変数 x, y, z の 2 次方程式

$$f(x,y,z) = ax^2 + by^2 + cz^2 + 2h_1xy + 2h_2yz + 2h_3zx + 2p_1x + 2p_2y + 2p_3z + d = 0$$

で表される **2 次曲面**は以下の 9 種類に（点，平面など曲面にならない特殊な場合を除く）分類される．

◆有心 2 次曲面とその標準形

(1) **楕円面** $\dfrac{x^2}{a^2} + \dfrac{y^2}{b^2} + \dfrac{z^2}{c^2} = 1$

(2) **1 葉双曲面** $\dfrac{x^2}{a^2} + \dfrac{y^2}{b^2} - \dfrac{z^2}{c^2} = 1$

(3) **2 葉双曲面** $\dfrac{x^2}{a^2} + \dfrac{y^2}{b^2} - \dfrac{z^2}{c^2} = -1$

(4) **2 次錐面** $\dfrac{x^2}{a^2} + \dfrac{y^2}{b^2} - z^2 = 0$

◆無心 2 次曲面とその標準形

(5) **楕円放物面** $\dfrac{x^2}{a^2} + \dfrac{y^2}{b^2} - z = 0$

(6) **双曲放物面** $\dfrac{x^2}{a^2} - \dfrac{y^2}{b^2} - z = 0$

(7) **放物柱面** $x^2 = 4py$

(8) **楕円柱面** $\dfrac{x^2}{a^2} + \dfrac{y^2}{b^2} = 1$

(9) **双曲柱面** $\dfrac{x^2}{a^2} - \dfrac{y^2}{b^2} = -1$

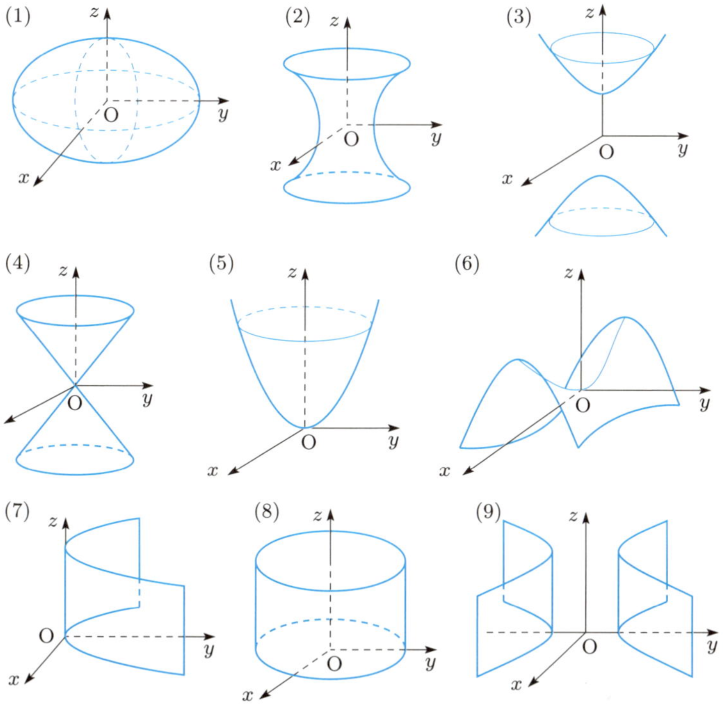

練習問題

問 8.1 例 8.1 について, 行列 $\begin{pmatrix} 1 & 0 \\ 1 & 1 \end{pmatrix}$ の逆行列による変換を施せば, 楕円 $2X^2-2XY+Y^2=4$ を元の円 $x^2+y^2=4$ に戻すことができることを確かめよ.

問 8.2 次の 2 次曲線は行列 A による変換でどのような式に変わるか.

(1) 楕円 $\dfrac{x^2}{9}+\dfrac{y^2}{4}=1$, $A=\begin{pmatrix} 0 & -3 \\ 2 & 0 \end{pmatrix}$

(2) 双曲線 $x^2-y^2=1$, A は 60° 回転の行列

(3) 放物線 $y=x^2$, A は 45° 回転の行列

問 8.3 次の 2 次曲線について, 対称行列 A, $\widehat{A}$ を求めよ. また, 有心の場合は中心の座標を求めよ.

(1) $x^2-4xy-2y^2+10x+4y=0$

(2) $x^2+10xy+y^2-12x-12y+6=0$

(3) $5x^2-6xy+5y^2-4x-4y-4=0$

(4) $9x^2+24xy+16y^2-26x+7y-34=0$

(5) $x^2-6xy+y^2-2x+6y-3=0$

8.2 有心 2 次曲線の標準化

ここでは，有心 2 次曲線

$$ax^2 + 2hxy + by^2 + 2p_1x + 2p_2y + c = 0 \quad \cdots ① \qquad \text{ただし } ab - h^2 \neq 0$$

について考える．左辺の 2 次形式を

$$f(x, y) = ax^2 + 2hxy + by^2 + 2p_1x + 2p_2y + c$$

とおく．その標準化とは，xy, x, y の項を消去し

$$f(x, y) = ax^2 + 2hxy + by^2 + 2p_1x + 2p_2y + c \quad \to \quad \alpha x^2 + \beta y^2 + c'$$

のように変形することであるが，それは平行移動と回転という二つの座標変換によって可能であることを示そう．

グラフの平行移動 （1 次の項 $2p_1x + 2p_2y$ の消去）

定理 8.2

有心 2 次曲線の場合，原点を中心 $\mathrm{P}_0(x_0, y_0)$ に平行移動し

$$\begin{cases} X = x - x_0 \\ Y = y - y_0 \end{cases}$$

とおけば，次のように x, y の項が消えてなくなる．

$$aX^2 + 2hXY + bY^2 + \frac{|\widehat{A}|}{|A|} = 0$$

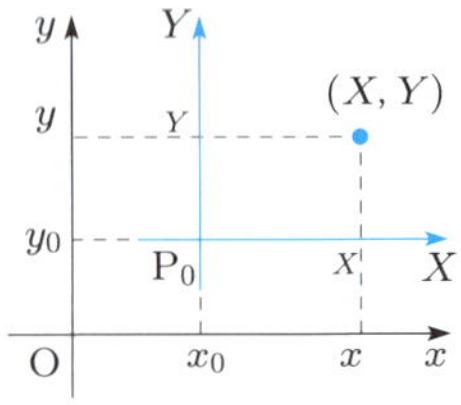

証明　$x = X + x_0$, $y = Y + y_0$ を ① に代入すると，

$$a(X + x_0)^2 + 2h(X + x_0)(Y + y_0) + b(Y + y_0)^2$$
$$+ 2p_1(X + x_0) + 2p_2(Y + y_0) + c = 0$$

となる．これを展開し，X, Y についての同類項をまとめると，

$$aX^2 + 2hXY + bY^2$$
$$+ 2(ax_0 + hy_0 + p_1)X + 2(hx_0 + by_0 + p_2)Y + f(x_0, y_0) = 0$$

となる．ここで，定理 8.1 により

$$ax_0 + hy_0 + p_1 = 0, \quad hx_0 + by_0 + p_2 = 0 \qquad \cdots ②$$

だから,

$$aX^2 + 2hXY + bY^2 + f(x_0, y_0) = 0$$

となる．さらに,

$$\begin{aligned} f(x_0, y_0) &= ax_0^2 + 2hx_0y_0 + by_0^2 + 2p_1x_0 + 2p_2y_0 + c \\ &= (ax_0 + hy_0 + p_1)x_0 + (hx_0 + by_0 + p_2)y_0 + p_1x_0 + p_2y_0 + c \\ &= p_1x_0 + p_2y_0 + c \end{aligned}$$

である．他方, $|A| = ab - h^2 \neq 0$ だから，クラメルの公式で ② を解くと

$$x_0 = \frac{1}{|A|}\begin{vmatrix} h & p_1 \\ b & p_2 \end{vmatrix}, \quad y_0 = -\frac{1}{|A|}\begin{vmatrix} a & p_1 \\ h & p_2 \end{vmatrix}$$

となり，これを上の式に代入すると,

$$f(x_0, y_0) = \frac{p_1}{|A|}\begin{vmatrix} h & p_1 \\ b & p_2 \end{vmatrix} - \frac{p_2}{|A|}\begin{vmatrix} a & p_1 \\ h & p_2 \end{vmatrix} + \frac{c}{|A|}\begin{vmatrix} a & h \\ h & b \end{vmatrix} = \frac{|\widehat{A}|}{|A|}$$

となる．最後は行列式 $|\widehat{A}|$ の第 3 行における余因子展開を適用している． ■

例 8.3 2 次曲線 $x^2 - 6xy + y^2 - 2x + 6y - 3 = 0$ を平行移動して 1 次の項 $-2x + 6y$ を消去しよう．

解 $|A| = \begin{vmatrix} 1 & -3 \\ -3 & 1 \end{vmatrix} = -8 \neq 0$ であり，上の定理 8.2 を適用できる．中心の座標は連立方程式

$$x_0 - 3y_0 - 1 = 0, \quad -3x_0 + y_0 + 3 = 0$$

を解いて, $\mathrm{P}_0(1, 0)$ である． $|\widehat{A}| = \begin{vmatrix} 1 & -3 & -1 \\ -3 & 1 & 3 \\ -1 & 3 & -3 \end{vmatrix} = 32$ だから $\dfrac{|\widehat{A}|}{|A|} = -4$ となり，したがって平行移動 $X = x - 1,\ Y = y$ により,

$$x^2 - 6xy + y^2 - 2x + 6y - 3 = 0 \quad \to \quad X^2 - 6XY + Y^2 - 4 = 0$$

となる． ■

グラフの回転 (xy の項の消去)

これは適当な直交変換を求め，座標軸を変換することで得られる．その適当な直交変換の求め方は，見かけ上二つの方法がある．その一つは回転 $\begin{pmatrix} \cos\theta & -\sin\theta \\ \sin\theta & \cos\theta \end{pmatrix}$ を利用するものであり，もう一つは固有値と固有ベクトルを利用するものである．ただし，この二つは本質的には同じことである．定理 7.8 参照.

定理 8.3

2 次曲線を原点のまわりに θ 回転させて

$$ax^2 + 2hxy + by^2 \quad \to \quad \alpha X^2 + \beta Y^2$$

という変形をするとき，角 θ は次の式から得られる．

$$\tan 2\theta = \frac{2h}{b-a} \qquad (\text{ただし } a = b \text{ のとき } \theta = 45^\circ \text{ とする})$$

証明 回転前の座標を (x, y)，回転後の座標を (X, Y) とすれば，

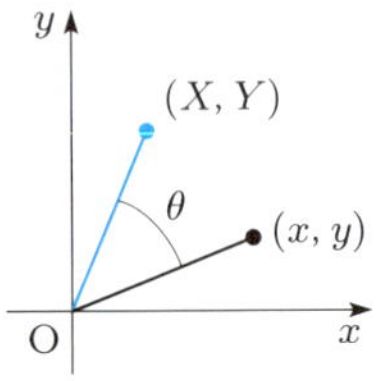

$$\begin{cases} X = cx - sy \\ Y = sx + cy \end{cases} \quad \text{または} \quad \begin{cases} x = cX + sY \\ y = -sX + cY \end{cases}$$

となる．ここで簡単のために $c = \cos\theta$, $s = \sin\theta$ とおいている．これを 2 次形式 $ax^2 + 2hxy + by^2$ に代入し，XY の係数を消すと，

$$2acs - 2hs^2 + 2hc^2 - 2bcs = 0$$

となる．2 倍角の公式より $(b-a)\sin 2\theta = 2h\cos 2\theta$ となるから，$\dfrac{\sin 2\theta}{\cos 2\theta} = \tan 2\theta = \dfrac{2h}{b-a}$ が得られる． ■

例 8.4 次の 2 次曲線について，定理 8.3 を用いて xy の項を消去しよう．

$$5x^2 + 2\sqrt{3}xy + 3y^2 = 24 \qquad \cdots ①$$

解 $\tan 2\theta = \dfrac{2\sqrt{3}}{3-5} = -\sqrt{3}$ より $2\theta = -60^\circ$ すなわち $\theta = -30^\circ$ だから，回転による線形変換

$$\begin{cases} X = \dfrac{1}{2}(\sqrt{3}x + y) \\ Y = \dfrac{1}{2}(-x + \sqrt{3}y) \end{cases} \quad \text{または} \quad \begin{cases} x = \dfrac{1}{2}(\sqrt{3}X - Y) \\ y = \dfrac{1}{2}(X + \sqrt{3}Y) \end{cases} \qquad \cdots ②$$

が得られる．これを ① に代入して，整頓すると

$$\frac{X^2}{4} + \frac{Y^2}{12} = 1 \qquad \cdots ③$$

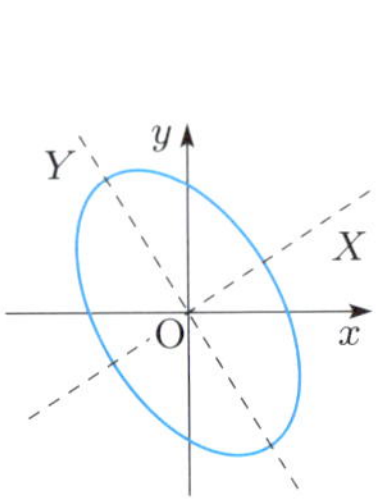

となる．これは楕円の標準形である．すなわち，① のグラフ（右図）を原点のまわりに -30° 回転させれば，別の言い方をすれば，座標軸を原点まわりに 30° 回転させれば，③ の形になる． ■

次に，2 次形式の変形

$$ax^2 + 2hxy + by^2 \quad \to \quad \alpha X^2 + \beta Y^2$$

を固有値と固有ベクトルを用いて行う方法を考えよう．これを行列で表すと

$$ax^2+2hxy+by^2=(x\quad y)\begin{pmatrix}a & h\\ h & b\end{pmatrix}\begin{pmatrix}x\\ y\end{pmatrix}={}^t\begin{pmatrix}x\\ y\end{pmatrix}\begin{pmatrix}a & h\\ h & b\end{pmatrix}\begin{pmatrix}x\\ y\end{pmatrix}$$

$$\alpha X^2+\beta Y^2=(X\quad Y)\begin{pmatrix}\alpha & 0\\ 0 & \beta\end{pmatrix}\begin{pmatrix}X\\ Y\end{pmatrix}={}^t\begin{pmatrix}X\\ Y\end{pmatrix}\begin{pmatrix}\alpha & 0\\ 0 & \beta\end{pmatrix}\begin{pmatrix}X\\ Y\end{pmatrix}$$

となるので，問題は対称行列 $\begin{pmatrix}a & h\\ h & b\end{pmatrix}$ を対角行列 $\begin{pmatrix}\alpha & 0\\ 0 & \beta\end{pmatrix}$ に変形することで解決する．対称行列は実数の範囲で必ず対角化できることがわかっているので，あとはその手順に従って以下のように計算すればよい．

例 8.5 次の 2 次曲線について，固有値と固有ベクトルを用いて xy の項を消去しよう．

$$5x^2+2\sqrt{3}xy+3y^2=24 \qquad \cdots①$$

解 ① を行列の積で表すと，

$$(x\quad y)\begin{pmatrix}5 & \sqrt{3}\\ \sqrt{3} & 3\end{pmatrix}\begin{pmatrix}x\\ y\end{pmatrix}=24 \qquad \cdots①'$$

となる．ここで，対称行列 $A=\begin{pmatrix}5 & \sqrt{3}\\ \sqrt{3} & 3\end{pmatrix}$ の対角化を考える．$\mathrm{tr}\,A=8,\ |A|=12$ だから，固有方程式 $\lambda^2-8\lambda+12=0$ を解いて，固有値は $\lambda=2,6$ を得る．それぞれの固有ベクトルを求め，正規化して

$$\frac{1}{2}\begin{pmatrix}1\\ -\sqrt{3}\end{pmatrix},\quad \frac{1}{2}\begin{pmatrix}\sqrt{3}\\ 1\end{pmatrix}$$

とし，$P=\dfrac{1}{2}\begin{pmatrix}1 & \sqrt{3}\\ -\sqrt{3} & 1\end{pmatrix}$ とおくと，対称行列 A は直交行列 P を用いて，次のように対角化される．

$${}^tPAP=\begin{pmatrix}2 & 0\\ 0 & 6\end{pmatrix} \quad すなわち \quad A=P\begin{pmatrix}2 & 0\\ 0 & 6\end{pmatrix}{}^tP$$

これを ①′ に代入すると，

$$(x\quad y)P\begin{pmatrix}2 & 0\\ 0 & 6\end{pmatrix}{}^tP\begin{pmatrix}x\\ y\end{pmatrix}=24$$

となる．ここで，ベクトルの変換

$${}^tP\begin{pmatrix}x\\ y\end{pmatrix}=\frac{1}{2}\begin{pmatrix}1 & -\sqrt{3}\\ \sqrt{3} & 1\end{pmatrix}\begin{pmatrix}x\\ y\end{pmatrix}=\begin{pmatrix}X\\ Y\end{pmatrix} \qquad \cdots②$$

をすれば，

$$(X\quad Y)\begin{pmatrix}2 & 0\\ 0 & 6\end{pmatrix}\begin{pmatrix}X\\ Y\end{pmatrix}=24 \quad すなわち \quad 2X^2+6Y^2=24$$

となる．これは楕円 $\dfrac{X^2}{12}+\dfrac{Y^2}{4}=1$ の標準形である． ■

注 ② の変換行列 ${}^tP$ は「点またはベクトルを原点まわりに 60° 回転する」という意味をもっている．この例の結果は例 8.4 で考えたものと一致する．

図形を 60° 回転すると，図のように楕円の標準形 $\dfrac{X^2}{12}+\dfrac{Y^2}{4}=1$ になる．

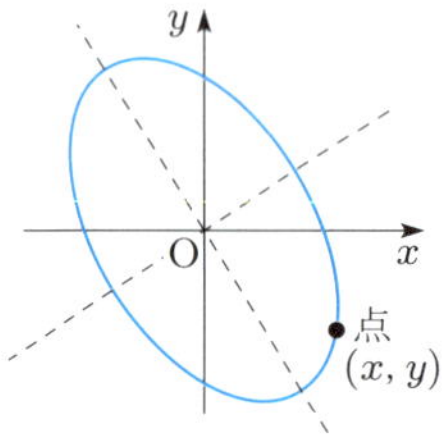

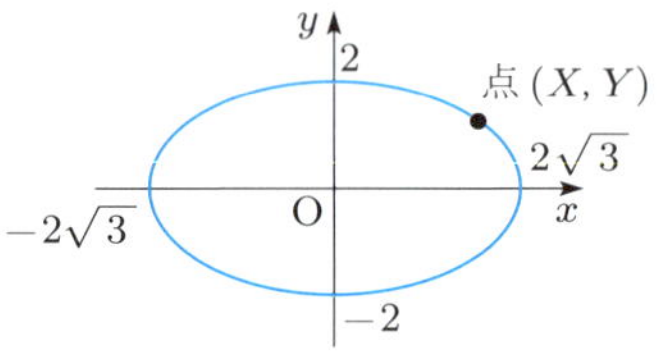

注 固有値のとる順番を変えて，$\lambda=6,2$ として同様の手順を続けても，あるいは固有ベクトルを上の解とは逆向きのものを選んだとしても，座標軸 X, Y が入れ替わったり，あるいは座標軸の正の向きが変わったりするだけで，図形そのものは変わらない．

練習問題

問 8.4 次の 2 次曲線について，平行移動して 1 次の項を消去せよ．

(1) $x^2-4xy-2y^2+10x+4y=0$

(2) $x^2+10xy+y^2-12x-12y+6=0$

(3) $5x^2-6xy+5y^2-4x-4y-4=0$

問 8.5 次の 2 次曲線について，回転により xy の項を消去せよ．

(1) $x^2+2\sqrt{3}xy-y^2=2$

(2) $3x^2-2xy+3y^2=4$

(3) $2xy=1$

問 8.6 次の 2 次曲線について，固有値と固有ベクトルを用いて，xy の項を消去せよ．

(1) $x^2+2\sqrt{3}xy-y^2=2$

(2) $3x^2+4xy+3y^2=4$

(3) $2xy=1$

8.3 2 次曲線の分類

有心の場合と無心の場合に分けて考える．

有心 2 次曲線の分類 原点を中心に平行移動することで，x, y の 1 次の項を消去し

$$aX^2 + 2hXY + bY^2 + \frac{|\widehat{A}|}{|A|} = 0$$

の形にすることができるので，有心 2 次曲線は次の式から議論を始めてよい．

$$ax^2 + 2hxy + by^2 + c = 0 \qquad \cdots ①$$

ただし $ab - h^2 \neq 0$

ここで，$c = \dfrac{|\widehat{A}|}{|A|}$ である．さらに xy の項を消去すると，① は

$$\alpha X^2 + \beta Y^2 + c = 0 \qquad \cdots ②$$

という形になる．ここで，α, β は対称行列 $A = \begin{pmatrix} a & h \\ h & b \end{pmatrix}$ の固有値であり，定理 6.2 により，$|A| = \alpha\beta$ だから，次の二つの場合に分けられる．

$$|A| = ab - h^2 \begin{cases} > 0 & \Rightarrow \quad \alpha, \beta \text{ は同符号} \\ < 0 & \Rightarrow \quad \alpha, \beta \text{ は異符号} \end{cases}$$

$|A| = ab - h^2 > 0$ の場合　② より

$$\alpha X^2 + \beta Y^2 = -\frac{|\widehat{A}|}{|A|} \qquad \cdots ③$$

ここで，$|\widehat{A}| = 0$ ならば，図形は中心 $(X, Y) = (0, 0)$ だけとなる．次に，

$$\mathrm{tr}\, A = \alpha + \beta$$

だから，$\mathrm{tr}\, A$ と α（または β）の符号は一致するので，

$$\mathrm{tr}\, A \text{ と } |\widehat{A}| \text{ が} \begin{cases} \text{同符号} & \Rightarrow \quad ③ \text{ は空集合（図形なし）} \\ \text{異符号} & \Rightarrow \quad ③ \text{ は楕円または円} \end{cases}$$

となる．③ が楕円になるのは $\alpha \neq \beta$ のときであり，円になるのは $\alpha = \beta$ のときである．

$|A| = ab - h^2 < 0$ の場合　③ で $|\widehat{A}| = 0$ ならば，α と β は異符号だから

$$\alpha X^2 + \beta Y^2 = 0 \quad \text{から} \quad |\alpha| X^2 - |\beta| Y^2 = 0$$

となり，

$$(\sqrt{|\alpha|} X + \sqrt{|\beta|} Y)(\sqrt{|\alpha|} X - \sqrt{|\beta|} Y) = 0$$

のように因数分解できる．ここから，中心 $(X, Y) = (0, 0)$ で交わる 2 直線が得られる．

③ で $|\widehat{A}| \neq 0$ ならば，

$$|\alpha| X^2 - |\beta| Y^2 = \pm \frac{|\widehat{A}|}{|A|}$$

となり，これは双曲線である．

以上の議論の結果，次のようにまとめることができる．

定理 8.4　有心 2 次曲線の分類

$|A| = ab - h^2 > 0$ **の場合**（α, β は同符号）

(1)　$\mathrm{tr}\,A$ と $|\widehat{A}|$ が同符号　⇒　空集合（図形なし）

(2)　$\mathrm{tr}\,A$ と $|\widehat{A}|$ が異符号　⇒　楕円または円

(3)　$|\widehat{A}| = 0$　⇒　1 点（中心だけ）

$|A| = ab - h^2 < 0$ **の場合**（α, β は異符号）

(1)　$|\widehat{A}| \neq 0$　⇒　双曲線

(2)　$|\widehat{A}| = 0$　⇒　中心で交わる 2 直線

したがって，特殊な場合（曲線にならない場合）を除くと，有心 2 次曲線は楕円または双曲線しかない．円は楕円に含まれる．

例 8.6　2 次曲線 $5x^2 + 2\sqrt{3}xy + 3y^2 = 24$（例 8.4）を分類しよう．

解　$A = \begin{pmatrix} 5 & \sqrt{3} \\ \sqrt{3} & 3 \end{pmatrix}$，$\widehat{A} = \begin{pmatrix} 5 & \sqrt{3} & 0 \\ \sqrt{3} & 3 & 0 \\ 0 & 0 & -24 \end{pmatrix}$ とおくとき，

$$|A| = 12 > 0, \quad \mathrm{tr}\,A = 8 > 0, \quad |\widehat{A}| = -24 \times 12$$

だから，楕円になることがわかる．また，$\dfrac{|\widehat{A}|}{|A|} = -24$ だから，行列 A の固有値を α, β とすれば，どちらも正の値になるはずであり，その楕円の式は

$$\alpha x^2 + \beta y^2 = 24$$

という形になることもわかる．■

☑**注**　例 8.5 で見たように，行列 A の固有値は 2, 6 であり，したがって，この楕円の式は $2x^2 + 6y^2 = 24$ または $6x^2 + 2y^2 = 24$ である．

例 8.7　2 次曲線 $x^2 - 6xy + y^2 - 2x + 6y - 3 = 0$（例 8.3）を分類し，新たな座標軸について標準形を求めよう．

解　すでに求めているように，

$$|A| = \begin{vmatrix} 1 & -3 \\ -3 & 1 \end{vmatrix} = -8 < 0, \quad |\widehat{A}| = \begin{vmatrix} 1 & -3 & -1 \\ -3 & 1 & 3 \\ -1 & 3 & -3 \end{vmatrix} = 32 \neq 0$$

だから双曲線である．原点が中心 $\mathrm{P}_0(1, 0)$ に重なるように平行移動すると，

$$x^2 - 6xy + y^2 - 4 = 0 \qquad \leftarrow \frac{|\widehat{A}|}{|A|} = \frac{32}{-8} = -4$$

となる．行列 A の固有値を求めると $\lambda = 4, -2$ だから，この双曲線の標準形は

$$4X^2 - 2Y^2 - 4 = 0 \quad \text{すなわち} \quad X^2 - \frac{Y^2}{2} = 1 \qquad \cdots ☆$$

または

$$-2X^2 + 4Y^2 - 4 = 0 \quad \text{すなわち} \quad -\frac{X^2}{2} + Y^2 = 1 \qquad \cdots ★$$

となる． ■

2 通りの解答があるうち，☆か★か，どちらを答えるべきか考えてみよう．まずグラフの違いを調べると，☆の場合，漸近線は $Y = \pm\sqrt{2}X$ であり，グラフは下図左となる．★の場合，漸近線は $Y = \pm\dfrac{1}{\sqrt{2}}X$ であり，グラフは下図右となる．ただし，点 P_0 を新たな原点としていることに注意．

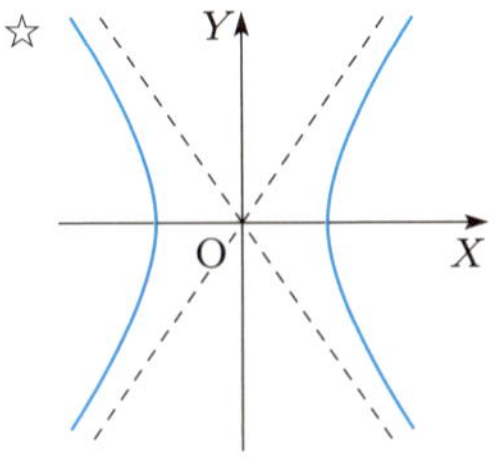

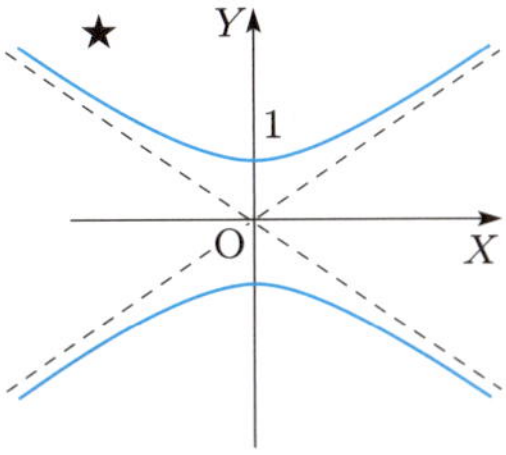

次に，固有ベクトルを調べてみよう．$\lambda = 4$ の場合，固有ベクトルは直線 $y = -x$ 上にあり，$\lambda = -2$ の場合，固有ベクトルは直線 $y = x$ 上にあることがわかる．新しい座標軸をこれらの直線と定めるときに，どちらを X 軸または Y 軸にするかで違って見えるだけなのである．

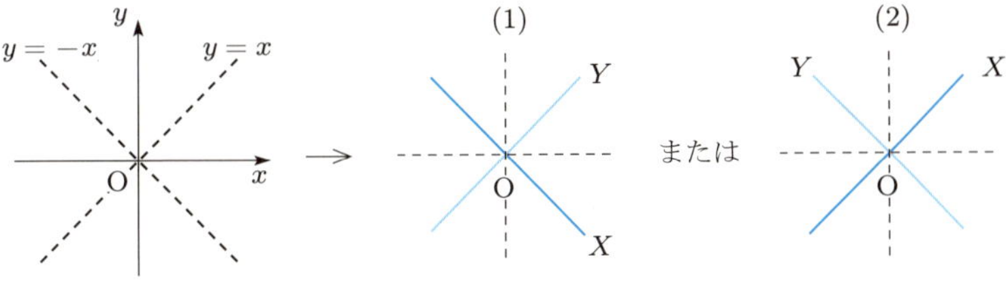

(1) の場合が☆のグラフであり，(2) の場合が★のグラフである．どちらにしても

$$x^2 - 6xy + y^2 - 2x + 6y - 3 = 0$$

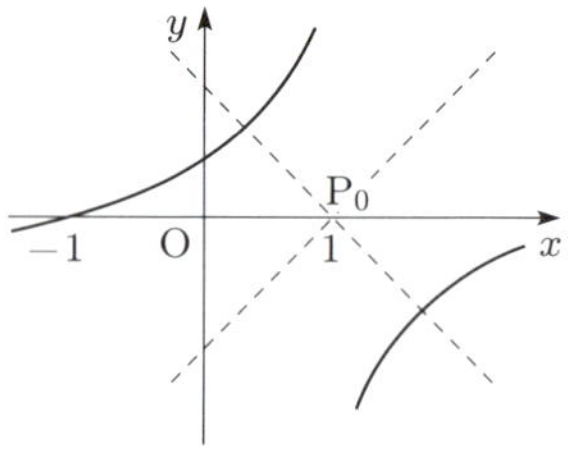

のグラフは右のようになっていて，点 (1,0) を中心にして新たな座標軸をとるとき，上記 (1) または (2) のどちらにするかによってそれを表す標準形の方程式が違うだけである．どちらが正しいということではない．

無心 2 次曲線の分類

$$ax^2 + 2hxy + by^2 + 2p_1x + 2p_2y + c = 0 \qquad \cdots ①$$

ただし $ab - h^2 = 0$

について考えよう．中心をもたないので，平行移動する議論は後回しとする．ただし，適当な直交変換により，xy の項が消去され

$$\alpha x^2 + \beta y^2 + 2q_1x + 2q_2y + c = 0 \qquad \cdots ②$$

のように変形できる．$|A| = \alpha\beta = 0$ だから $\alpha = 0$ または $\beta = 0$ である．どちらにしても議論は同じだから，以下 $\alpha \neq 0, \beta = 0$ とする．すなわち，

$$\alpha x^2 + 2q_1x + 2q_2y + c = 0 \qquad \cdots ③$$

とする．このとき，

$$|\widehat{A}| = \begin{vmatrix} a & h & p_1 \\ h & b & p_2 \\ p_1 & p_2 & c \end{vmatrix} = \begin{vmatrix} \alpha & 0 & q_1 \\ 0 & 0 & q_2 \\ q_1 & q_2 & c \end{vmatrix} = -\alpha {q_2}^2$$

となり，$q_2 = 0 \Leftrightarrow |\widehat{A}| = 0$ である．③ で，もし $q_2 = 0$ ならば，これは単純な x に関する 2 次方程式であり，その解は y 軸に平行な直線になる．

もし $q_2 \neq 0$ ならば，③ は

$$y = \ell x^2 + mx + n$$

の形となり，これは放物線の方程式である．

以上の議論の結果，特殊な場合を除き，無心 2 次曲線は放物線だけとなる．

定理 8.5　無心 2 次曲線の分類

(1)　$|\widehat{A}| \neq 0 \quad \Rightarrow \quad$ 放物線

(2)　$|\widehat{A}| = 0 \quad \Rightarrow \quad x$ 軸または y 軸に平行な直線

例 8.8 $4x^2-4xy+y^2-10x-20y=0$ の標準形を求めよう．

解 $|A|=\begin{vmatrix}4 & -2\\ -2 & 1\end{vmatrix}=0,\ |\widehat{A}|=\begin{vmatrix}4 & -2 & -5\\ -2 & 1 & -10\\ -5 & -10 & 0\end{vmatrix}=-25^2\neq 0$ だから放物線である．これを詳しく調べてみよう．$A=\begin{pmatrix}4 & -2\\ -2 & 1\end{pmatrix}$ の固有値を求めると $\lambda=5,0$ であり，それぞれの固有ベクトルは

$$a\begin{pmatrix}2\\ -1\end{pmatrix},\quad b\begin{pmatrix}1\\ 2\end{pmatrix}\quad (\text{ただし } a, b \text{ は } 0 \text{ でない任意定数})$$

である．これらを正規化したベクトルを含む直交行列を $P=\dfrac{1}{\sqrt{5}}\begin{pmatrix}2 & 1\\ -1 & 2\end{pmatrix}$ とおくと，

$${}^tPAP=\frac{1}{5}\begin{pmatrix}2 & -1\\ 1 & 2\end{pmatrix}\begin{pmatrix}4 & -2\\ -2 & 1\end{pmatrix}\begin{pmatrix}2 & 1\\ -1 & 2\end{pmatrix}=\begin{pmatrix}5 & 0\\ 0 & 0\end{pmatrix}$$

のように対角化できるので，$A=P\begin{pmatrix}5 & 0\\ 0 & 0\end{pmatrix}{}^tP$ である．したがって，

$$4x^2-4xy+y^2=\begin{pmatrix}x & y\end{pmatrix}A\begin{pmatrix}x\\ y\end{pmatrix}=\begin{pmatrix}x & y\end{pmatrix}P\begin{pmatrix}5 & 0\\ 0 & 0\end{pmatrix}{}^tP\begin{pmatrix}x\\ y\end{pmatrix}\qquad \cdots ※$$

となる．ここで，${}^tP\begin{pmatrix}x\\ y\end{pmatrix}=\begin{pmatrix}X\\ Y\end{pmatrix}$ すなわち $\begin{pmatrix}x\\ y\end{pmatrix}=P\begin{pmatrix}X\\ Y\end{pmatrix}$ という変換を行えば，※は

$$4x^2-4xy+y^2=\begin{pmatrix}X & Y\end{pmatrix}\begin{pmatrix}5 & 0\\ 0 & 0\end{pmatrix}\begin{pmatrix}X\\ Y\end{pmatrix}=5X^2$$

となるので，

$$4x^2-4xy+y^2-10x-20y=5X^2-\frac{10}{\sqrt{5}}(2X+Y)-\frac{20}{\sqrt{5}}(-X+2)=0$$

となり，さらに整頓すると，$X^2=2\sqrt{5}Y$ という放物線の方程式（標準形）が得られる． ■

参考までに，上の例のグラフは次のようになる．

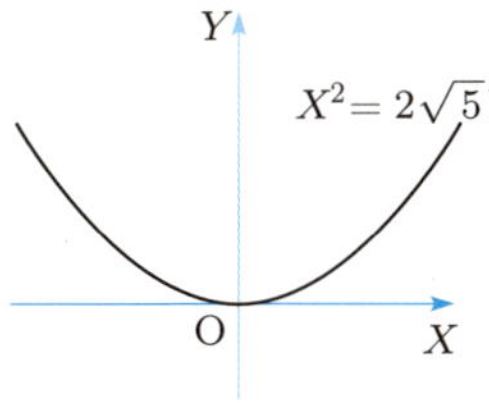

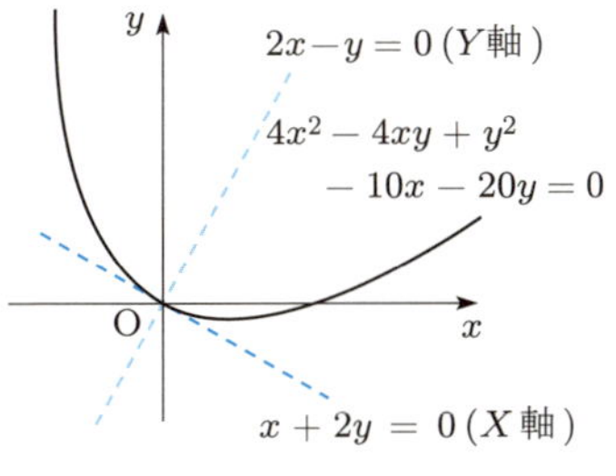

☑**注** 固有値と固有ベクトルをとる順番を変え，直交行列 $P=\dfrac{1}{5}\begin{pmatrix}1 & 2\\ 2 & -1\end{pmatrix}$ を使うと，${}^tPAP=\begin{pmatrix}0 & 0\\ 0 & 5\end{pmatrix}$

となり，放物線 $Y^2 = 2\sqrt{5}X$ になる．これは直線 $2x - y = 0$ と $x + 2y = 0$ のどちらを X 軸または Y 軸と見るかの違いでしかない．

練習問題

問 8.7 次の 2 次曲線を分類し，標準形を求めよ．

(1) $5x^2 + 2xy + 5y^2 - 10x - 2y - 7 = 0$

(2) $4x^2 + 12xy + 4y^2 - 12x - 8y + 9 = 0$

(3) $5x^2 - 6xy + 5y^2 - 4x - 4y - 4 = 0$

(4) $x^2 - 2xy + y^2 - 8x + 16 = 0$

問 8.8 正則な行列による変換で，楕円は楕円に，双曲線は双曲線になる（楕円が双曲線になるようなことはない）ことを示せ．

8.4 アフィン変換

例 8.3，例 8.7 をもう一度よく見てみよう．そこでは次のような座標変換をしている．

平行移動　旧座標 $(x, y) \to$ 新座標 (ξ, η)

$$\xi = x - 1, \quad \eta = y$$

により，

$$x^2 - 6xy + y^2 - 2x + 6y - 3 = 0 \quad \to \quad \xi^2 - 6\xi\eta + \eta^2 - 4 = 0$$

原点のまわりの回転　旧座標 $(\xi, \eta) \to$ 新座標 (X, Y)

$$\begin{pmatrix} X \\ Y \end{pmatrix} = \begin{pmatrix} 1/\sqrt{2} & -1/\sqrt{2} \\ 1/\sqrt{2} & 1/\sqrt{2} \end{pmatrix} \begin{pmatrix} \xi \\ \eta \end{pmatrix}$$

により，

$$\xi^2 - 6\xi\eta + \eta^2 - 4 = 0 \quad \to \quad 2X^2 - Y^2 - 2 = 0$$

すなわち，平行移動と回転を合成した

$$\begin{pmatrix} X \\ Y \end{pmatrix} = \begin{pmatrix} 1/\sqrt{2} & -1/\sqrt{2} \\ 1/\sqrt{2} & 1/\sqrt{2} \end{pmatrix} \begin{pmatrix} x \\ y \end{pmatrix} - \begin{pmatrix} 1/\sqrt{2} \\ 1/\sqrt{2} \end{pmatrix} \qquad \cdots ※（例 8.10 で利用）$$

という変換で，次の結果を得たのである．

$$x^2 - 6xy + y^2 - 2x + 6y - 3 = 0 \quad \to \quad 2X^2 - Y^2 - 2 = 0$$

これを一般的にいうと，ベクトル $\boldsymbol{v} = \begin{pmatrix} x \\ y \end{pmatrix}$ からベクトル $\boldsymbol{V} = \begin{pmatrix} X \\ Y \end{pmatrix}$ へ，直交行列

$P = \begin{pmatrix} p_{11} & p_{12} \\ p_{21} & p_{22} \end{pmatrix}$ と定数ベクトル $\boldsymbol{u} = \begin{pmatrix} a \\ b \end{pmatrix}$ を用いて

$$\boldsymbol{V} = P\boldsymbol{v} + \boldsymbol{u}, \quad \text{すなわち} \quad \begin{pmatrix} X \\ Y \end{pmatrix} = \begin{pmatrix} p_{11} & p_{12} \\ p_{21} & p_{22} \end{pmatrix}\begin{pmatrix} x \\ y \end{pmatrix} + \begin{pmatrix} a \\ b \end{pmatrix}$$

という変換を考えていることになる．この議論を拡張し，一般に直交行列に限らず，ある正方行列 A を用いて，

$$\boldsymbol{V} = A\boldsymbol{v} + \boldsymbol{u}$$

という形で，ベクトル $\boldsymbol{v}$ からベクトル $\boldsymbol{V}$ へ変換することが考えられる．これを**アフィン変換**という．特に A が正則であるとき**正則アフィン変換**といい，また，A が直交行列のときは**直交アフィン変換**という．

☑**注**　直交アフィン変換のとき，変換前と変換後で線分の長さは変わらず，図形は合同である．そのため**合同変換**ともいう．

例 8.9　平面上のアフィン変換

$$\begin{pmatrix} X \\ Y \end{pmatrix} = \begin{pmatrix} -1 & 2 \\ 3 & 1 \end{pmatrix}\begin{pmatrix} x \\ y \end{pmatrix} + \begin{pmatrix} 3 \\ -2 \end{pmatrix}$$

について，4 点 O, A$(1,0)$, B$(1,1)$, C$(0,1)$ を頂点とする正方形の像を作図しよう．

解　行列 $\begin{pmatrix} -1 & 2 \\ 3 & 1 \end{pmatrix}$ による変換で点 A は点 A$'(-1,3)$ に移動し，さらに平行移動 $\begin{pmatrix} 3 \\ -2 \end{pmatrix}$ で点 A$''(2,1)$ に移動する．同様に，

$$\mathrm{B} \longrightarrow \mathrm{B}'(1,4) \longrightarrow \mathrm{B}''(4,2)$$
$$\mathrm{C} \longrightarrow \mathrm{C}'(2,1) \longrightarrow \mathrm{C}''(5,-1)$$
$$\mathrm{O} \longrightarrow \mathrm{O} \longrightarrow \mathrm{O}''(3,-2)$$

となる．これを作図すると次のようになる．■

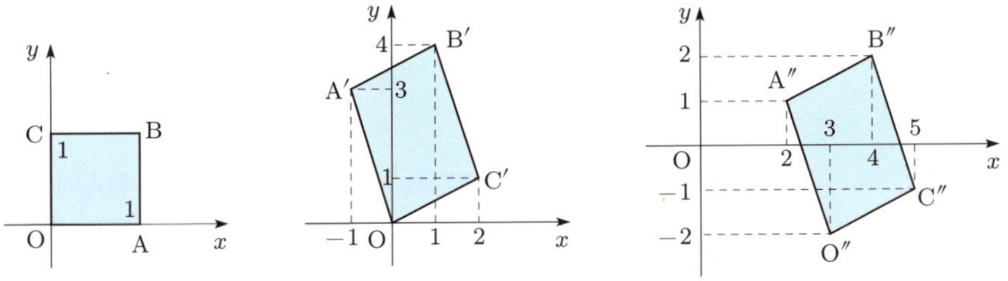

☑**注**　平行四辺形 O$''$A$''$B$''$C$''$ の面積は，定理 5.6 により $\mathrm{abs}\begin{vmatrix} -1 & 2 \\ 3 & 1 \end{vmatrix} = 7$ である．このアフィン

変換により，図形の面積は 7 倍になると考えてよい．

例 8.10 上記※のアフィン変換によって，例 8.9 と同じ正方形 OABC がどのように変形するか図示してみよう．

解 各点の像を O′, A′, B′, C′ とすると，式※より

$$\mathrm{O}'\left(-\frac{1}{\sqrt{2}}, -\frac{1}{\sqrt{2}}\right),\quad \mathrm{A}'(0,0),$$

$$\mathrm{B}'\left(-\frac{1}{\sqrt{2}}, \frac{1}{\sqrt{2}}\right),\quad \mathrm{C}'(-\sqrt{2},0)$$

となり，右図のようになる． ■

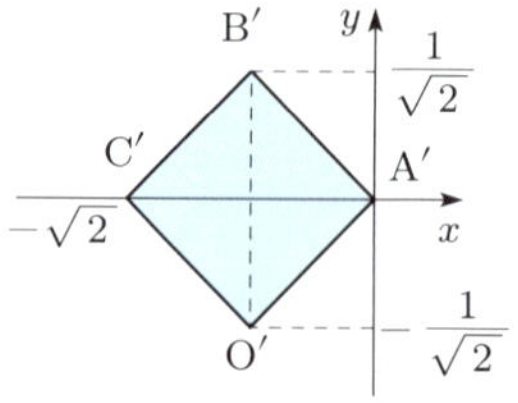

☑**注** これは合同変換なので，各辺の長さも面積も変わらない．

例 8.11 例 8.9 について，**不動点**，すなわち変換後も同じ位置にある点について考えよう．

解 方程式

$$\begin{pmatrix} x \\ y \end{pmatrix} = \begin{pmatrix} -1 & 2 \\ 3 & 1 \end{pmatrix}\begin{pmatrix} x \\ y \end{pmatrix} + \begin{pmatrix} 3 \\ -2 \end{pmatrix}$$

を解けば $x = \frac{2}{3}, y = -\frac{5}{6}$ が得られるので，点 $\mathrm{P}\left(\frac{2}{3}, -\frac{5}{6}\right)$ は不動点である．すなわち，この点 P は，例 8.9 のアフィン変換で動かない． ■

練習問題

問 8.9 次のアフィン変換の式を求めよ．

(1) 平面上で点を直線 $y = -x$ に関して対称な点に移したのち，x 軸方向に 2，y 軸方向に -3 だけ平行移動する．

(2) 例 8.9 と同じ正方形 OABC を下図の像 O′A′B′C′ となるように変換する．

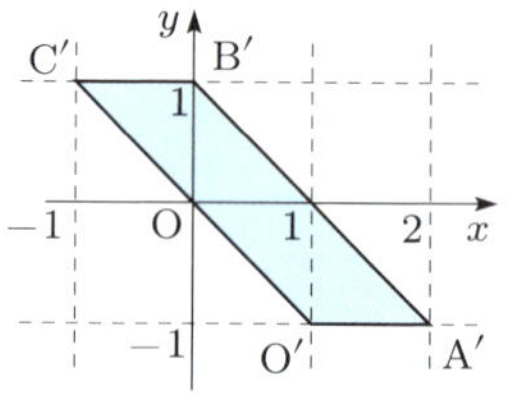

問 8.10 平面上で，原点のまわりにグラフを 60° 回転し，x 軸方向に $-\sqrt{3}$，y 軸方向に 1 だけ平行移動する合同変換（直交アフィン変換）の式を書け．また，この変換の不動点を求めよ．

略　解

第 1 章

問 1.1 (1) $\overrightarrow{\mathrm{BL}} = \dfrac{1}{3}\overrightarrow{\mathrm{BC}} = \dfrac{1}{3}(\overrightarrow{\mathrm{AC}} - \overrightarrow{\mathrm{AB}}) = \dfrac{1}{3}\boldsymbol{v} - \dfrac{1}{3}\boldsymbol{u}$

(2) $\overrightarrow{\mathrm{AM}} = \overrightarrow{\mathrm{AM}} + 2\overrightarrow{\mathrm{BL}} = \boldsymbol{u} + \dfrac{2}{3}\boldsymbol{v} - \dfrac{2}{3}\boldsymbol{u} = \dfrac{1}{3}\boldsymbol{u} + \dfrac{2}{3}\boldsymbol{v}$

問 1.2 $\overrightarrow{\mathrm{AM}} = \dfrac{1}{2}\overrightarrow{\mathrm{AB}} + \dfrac{1}{2}\overrightarrow{\mathrm{AC}} = \dfrac{1}{2}(\overrightarrow{\mathrm{OB}} - \overrightarrow{\mathrm{OA}}) + \dfrac{1}{2}(\overrightarrow{\mathrm{OC}} - \overrightarrow{\mathrm{OA}}) = \dfrac{1}{2}\overrightarrow{\mathrm{OB}} + \dfrac{1}{2}\overrightarrow{\mathrm{OC}} - \overrightarrow{\mathrm{OA}}$

問 1.3 $\boldsymbol{u} = \dfrac{1}{\sqrt{13}}\begin{pmatrix}3\\2\end{pmatrix}$ または $-\dfrac{1}{\sqrt{13}}\begin{pmatrix}3\\2\end{pmatrix}$

問 1.4 (1) $\boldsymbol{u} = \begin{pmatrix}-5\\4\\-3\end{pmatrix}, \boldsymbol{v} = \begin{pmatrix}-1\\-3\\3\end{pmatrix}$　　(2) $|\boldsymbol{u}| = 5\sqrt{2}, |\boldsymbol{v}| = \sqrt{19}$

(3) $\begin{pmatrix}-7\\17\\-15\end{pmatrix} = -7\boldsymbol{e}_1 + 17\boldsymbol{e}_2 - 15\boldsymbol{e}_3$

問 1.5 $x = 5$

問 1.6 (1) $\overrightarrow{\mathrm{AB}} \cdot \overrightarrow{\mathrm{AD}} = a \cdot a \cdot \cos 90^\circ = 0$

(2) $\overrightarrow{\mathrm{AB}} \cdot \overrightarrow{\mathrm{AC}} = a \cdot \sqrt{2}a \cdot \cos 45^\circ = a^2$

(3) $\overrightarrow{\mathrm{DA}} \cdot \overrightarrow{\mathrm{AC}} = \overrightarrow{\mathrm{DA}} \cdot \overrightarrow{\mathrm{DC'}} = a \cdot \sqrt{2}a \cdot \cos 135^\circ = -a^2$

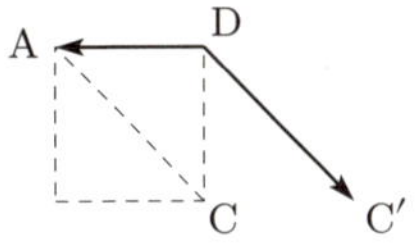

☑**注**　右図のように始点を重ねてから角度を見よう.

問 1.7 (1) $\overrightarrow{\mathrm{AB}} \cdot \overrightarrow{\mathrm{AF}} = a \cdot a \cdot \cos 120^\circ = -\dfrac{a^2}{2}$

(2) $\overrightarrow{\mathrm{AD}} \cdot \overrightarrow{\mathrm{AF}} = 2a \cdot a \cdot \cos 60^\circ = a^2$　　(3) $\overrightarrow{\mathrm{AE}} \cdot \overrightarrow{\mathrm{AF}} = \sqrt{3}a \cdot a \cos 30^\circ = \dfrac{3}{2}a^2$

(4) $\overrightarrow{\mathrm{AF}} \cdot \overrightarrow{\mathrm{BE}} = a \cdot 2a \cdot \cos 0^\circ = 2a^2$

問 1.8 (1) $\dfrac{3x+1}{\sqrt{14(x^2+10)}} = \dfrac{1}{2}$ より $x = 2, -\dfrac{34}{11}$　　(2) $3x + 1 = 0$ より $x = -\dfrac{1}{3}$

問 1.9 (1) 45°　　(2) 60°

問 1.10 平面 $\mathbf{R}^2$ 上，または空間 $\mathbf{R}^3$ 内で $\boldsymbol{a}, \boldsymbol{b}$ が右図のようにあるとき，余弦定理より

$$|\boldsymbol{a} - \boldsymbol{b}|^2 = |\boldsymbol{a}|^2 + |\boldsymbol{b}|^2 - 2|\boldsymbol{a}|\,|\boldsymbol{b}| \cos\theta$$

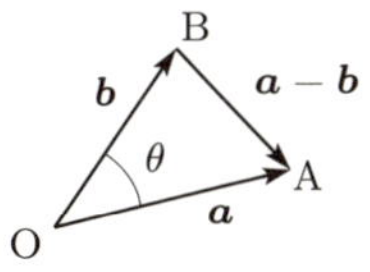

すると，$\boldsymbol{a} \cdot \boldsymbol{b} = |\boldsymbol{a}|\,|\boldsymbol{b}| \cos\theta$

$$= |\boldsymbol{a}|\,|\boldsymbol{b}| \cdot \frac{|\boldsymbol{a}|^2 + |\boldsymbol{b}|^2 - |\boldsymbol{a} - \boldsymbol{b}|^2}{2|\boldsymbol{a}|\,|\boldsymbol{b}|}$$

$$= \frac{1}{2}(|\boldsymbol{a}|^2 + |\boldsymbol{b}|^2 - |\boldsymbol{a} - \boldsymbol{b}|^2) \qquad \cdots (*)$$

平面上で座標を $\mathrm{A}(a_1, a_2)$, $\mathrm{B}(b_1, b_2)$ とすれば，

$$|\boldsymbol{a}|^2 = (a_1)^2 + (a_2)^2, \quad |\boldsymbol{b}|^2 = (b_1)^2 + (b_2)^2, \quad |\boldsymbol{a} - \boldsymbol{b}|^2 = (a_1 - b_1)^2 + (a_2 - b_2)^2$$

これを式 $(*)$ に代入して整頓すれば，$a_1 b_1 + a_2 b_2$ となる．

空間内でも，座標を $\mathrm{A}(a_1, a_2, a_3)$, $\mathrm{B}(b_1, b_2, b_3)$ として同様．

問 1.11　ベクトル $\boldsymbol{a}$, $\boldsymbol{b}$ のなす角を θ とすれば，公式 1.4 と関係式 $\sin^2\theta = 1 - \cos^2\theta$ から

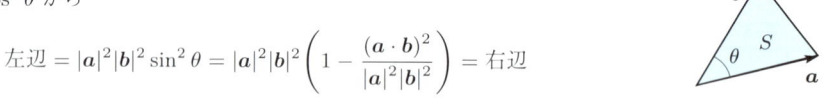

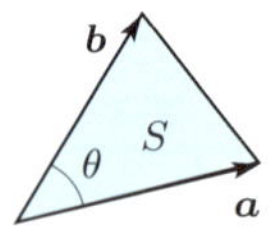

$$左辺 = |\boldsymbol{a}|^2 |\boldsymbol{b}|^2 \sin^2\theta = |\boldsymbol{a}|^2 |\boldsymbol{b}|^2 \left(1 - \frac{(\boldsymbol{a} \cdot \boldsymbol{b})^2}{|\boldsymbol{a}|^2 |\boldsymbol{b}|^2}\right) = 右辺$$

問 1.12　(1) 9　　(2) $\sqrt{147}$

問 1.13　(1) $\begin{pmatrix} 15 \\ 14 \\ 3 \end{pmatrix}, \begin{pmatrix} -5 \\ -14 \\ -8 \end{pmatrix}$　　(2) $\sqrt{285}$　　(3) -35　　(4) 35

問 1.14　(1) $4\boldsymbol{e}_1 + 3\boldsymbol{e}_2 - 7\boldsymbol{e}_3$　　(2) $-17\boldsymbol{e}_1 - 2\boldsymbol{e}_2 + 31\boldsymbol{e}_3$　　(3) $-10\boldsymbol{e}_1 + 70\boldsymbol{e}_2 + 50\boldsymbol{e}_3$

問 1.15　$\boldsymbol{e}_1 \times (\boldsymbol{e}_1 \times \boldsymbol{e}_3) = \boldsymbol{e}_1 \times (-\boldsymbol{e}_2) = -\boldsymbol{e}_3$ 他方，$(\boldsymbol{e}_1 \times \boldsymbol{e}_1) \times \boldsymbol{e}_3 = \boldsymbol{0}$

問 1.16　$\boldsymbol{a} = x\boldsymbol{b} + y\boldsymbol{c}$ とおくと，連立方程式 $\begin{cases} 3x + 6y = 3 \\ -x + 4y = 8 \end{cases}$ を得る．これを解くと $x = -2$, $y = \dfrac{3}{2}$ となるので，$\boldsymbol{a} = -2\boldsymbol{b} + \dfrac{3}{2}\boldsymbol{c}$

問 1.17　(1) $x\boldsymbol{a} + y\boldsymbol{b} + z\boldsymbol{c} = \boldsymbol{0}$ とおくと，連立方程式 $\begin{cases} x + 3y = 0 \\ 2y - 4z = 0 \\ -2x - y + z = 0 \end{cases}$ を得る．これを解くと $x = y = z = 0$ となるので，1 次独立．

(2) $x\boldsymbol{a} + y\boldsymbol{b} + z\boldsymbol{c} = \boldsymbol{0}$ とおくと，連立方程式 $\begin{cases} 2x + 4y + 7z = 0 \\ 4x + 5y + 8z = 0 \\ 6x + 6y + 9z = 0 \end{cases}$ を得る．これを解くと $2x - z = 0$, $y + 2z = 0$ という関係式が得られる．これを満たす値をとり，たとえば $x = 1$, $y = -4$, $z = 2$ とすれば，$\boldsymbol{a} - 4\boldsymbol{b} + 2\boldsymbol{c} = \boldsymbol{0}$ と表すことができるので，1 次従属．$\boldsymbol{a} = 4\boldsymbol{b} - 2\boldsymbol{c}$

(3) $x\boldsymbol{a} + y\boldsymbol{b} + z\boldsymbol{c} + w\boldsymbol{d} = \boldsymbol{0}$ とおくと，連立方程式 $\begin{cases} 3x - 4y + z + 2w = 0 \\ 3x - y + 4z - w = 0 \\ 3x + 3y - 6z + 3w = 0 \end{cases}$ を得る．これを解くと $x = -\dfrac{2}{7}w$, $y = \dfrac{3}{7}w$, $z = \dfrac{4}{7}w$ という関係式が得られる．これを満たす値をとり，たとえば $x = -2$, $y = 3$, $z = 4$, $w = 7$ のとき $-2\boldsymbol{a} + 3\boldsymbol{b} + 4\boldsymbol{c} + 7\boldsymbol{d} = \boldsymbol{0}$ と表すことができるので，1 次従属．$\boldsymbol{a} = \dfrac{3}{2}\boldsymbol{b} + 2\boldsymbol{c} + \dfrac{7}{2}\boldsymbol{d}$

☑**注**　参考までに，第 3 章の基本変形を使うと計算が楽である．この問いの連立方程式の解法は，以下のようになる．

(1) $\left(\begin{array}{ccc|c} 1 & 3 & 0 & 0 \\ 0 & 2 & -4 & 0 \\ -2 & -1 & 3 & 0 \end{array}\right) \to \left(\begin{array}{ccc|c} 1 & 0 & 0 & 0 \\ 0 & 1 & 0 & 0 \\ 0 & 0 & 1 & 0 \end{array}\right) \quad \Rightarrow \quad x = y = z = 0$

(2) $\left(\begin{array}{ccc|c} 2 & 4 & 7 & 0 \\ 4 & 5 & 8 & 0 \\ 6 & 6 & 9 & 0 \end{array}\right) \to \left(\begin{array}{ccc|c} 2 & 0 & -1 & 0 \\ 0 & 1 & 2 & 0 \\ 0 & 0 & 0 & 0 \end{array}\right) \quad \Rightarrow \quad 2x - z = 0,\ y + 2z = 0$

(3) $\left(\begin{array}{cccc|c} 3 & -4 & 1 & 2 & 0 \\ 3 & -1 & 4 & -1 & 0 \\ 3 & 3 & -6 & 3 & 0 \end{array}\right) \to \left(\begin{array}{cccc|c} 1 & 0 & 0 & 2/7 & 0 \\ 0 & 1 & 0 & -3/7 & 0 \\ 0 & 0 & 1 & -4/7 & 0 \end{array}\right)$

$\Rightarrow \quad x = -\frac{2}{7}w,\ y = \frac{3}{7}w,\ z = \frac{4}{7}w$

問 1.18　t は任意の実数とする．　(1) $\begin{pmatrix} x \\ y \end{pmatrix} = t\begin{pmatrix} -2 \\ 3 \end{pmatrix}$

(2) 点 P を通り，方向ベクトルを $\overrightarrow{\mathrm{PQ}}$ とすれば，$\begin{pmatrix} x \\ y \end{pmatrix} = \begin{pmatrix} 3 \\ -1 \end{pmatrix} + t\begin{pmatrix} 1 \\ 6 \end{pmatrix}$

(3) 方向ベクトルは $\begin{pmatrix} 1 \\ 2 \end{pmatrix}$ だから，$\begin{pmatrix} x \\ y \end{pmatrix} = \begin{pmatrix} -4 \\ 2 \end{pmatrix} + t\begin{pmatrix} 1 \\ 2 \end{pmatrix}$

問 1.19　ベクトル方程式と比例式の形で答えるが，そのどちらかでよい．t は任意の実数とする．

(1) $\begin{pmatrix} x \\ y \\ z \end{pmatrix} = t\begin{pmatrix} 4 \\ -3 \\ 5 \end{pmatrix}$ または $\frac{x}{4} = \frac{y}{-3} = \frac{z}{5}$

(2) $\begin{pmatrix} x \\ y \\ z \end{pmatrix} = \begin{pmatrix} 3 \\ 2 \\ -1 \end{pmatrix} + t\begin{pmatrix} 5 \\ -2 \\ -8 \end{pmatrix}$ または $\frac{x-3}{5} = \frac{y-2}{-2} = \frac{z+1}{-8}$

(3) $\begin{pmatrix} x \\ y \\ z \end{pmatrix} = \begin{pmatrix} 5 \\ -4 \\ 0 \end{pmatrix} + t\begin{pmatrix} 2 \\ 6 \\ -3 \end{pmatrix}$ または $\frac{x-5}{2} = \frac{y+4}{6} = \frac{z}{-3}$

問 1.20　(1) $3x + y - 7 = 0$　　(2) $x + y - z = 0$　　(3) $2x + 3y - z = 0$

問 1.21　$\left(\frac{1}{7}, \frac{4}{7}, -\frac{2}{7}\right)$　　ヒント　$\frac{x-3}{2} = y - 2 = \frac{z-4}{3} = t$ とおくと $x = 2t+3$，$y = t+2$，$z = 3t+4$ である．これを $2x + y + 3z = 0$ に代入して t を定める．

問 1.22　$\pm\frac{1}{5\sqrt{2}}\begin{pmatrix} 3 \\ -5 \\ 4 \end{pmatrix}$

第 2 章

問 2.1　(1) $\begin{pmatrix} 1 & -2 & 3 \\ -2 & 4 & -6 \\ 3 & -6 & 9 \end{pmatrix}$　　(2) $\begin{pmatrix} 2 & -\frac{1}{2} \\ -2 & 2 \\ 2 & 1 \end{pmatrix}$

問 2.2　$3A - C = \begin{pmatrix} 1 & -7 & 15 \\ -7 & 3 & 7 \end{pmatrix}$，${}^tA + 2B = \begin{pmatrix} 13 & -5 \\ -8 & 3 \\ 9 & 13 \end{pmatrix}$，

$4C - (A + {}^tB) = \begin{pmatrix} 1 & 9 & -7 \\ -4 & -2 & 0 \end{pmatrix}$

問 2.3　(1) $a = 13,\ b = 8,\ c = -5$　　(2) $a = -5,\ b = 10,\ c = 5$

問 2.4　${}^tT = {}^t(A + {}^tA) = {}^tA + A = T$ のように示す．

問 2.5　(1) $\frac{1}{2}\begin{pmatrix} 2 & 5 \\ 5 & 8 \end{pmatrix} + \frac{1}{2}\begin{pmatrix} 0 & -1 \\ 1 & 0 \end{pmatrix}$　　(2) $\frac{1}{2}\begin{pmatrix} 12 & -4 & 6 \\ -4 & 0 & 3 \\ 6 & 3 & -18 \end{pmatrix} + \frac{1}{2}\begin{pmatrix} 0 & 2 & -2 \\ -2 & 0 & 7 \\ 2 & -7 & 0 \end{pmatrix}$

問 2.6　$DC = \begin{pmatrix} 6 \\ -14 \end{pmatrix}$，${}^tCB = (36 \quad 9)$，$DB - A = \begin{pmatrix} 8 & 1 \\ -23 & 16 \end{pmatrix}$

問 2.7 $CA = \begin{pmatrix} 4 & 22 & 4 \\ 8 & -4 & -16 \end{pmatrix}$, $BD = \begin{pmatrix} 24 \\ 35 \end{pmatrix}$, ${}^tAB = \begin{pmatrix} 8 & 0 & 4 \\ -8 & 4 & 30 \\ -18 & 2 & 8 \end{pmatrix}$

${}^tAC = \begin{pmatrix} 4 & 10 \\ 18 & -3 \\ 2 & -19 \end{pmatrix}$, ${}^tDD = (49)$　かっこをとって 49 だけでもよい.

問 2.8 $BA = \begin{pmatrix} 6 & -12 \\ -5 & 10 \end{pmatrix}$, $AC = \begin{pmatrix} 8 & -8 & -16 \\ -16 & 16 & 32 \end{pmatrix}$,

$BC = \begin{pmatrix} 11 & -4 & -22 \\ -9 & 4 & 18 \end{pmatrix}$, CB は計算できない

問 2.9 $AB = \begin{pmatrix} 11 & 19 & -14 \\ -7 & 2 & 0 \\ 0 & -3 & 22 \end{pmatrix}$, $BC = \begin{pmatrix} -16 & 14 & -4 & 2 \\ 21 & -19 & 11 & 6 \\ -1 & 13 & 3 & 5 \end{pmatrix}$

問 2.10 (1) $\begin{pmatrix} 3b+d & b \\ 0 & d \end{pmatrix}$ の形をした行列. たとえば $\begin{pmatrix} 4 & 1 \\ 0 & 1 \end{pmatrix}$ など

(2) $\begin{pmatrix} a & b \\ b & \dfrac{2a-3b}{2} \end{pmatrix}$ の形をした行列. たとえば $\begin{pmatrix} 0 & 2 \\ 2 & -3 \end{pmatrix}$ など

問 2.11 行列 A, B, AB, ${}^tB\,{}^tA$ の第 i 行第 j 列成分をそれぞれ a_{ij}, b_{ij}, c_{ij}, d_{ij} とする. A の第 i 行ベクトルを $\boldsymbol{a}_i$, B の第 j 列ベクトルを $\boldsymbol{b}_j$ とする.

$$AB = \begin{pmatrix} \cdots & \cdots & \cdots & \cdots \\ a_{i1} & a_{i2} & a_{i3} & \cdots \\ \cdots & \cdots & \cdots & \cdots \\ \cdots & \cdots & \cdots & \cdots \end{pmatrix} \begin{pmatrix} \vdots & \vdots & b_{1j} & \vdots \\ \vdots & \vdots & b_{2j} & \vdots \\ \vdots & \vdots & b_{3j} & \vdots \\ \vdots & \vdots & \vdots & \vdots \end{pmatrix} = \begin{pmatrix} & & \vdots & \\ \cdots & \cdots & c_{ij} & \cdots \\ & & \vdots & \\ & & \vdots & \end{pmatrix}$$

$$c_{ij} = \boldsymbol{a}_i \boldsymbol{b}_j = a_{i1}b_{1j} + a_{i2}b_{2j} + a_{i3}b_{3j} + \cdots \quad \cdots ①$$

これを転置すると, ${}^t(AB)$ の第 j 行第 i 列に c_{ij} が来る. すなわち

$${}^t(AB) = \begin{pmatrix} & \vdots & & \\ & \vdots & & \\ \cdots & c_{ij} & \cdots & \cdots \\ & \vdots & & \end{pmatrix}$$

他方

$${}^tB\,{}^tA = \begin{pmatrix} \cdots & \cdots & \cdots & \cdots \\ \cdots & \cdots & \cdots & \cdots \\ b_{1j} & b_{2j} & b_{3j} & \cdots \\ \cdots & \cdots & \cdots & \cdots \end{pmatrix} \begin{pmatrix} \vdots & a_{i1} & \vdots & \vdots \\ \vdots & a_{i2} & \vdots & \vdots \\ \vdots & a_{i3} & \vdots & \vdots \\ \vdots & \vdots & \vdots & \vdots \end{pmatrix} = \begin{pmatrix} & \vdots & & \\ & \vdots & & \\ \cdots & d_{ji} & \cdots & \cdots \\ & \vdots & & \end{pmatrix}$$

$$d_{ji} = {}^t\boldsymbol{b}_j\,{}^t\boldsymbol{a}_i = b_{1j}a_{i1} + b_{2j}a_{i2} + b_{3j}a_{i3} + \cdots \quad \cdots ②$$

①＝② より ${}^t(AB)$ と ${}^tB\,{}^tA$ の成分が一致するので，${}^t(AB) = {}^tB\,{}^tA$ である．

問 2.12 $\begin{pmatrix} 0 & 1 & 0 \\ 0 & 0 & 1 \\ 0 & 0 & 0 \end{pmatrix}$ など

問 2.13 $X^2 = E$

☑**注**　実数では $x^2 = 1$ となる数は $x = \pm 1$ しかないが，行列ではこのように $X \neq \pm E$ でも $X^2 = E$ となるものがある．一般に，$X^2 = X$ となる行列 X を**べき等行列**という．

問 2.14 (1) 偽．たとえば $A = \begin{pmatrix} 0 & 1 \\ 0 & 0 \end{pmatrix} \neq O$ であるが $A^2 = O$ となる．

(2) 真．展開して左辺を導け．　(3) 偽．A と B が可換ならば等号が成り立つ．

問 2.15 $X = \begin{pmatrix} a & b \\ c & d \end{pmatrix}$ とおくと，$AX = \begin{pmatrix} a-c & b-d \\ -a+c & -b+d \end{pmatrix} = \begin{pmatrix} 0 & 0 \\ 0 & 0 \end{pmatrix}$ だから $a = c,\ b = d$ である．したがって，$X = \begin{pmatrix} a & b \\ a & b \end{pmatrix}$ となる．ここで，a, b は任意である．すなわち，$\begin{pmatrix} 1 & 2 \\ 1 & 2 \end{pmatrix}$，$\begin{pmatrix} 3 & 0 \\ 3 & 0 \end{pmatrix}$ など無数にある．

☑**注**　このように，$AX = O$ であるが，$A \neq O,\ X \neq O$ であるような正方行列 A, X を**零因子**という．

問 2.16 $A = \begin{pmatrix} 1 & 0 \\ 0 & 0 \end{pmatrix}$ に対して $X = \begin{pmatrix} 1 & 0 \\ 1 & 0 \end{pmatrix}$ を考えると，$X \neq E$ であるが $AX = A$ となる．

問 2.17 (1) $B(AB^{-1}) = (BA)B^{-1} = (AB)B^{-1} = A(BB^{-1}) = AE = A$ であり，一方 $B(B^{-1}A) = (BB^{-1})A = EA = A$ だから，$B(AB^{-1}) = B(B^{-1}A)$ となり，この両辺に B^{-1} をかけるとよい．

(2) A が正則であるとすれば A^{-1} が存在し，$A^{-1}A^2 = A$ であり，また $A^{-1}A^2 = A^{-1}A = E$ となるので，$A = E$．これは $A \neq E$ に矛盾する．したがって，A は正則でない．

☑**注**　この問いの条件「$A \neq E,\ A^2 = A$」を満たすような行列は実際にある．たとえば，$A = \begin{pmatrix} 0 & 1 \\ 0 & 1 \end{pmatrix}$ など．

(3) A が正則であるとすれば A^{-1} が存在し，$A^{-1}A^{-1}A^2 = E$ となるが，一方で $A^{-1}A^{-1}A^2 = A^{-1}A^{-1}O = O$ だから，$E = O$ となり，矛盾．したがって，A は正則でない．

$$(E + A)(E - A) = E - A^2 = E$$

だから，$(E + A)^{-1} = E - A$ である．

問 2.18 $A^{-1} = \dfrac{1}{5}\begin{pmatrix} 1 & -2 \\ 4 & -3 \end{pmatrix}$，$B^{-1}$ は存在しない．$C^{-1} = -\dfrac{1}{20}\begin{pmatrix} 5 & -9 \\ -6 & 10 \end{pmatrix}$

問 2.19 (1) $\begin{pmatrix} x \\ y \end{pmatrix} = \begin{pmatrix} 3 & 2 \\ 1 & -2 \end{pmatrix}^{-1}\begin{pmatrix} 0 \\ 8 \end{pmatrix} = -\dfrac{1}{8}\begin{pmatrix} -2 & -2 \\ -1 & 3 \end{pmatrix}\begin{pmatrix} 0 \\ 8 \end{pmatrix} = \begin{pmatrix} 2 \\ -3 \end{pmatrix}$

(2) $\begin{pmatrix} x \\ y \end{pmatrix} = \begin{pmatrix} 1 & 1 \\ 2 & -1 \end{pmatrix}^{-1}\begin{pmatrix} -3 \\ 6 \end{pmatrix} = -\dfrac{1}{3}\begin{pmatrix} -1 & -1 \\ -2 & 1 \end{pmatrix}\begin{pmatrix} -3 \\ 6 \end{pmatrix} = \begin{pmatrix} 1 \\ -4 \end{pmatrix}$

問 2.20 (1) $\mathrm{P}'(0, 1),\ \mathrm{Q}'(14, 9),\ \mathrm{R}'(-10, -6)$　(2) $\mathrm{P}'(1, 1, 4),\ \mathrm{Q}'(7, 6, -6),\ \mathrm{R}'(-2, 2, 0)$

(3) $\mathrm{P}'(-4, 7, 4),\ \mathrm{Q}'(6, -7, 8),\ \mathrm{R}'(-6, 8, -4)$

問 2.21　(1) $\begin{pmatrix}1 & 0\\0 & -1\end{pmatrix}$　(2) $\begin{pmatrix}-1 & 0\\0 & 1\end{pmatrix}$　(3) $\begin{pmatrix}-1 & 0\\0 & -1\end{pmatrix}$　(4) $\begin{pmatrix}0 & -1\\-1 & 0\end{pmatrix}$

(5) $\begin{pmatrix}0 & -1\\1 & 0\end{pmatrix}$　(6) $\begin{pmatrix}1/\sqrt{2} & -1/\sqrt{2} & 0\\1/\sqrt{2} & 1/\sqrt{2} & 0\\0 & 0 & 1\end{pmatrix}$　(7) $\begin{pmatrix}1/2 & 0 & -\sqrt{3}/2\\0 & 1 & 0\\\sqrt{3}/2 & 0 & 1/2\end{pmatrix}$

問 2.22　点 (x, y) を x 軸に対称に移す変換は，

$$\begin{pmatrix}1 & 0\\0 & -1\end{pmatrix}\begin{pmatrix}x\\y\end{pmatrix} = \begin{pmatrix}x\\-y\end{pmatrix}$$

次に，原点のまわりに 90° 回転する変換をすると

$$\begin{pmatrix}0 & -1\\1 & 0\end{pmatrix}\begin{pmatrix}x\\-y\end{pmatrix} = \begin{pmatrix}0 & -1\\1 & 0\end{pmatrix}\begin{pmatrix}1 & 0\\0 & -1\end{pmatrix}\begin{pmatrix}x\\y\end{pmatrix} = \begin{pmatrix}0 & 1\\1 & 0\end{pmatrix}\begin{pmatrix}x\\y\end{pmatrix}$$

となり，直線 $y = x$ に関する対称移動と同じになる．

問 2.23　下図のように，点 $\mathrm{P}(x, y)$ が点 $\mathrm{Q}(X, Y)$ に移されたとする．中点 $\mathrm{M}\left(\dfrac{X+x}{2}, \dfrac{Y+y}{2}\right)$ は直線 $y = kx$ 上にあることから，

$$Y + y = k(X + x) \qquad \cdots ①$$

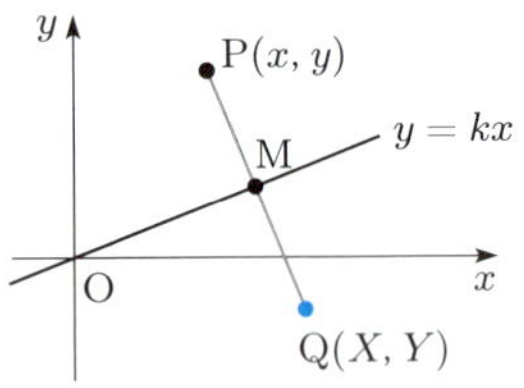

線分 PQ の傾きは $\dfrac{Y-y}{X-x}$ であり，直線 $y = kx$ と直交することから

$$k(Y - y) = -(X - x) \qquad \cdots ②$$

① と ② の連立方程式を解くと，

$$X = \frac{1}{k^2+1}((-k^2+1)x + 2ky), \quad Y = \frac{1}{k^2+1}(2kx + (k^2-1)y)$$

すなわち，

$$\begin{pmatrix}X\\Y\end{pmatrix} = \frac{1}{k^2+1}\begin{pmatrix}-k^2+1 & 2k\\2k & k^2-1\end{pmatrix}\begin{pmatrix}x\\y\end{pmatrix}$$

問 2.24　(1) $13x - 6y = 0$　(2) $x = -3$

問 2.25　$y = 6$

問 2.26　$y = 2x$

問 2.27　(1) 直線 $\dfrac{x+2}{8} = \dfrac{y+6}{18} = \dfrac{z+12}{33}$ または $\dfrac{x-6}{8} = \dfrac{y-12}{18} = \dfrac{z-21}{33}$

(2) $\dfrac{x}{3} = \dfrac{y}{2} = -z$

問 2.28　ない．座標平面 $x = 0$ 上の直線 $y + 2z = 0$ は原点に退化するが，退化する平面はない．

☑**注**　$\mathrm{rank}\, B = 2$ なので，退化するのは $3 - 2 = 1$ 次元の図形，すなわち直線だけである．

問 2.29　平面 $24x + 8y - 13z + 6 = 0$

第 3 章

問 3.1　途中の過程は省略し，矢印（→）のあとに結果を示す．

(1) $\left(\begin{array}{cc|c} 3 & 2 & 0 \\ 1 & -2 & 8 \end{array}\right) \to \left(\begin{array}{cc|c} 1 & 0 & 2 \\ 0 & 1 & -3 \end{array}\right)$, $x = 2$, $y = -3$

(2) $\left(\begin{array}{ccc|c} -1 & 0 & 1 & 1 \\ 0 & -1 & 4 & 7 \\ 2 & 1 & 2 & 3 \end{array}\right) \to \left(\begin{array}{ccc|c} 1 & 0 & 0 & 1/2 \\ 0 & 1 & 0 & -1 \\ 0 & 0 & 1 & 3/2 \end{array}\right)$, $x = \dfrac{1}{2}, y = -1, z = \dfrac{3}{2}$

(3) $\left(\begin{array}{ccc|c} 2 & 3 & -1 & -3 \\ -1 & 2 & 2 & 1 \\ 1 & 1 & -1 & -2 \end{array}\right) \to \left(\begin{array}{ccc|c} 1 & 0 & 0 & 1 \\ 0 & 1 & 0 & -1 \\ 0 & 0 & 1 & 2 \end{array}\right)$, $x = 1, y = -1, z = 2$

問 3.2 (1) 掃き出し法で変形すると以下のようになるので，$a \neq 2$

$$\left(\begin{array}{ccc|c} 1 & 1 & 2 & 5 \\ 2 & -2 & a & 2 \\ 1 & -1 & 1 & 5 \end{array}\right) \to \left(\begin{array}{ccc|c} 1 & 0 & 3/2 & 5 \\ 0 & 1 & 1/2 & 0 \\ 0 & 0 & a-2 & -8 \end{array}\right)$$

(2) $a = -2$ を代入して掃き出し法を続けると，$x = 2, y = -1, z = 2$

問 3.3 (1) $\dfrac{1}{2}$　(2) $b = 4$ のとき $x = k, y = 4 - 2k$. ただし，k は任意実数．$b \neq 4$ のとき解なし．

問 3.4 以下，t は任意定数とする．(1) $x = t, y = 0, z = 2 - t$　(2) 解なし
(3) $x = y = z = t$　(4) $x = -6t, y = -3t, z = t$

☑注 幾何学的に見ると，(1) の場合，三つの平面

$$x + 2y + z = 2, \quad 2x + 3y + 2z = 4, \quad 6x + 5y + 6z = 12$$

は一つの直線

$$\begin{pmatrix} x \\ y \\ z \end{pmatrix} = \begin{pmatrix} 0 \\ 0 \\ 2 \end{pmatrix} + t \begin{pmatrix} 1 \\ 0 \\ -1 \end{pmatrix}$$

で交差している．(2) の場合，三つの平面

$$2x - y - z = 1, \quad -x + 2y - z = -1, \quad -x - y + 2z = 1$$

の共通部分はない．(3) の場合，三つの平面

$$2x - y - z = 0, \quad -x + 2y - z = 0, \quad -x - y + 2z = 0$$

の共通部分は原点を通る直線

$$\begin{pmatrix} x \\ y \\ z \end{pmatrix} = t \begin{pmatrix} 1 \\ 1 \\ 1 \end{pmatrix}$$

である．(4) の場合，三つの平面

$$2x - y + 9z = 0, \quad -x + y - 3z = 0, \quad x - 3y - 3z = 0$$

の共通部分は原点を通る直線

$$\begin{pmatrix} x \\ y \\ z \end{pmatrix} = t \begin{pmatrix} -6 \\ -3 \\ 1 \end{pmatrix}$$

である．さらに (3) と (4) の場合は，原点に退化する直線が求められたことを意味している．

問 3.5 (1) $\begin{pmatrix} 2 & 1 & 3 & -1 \\ 1 & 0 & 2 & 2 \\ -1 & 3 & -5 & 1 \end{pmatrix}\begin{pmatrix} x_1 \\ x_2 \\ x_3 \\ x_4 \end{pmatrix} = \begin{pmatrix} -1 \\ 3 \\ -6 \end{pmatrix}$

(2) $x_1 = 1 - 2t,\ x_2 = -2 + t,\ x_3 = t,\ x_4 = 1$ （ただし t は任意定数）

☑**注** ベクトルを用いて表すと，$\begin{pmatrix} x_1 \\ x_2 \\ x_3 \\ x_4 \end{pmatrix} = \begin{pmatrix} 1 \\ -2 \\ 0 \\ 1 \end{pmatrix} + t\begin{pmatrix} -2 \\ 1 \\ 1 \\ 0 \end{pmatrix}$ となるので，これを 4 次元空間 $\mathbf{R}^4$ 内の点 $(1, -2, 0, 1)$ を通り，$\begin{pmatrix} -2 \\ 1 \\ 1 \\ 0 \end{pmatrix}$ を方向ベクトルとする直線と考えることもできる．

問 3.6 ①，②，③ の使い方は例 3.5 と同じとする．

$$
{}^tA = \begin{pmatrix} 2 & 1 & -1 \\ 1 & 0 & 2 \\ 1 & 2 & -8 \end{pmatrix} \to \begin{pmatrix} 0 & 1 & -5 \\ 1 & 0 & 2 \\ 0 & 2 & -10 \end{pmatrix} \qquad ① - ② \times 2,\quad ③ - ②
$$

$$
\to \begin{pmatrix} 0 & 1 & -5 \\ 1 & 0 & 2 \\ 0 & 0 & 0 \end{pmatrix} \qquad ③ - ① \times 2
$$

となるので，やはり $\operatorname{rank}{}^tA = 2$ である．

問 3.7 (1) 3 (2) 2 (3) 2 (4) 2

問 3.8 $a = 5,\quad x = 2, \pm 1$

問 3.9 (1) 第 2 行を 3 倍する． (2) 第 3 行を -2 倍する．
(3) 第 2 行と第 3 行を入れ替える． (4) 第 1 行と第 3 行を入れ替える．
(5) 第 3 行を -2 倍したものを第 2 行に加える．
(6) 第 1 行を 4 倍したものを第 3 行に加える． (7) 第 2 行を -1 倍し，第 4 行を 4 倍する．
(8) 第 1 行と第 2 行を入れ替え，第 3 行と第 4 行を入れ替える．
(9) 第 4 行を第 1 行に加え，また第 2 行を -1 倍したものを第 3 行に加える．

問 3.10 基本変形の過程は省略． (1) $\dfrac{1}{14}\begin{pmatrix} 4 & -5 \\ 2 & 1 \end{pmatrix}$ (2) $\begin{pmatrix} 5 & -2 & -1 \\ 1 & 1 & -1 \\ -2 & 0 & 1 \end{pmatrix}$

(3) なし (4) $\begin{pmatrix} 7 & 4 & -2 \\ 3 & 2 & -1 \\ -1 & -1/2 & 1/2 \end{pmatrix}$ (5) $\begin{pmatrix} 0 & 1 & 0 & -1 \\ 3 & -1 & 1 & 1 \\ -13 & 1 & -4 & 1 \\ -6 & 0 & -2 & 1 \end{pmatrix}$ (6) なし

第 4 章

問 4.1 全部で 6 個あり，偶置換は $\begin{pmatrix} 1 & 2 & 3 \\ 1 & 2 & 3 \end{pmatrix}, \begin{pmatrix} 1 & 2 & 3 \\ 2 & 3 & 1 \end{pmatrix}, \begin{pmatrix} 1 & 2 & 3 \\ 3 & 1 & 2 \end{pmatrix}$ の 3 個．奇置換は $\begin{pmatrix} 1 & 2 & 3 \\ 1 & 3 & 2 \end{pmatrix}, \begin{pmatrix} 1 & 2 & 3 \\ 2 & 1 & 3 \end{pmatrix}, \begin{pmatrix} 1 & 2 & 3 \\ 3 & 2 & 1 \end{pmatrix}$ の 3 個．

問 4.2 (1) $pq = \begin{pmatrix} 1 & 2 & 3 & 4 \\ 4 & 1 & 3 & 2 \end{pmatrix},\ qp = \begin{pmatrix} 1 & 2 & 3 & 4 \\ 1 & 3 & 4 & 2 \end{pmatrix}$

(2) $pq = \begin{pmatrix} 1 & 2 & 3 & 4 & 5 \\ 4 & 1 & 3 & 2 & 5 \end{pmatrix}$, $qp = \begin{pmatrix} 1 & 2 & 3 & 4 & 5 \\ 1 & 4 & 3 & 5 & 2 \end{pmatrix}$

問 4.3　互換の表し方は一意ではないので以下の解答は一例だが，$\mathrm{sgn}(p)$ は変わらない．

(1) $(2,4)(3,4)(1,4)$, $\mathrm{sgn}(p) = -1$

(2) $(3,5)(1,4)(1,2)$, $\mathrm{sgn}(p) = -1$

(3) $(3,5)(1,4)$, $\mathrm{sgn}(p) = 1$

(4) $(1,n)(1,n-1)\cdots(1,4)(1,3)(1,2)$, $\mathrm{sgn}(p) = (-1)^{n+1}$．すなわち，$n$ が偶数ならば $\mathrm{sgn}(p) = -1$，奇数ならば $\mathrm{sgn}(p) = 1$．

問 4.4　(1) 24　　(2) -48

問 4.5　(1) 22　　(2) -7　　(3) 184　　(4) -37　　(5) 24　　(6) 0

(7) 置換 $\begin{pmatrix} 1 & 2 & 3 & 4 \\ 4 & 3 & 2 & 1 \end{pmatrix}$ が定める項より -180

(8) 置換 $\begin{pmatrix} 1 & 2 & 3 & 4 \\ 2 & 1 & 4 & 3 \end{pmatrix}$ と $\begin{pmatrix} 1 & 2 & 3 & 4 \\ 2 & 4 & 1 & 3 \end{pmatrix}$ が定める項より -40

問 4.6　途中の計算方法はいろいろ考えられるので，以下の解答は一例にすぎない．

(1) $\begin{vmatrix} 22 & 28 \\ 49 & 64 \end{vmatrix} \overset{①}{=} 4\begin{vmatrix} 22 & 7 \\ 49 & 16 \end{vmatrix} \overset{②}{=} 4\begin{vmatrix} 1 & 7 \\ 1 & 16 \end{vmatrix} = 36$

① 第 2 列から共通因数 4 をくくり出す．② 第 1 列から第 2 列の 3 倍をひく．

(2) $\begin{vmatrix} 1 & 4 & 7 \\ 2 & 5 & 8 \\ 3 & 6 & 9 \end{vmatrix} \overset{①}{=} \begin{vmatrix} 1 & 4 & 7 \\ 2 & 5 & 8 \\ 1 & 1 & 1 \end{vmatrix} \overset{②}{=} \begin{vmatrix} 1 & 4 & 7 \\ 1 & 1 & 1 \\ 1 & 1 & 1 \end{vmatrix} \overset{③}{=} 0$

① 第 3 行から第 2 行をひく．② 第 2 行から第 1 行をひく．③ 第 2 行と第 3 行が等しい．

(3) $\begin{vmatrix} 4 & 1 & 3 \\ 12 & 0 & 9 \\ -8 & 7 & 6 \end{vmatrix} \overset{①}{=} 12\begin{vmatrix} 1 & 1 & 1 \\ 3 & 0 & 3 \\ -2 & 7 & 2 \end{vmatrix} \overset{②}{=} 12\begin{vmatrix} 1 & 1 & 0 \\ 3 & 0 & 0 \\ -2 & 7 & 4 \end{vmatrix} = -144$

① 第 1 列から共通因数 4 を，第 3 列から共通因数 3 を，それぞれくくり出す．② 第 3 列から第 1 列をひく．

(4) $\begin{vmatrix} 0 & 1 & 3 & 4 \\ 4 & 0 & 1 & 3 \\ 3 & 4 & 0 & 1 \\ 1 & 3 & 4 & 0 \end{vmatrix} \overset{①}{=} \begin{vmatrix} 8 & 1 & 3 & 4 \\ 8 & 0 & 1 & 3 \\ 8 & 4 & 0 & 1 \\ 8 & 3 & 4 & 0 \end{vmatrix} \overset{②}{=} 8\begin{vmatrix} 1 & 1 & 3 & 4 \\ 1 & 0 & 1 & 3 \\ 1 & 4 & 0 & 1 \\ 1 & 3 & 4 & 0 \end{vmatrix} \overset{③}{=} 8\begin{vmatrix} 1 & 1 & 3 & 4 \\ 0 & -1 & -2 & -1 \\ 0 & 3 & -3 & -3 \\ 0 & 2 & 1 & -4 \end{vmatrix}$

$\overset{④}{=} -24\begin{vmatrix} 1 & 1 & 3 & 4 \\ 0 & 1 & 2 & 1 \\ 0 & 1 & -1 & -1 \\ 0 & 2 & 1 & -4 \end{vmatrix} \overset{⑤}{=} -24\begin{vmatrix} 1 & 1 & 3 & 4 \\ 0 & 1 & 2 & 1 \\ 0 & 0 & -3 & -2 \\ 0 & 0 & -3 & -6 \end{vmatrix} \overset{⑥}{=} -24\begin{vmatrix} 1 & 1 & 3 & 4 \\ 0 & 1 & 2 & 1 \\ 0 & 0 & -3 & -2 \\ 0 & 0 & 0 & -4 \end{vmatrix} = -288$

① 第 1 列に第 2 列から第 4 列まですべて加える．② 第 1 列から 8 をくくり出す．

③ 第 2 行から第 1 行をひく．第 3 行からも第 1 行をひく．第 4 行からも第 1 行をひく．

④ 第 2 行から -1 を，第 3 行から 3 をそれぞれくくり出す．

⑤ 第 3 行から第 2 行をひき，第 4 行から第 2 行の 2 倍をひく．

⑥ 第 4 行から第 3 行をひくと三角行列になる．

(5) $\begin{vmatrix} 0 & 0 & 0 & 3 \\ 0 & 0 & -3 & 0 \\ 0 & 5 & 3 & 2 \\ 4 & 5 & 6 & 7 \end{vmatrix} \overset{①}{=} \begin{vmatrix} 3 & 0 & 0 & 0 \\ 0 & -3 & 0 & 0 \\ 2 & 3 & 5 & 0 \\ 7 & 6 & 5 & 4 \end{vmatrix} \overset{②}{=} -180$

① 第 1 列と第 4 列を，第 2 列と第 3 列をそれぞれ入れ替える．

② 三角行列になったので対角成分だけをかける．

(6) $\begin{vmatrix} 0 & 2 & 0 & 0 \\ -1 & 4 & 2 & 0 \\ 7 & 0 & -4 & 0 \\ -3 & 5 & 1 & 2 \end{vmatrix} \overset{①}{=} -\begin{vmatrix} 2 & 0 & 0 & 0 \\ 4 & -1 & 2 & 0 \\ 0 & 7 & -4 & 0 \\ 5 & -3 & 1 & 2 \end{vmatrix} \overset{②}{=} -\begin{vmatrix} 2 & 0 & 0 & 0 \\ 4 & -1 & 0 & 0 \\ 0 & 7 & 10 & 0 \\ 5 & -3 & -5 & 2 \end{vmatrix} = 40$

① 第 1 列と第 2 列を交換．② 第 2 列を 2 倍して第 3 列に加えると，三角行列になる．

(7) $\begin{vmatrix} 4 & 0 & 0 & 1 & 0 \\ 2 & -3 & 0 & 0 & 0 \\ 1 & 0 & 0 & -2 & 3 \\ 0 & 3 & 2 & 0 & 0 \\ 0 & 0 & 4 & 0 & 2 \end{vmatrix} \overset{①}{=} -\begin{vmatrix} 1 & 0 & 0 & 4 & 0 \\ 0 & -3 & 0 & 2 & 0 \\ -2 & 0 & 0 & 1 & 3 \\ 0 & 3 & 2 & 0 & 0 \\ 0 & 0 & 4 & 0 & 2 \end{vmatrix} \overset{②}{=} -\begin{vmatrix} 1 & 0 & 0 & 4 & 0 \\ 0 & -3 & 0 & 2 & 0 \\ 0 & 0 & 0 & 9 & 3 \\ 0 & 0 & 2 & 2 & 0 \\ 0 & 0 & 4 & 0 & 2 \end{vmatrix}$

$\overset{③}{=} \begin{vmatrix} 1 & 0 & 0 & 4 & 0 \\ 0 & -3 & 0 & 2 & 0 \\ 0 & 0 & 2 & 2 & 0 \\ 0 & 0 & 0 & 9 & 3 \\ 0 & 0 & 4 & 0 & 2 \end{vmatrix} \overset{④}{=} \begin{vmatrix} 1 & 0 & 0 & 4 & 0 \\ 0 & -3 & 0 & 2 & 0 \\ 0 & 0 & 2 & 2 & 0 \\ 0 & 0 & 0 & 9 & 3 \\ 0 & 0 & 0 & -4 & 2 \end{vmatrix} \overset{⑤}{=} \begin{vmatrix} 1 & 0 & 0 & 4 & 0 \\ 0 & -3 & 0 & 2 & 0 \\ 0 & 0 & 2 & 2 & 0 \\ 0 & 0 & 0 & 15 & 3 \\ 0 & 0 & 0 & 0 & 2 \end{vmatrix} = -180$

① 第 1 列と第 4 列を交換．② 第 1 行を 2 倍して第 3 行に加え，第 2 行を第 4 行に加える．
③ 第 3 行と第 4 行を交換．④ 第 3 行を 2 倍して第 5 行からひく．
⑤ 第 5 列を 2 倍して第 4 列に加えると，三角行列になる．

(8) $\begin{vmatrix} 101 & 99 & 98 \\ 101 & 100 & 102 \\ 102 & 97 & 100 \end{vmatrix} \overset{①}{=} \begin{vmatrix} 2 & 99 & -1 \\ 1 & 100 & 2 \\ 5 & 97 & 3 \end{vmatrix} \overset{②}{=} \begin{vmatrix} 1 & -1 & -3 \\ 1 & 100 & 2 \\ 4 & -3 & 1 \end{vmatrix} = 1308$

① 第 1 列から第 2 列を，第 3 列からも第 2 列をひく．
② 第 1 行から第 2 行を，第 3 行からも第 2 行をひく．

(9) $\begin{vmatrix} \frac{1}{2} & \frac{1}{3} & \frac{1}{4} \\ \frac{1}{4} & \frac{1}{2} & \frac{1}{3} \\ \frac{1}{3} & \frac{1}{4} & \frac{1}{2} \end{vmatrix} \overset{①}{=} \frac{1}{12^3}\begin{vmatrix} 6 & 4 & 3 \\ 3 & 6 & 4 \\ 4 & 3 & 6 \end{vmatrix} \overset{②}{=} \frac{1}{12^3}\begin{vmatrix} 13 & 4 & 3 \\ 13 & 6 & 4 \\ 13 & 3 & 6 \end{vmatrix} = \frac{13}{12^3}\begin{vmatrix} 1 & 4 & 3 \\ 1 & 6 & 4 \\ 1 & 3 & 6 \end{vmatrix} = \frac{91}{1728}$

① 各行から共通因数 $\frac{1}{12}$ をくくり出す．② 第 1 列に第 2 列と第 3 列を加える．
その後の変形は省略．

☑注　(4)〜(7) は三角行列にする変形を考えているが，4.4 節の余因子展開を使うこともできる．たとえば (4) では，④ の段階で第 1 列における余因子展開を考えると，$\overset{④}{=} 8\begin{vmatrix} -1 & -2 & -1 \\ 3 & -3 & -3 \\ 2 & 1 & -4 \end{vmatrix}$ となるので，あとはサラスの方法なども適用できる．

また (6) の場合，次のような方法も考えられる．

$$\begin{vmatrix} 0 & 2 & 0 & 0 \\ -1 & 4 & 2 & 0 \\ 7 & 0 & -4 & 0 \\ -3 & 5 & 1 & 2 \end{vmatrix} \overset{①}{=} -2\begin{vmatrix} -1 & 2 & 0 \\ 7 & -4 & 0 \\ -3 & 1 & 2 \end{vmatrix} \overset{②}{=} -4\begin{vmatrix} -1 & 2 \\ 7 & -4 \end{vmatrix} = 40$$

① 第 1 行で余因子展開．② 第 3 列で余因子展開．

(7) の場合も，次のような方法が考えられる．

$$\begin{vmatrix} 4 & 0 & 0 & 1 & 0 \\ 2 & -3 & 0 & 0 & 0 \\ 1 & 0 & 0 & -2 & 3 \\ 0 & 3 & 2 & 0 & 0 \\ 0 & 0 & 4 & 0 & 2 \end{vmatrix} \overset{①}{=} \begin{vmatrix} 0 & 0 & 0 & 1 & 0 \\ 2 & -3 & 0 & 0 & 0 \\ 9 & 0 & 0 & -2 & 3 \\ 0 & 3 & 2 & 0 & 0 \\ 0 & 0 & 4 & 0 & 2 \end{vmatrix} \overset{②}{=} - \begin{vmatrix} 2 & -3 & 0 & 0 \\ 9 & 0 & 0 & 3 \\ 0 & 3 & 2 & 0 \\ 0 & 0 & 4 & 2 \end{vmatrix}$$

$$\overset{③}{=} - \begin{vmatrix} 2 & -3 & 0 & 0 \\ 9 & 0 & -6 & 3 \\ 0 & 3 & 2 & 0 \\ 0 & 0 & 0 & 2 \end{vmatrix} \overset{④}{=} -2 \begin{vmatrix} 2 & -3 & 0 \\ 9 & 0 & -6 \\ 0 & 3 & 2 \end{vmatrix} = -18 \begin{vmatrix} 2 & -1 & 0 \\ 3 & 0 & -2 \\ 0 & 1 & 2 \end{vmatrix} = -180$$

① 第 4 列を 4 倍し，第 1 列からひく．② 第 1 行で余因子展開．

③ 第 4 列を 2 倍し，第 3 列からひく．④ 第 4 行で余因子展開．

問 4.7　$A = \begin{pmatrix} a_{11} & \cdots & a_{1n} \\ \vdots & & \vdots \\ a_{n1} & \cdots & a_{nn} \end{pmatrix}$ とおくと，$aA = \begin{pmatrix} aa_{11} & \cdots & aa_{1n} \\ \vdots & & \vdots \\ aa_{n1} & \cdots & aa_{nn} \end{pmatrix}$ だから，定理 4.5 を適用し，各行から共通因数 a をくくり出す．

問 4.8　$AA^{-1} = E$ だから $|AA^{-1}| = |A|\,|A^{-1}| = 1$．したがって，$|A^{-1}| = \dfrac{1}{|A|} = |A|^{-1}$

問 4.9　(1) $-3\begin{vmatrix} -1 & 5 & 3 \\ 0 & -4 & 0 \\ 0 & 8 & 0 \end{vmatrix} - 2\begin{vmatrix} 0 & 5 & 3 \\ 4 & -4 & 0 \\ 6 & 8 & 0 \end{vmatrix} + 2\begin{vmatrix} 0 & -1 & 3 \\ 4 & 0 & 0 \\ 6 & 0 & 0 \end{vmatrix} + 2\begin{vmatrix} 0 & -1 & 5 \\ 4 & 0 & -4 \\ 6 & 0 & 8 \end{vmatrix}$

(2) $-3\begin{vmatrix} 3 & -2 & -2 \\ 4 & 0 & -4 \\ 6 & 0 & 8 \end{vmatrix} + 2\begin{vmatrix} 0 & -1 & 5 \\ 4 & 0 & -4 \\ 6 & 0 & 8 \end{vmatrix}$　　(3) -224

問 4.10　(1) $-2\begin{vmatrix} a & 5 & -5 \\ 1 & -4 & 2 \\ -2 & 3 & 0 \end{vmatrix} - \begin{vmatrix} a & -2 & -5 \\ 1 & 0 & 2 \\ -2 & 1 & 0 \end{vmatrix}$　　(2) $a = -3$　　(3) -7

問 4.11　(1) -462　　(2) 0　　(3) 2414　　(4) -432

問 4.12　(1) $\tilde{A} = \begin{pmatrix} 8 & -8 & -12 \\ -6 & 2 & 9 \\ -6 & 2 & 1 \end{pmatrix}$，　$A^{-1} = -\dfrac{1}{16}\begin{pmatrix} 8 & -6 & -6 \\ -8 & 2 & 2 \\ -12 & 9 & 1 \end{pmatrix}$

(2) $\tilde{B} = \begin{pmatrix} -2 & 0 & -2 & 0 \\ 0 & -2 & 0 & -2 \\ 2 & 0 & -2 & 0 \\ 0 & -2 & 0 & 2 \end{pmatrix}$，　$B^{-1} = -\dfrac{1}{4}\begin{pmatrix} -2 & 0 & 2 & 0 \\ 0 & -2 & 0 & -2 \\ -2 & 0 & -2 & 0 \\ 0 & -2 & 0 & 2 \end{pmatrix}$

問 4.13　$X = A^{-1}B = \begin{pmatrix} 9 & -2 \\ -5 & 1 \end{pmatrix}$，　$Y = BA^{-1} = \begin{pmatrix} 59 & -34 \\ 85 & -49 \end{pmatrix}$

問 4.14　$|A| \neq 0$ より，条件式は $a \neq -2$．このとき，

$$A^{-1} = \frac{1}{25(a+2)}\begin{pmatrix} 25 & -50 & 0 \\ 20 & 5(a-6) & -(a+2) \\ -75 & 150 & 5(a+2) \end{pmatrix}$$

問 4.15　(1) $abc(a-b)(b-c)(c-a)$　　(2) $(a+b)(b+c)(c+a)(a-b)(b-c)(c-a)$

(3) $4ab(a+b)^2(a-b)^2$

問 4.16　(1) 0　　(2) 12　　(3) 1512

問 4.17　(1) 0　　(2) 0

問 4.18　(1) $(a+b+c)(a-b)(b-c)(c-a)$　　(2) $-a(a-1)^2(a+1)$

(3) まず，第 2 列，第 3 列，第 4 列をすべて第 1 列に加えると

$$\begin{vmatrix} x+6 & 1 & 2 & 3 \\ x+6 & x & 2 & 3 \\ x+6 & 2 & x & 3 \\ x+6 & 2 & 3 & x \end{vmatrix} = (x+6)\begin{vmatrix} 1 & 1 & 2 & 3 \\ 1 & x & 2 & 3 \\ 1 & 2 & x & 3 \\ 1 & 2 & 3 & x \end{vmatrix} \overset{①}{=} (x+6)\begin{vmatrix} 1 & 0 & 0 & 0 \\ 1 & x-1 & 0 & 0 \\ 1 & 1 & x-2 & 0 \\ 1 & 1 & 1 & x-3 \end{vmatrix}$$

$$= (x+6)(x-1)(x-2)(x-3)$$

① 第 2 列 − 第 1 列，第 3 列 − 第 1 列 ×2，第 4 列 − 第 1 列 ×3 により三角行列になる．

(4) $a(a-1)^2$　　(5) $-x^2(x+2)(x-1)$　　(6) $x(x+3)(x-3)(x-4)$

☑**注**　(3) は余因子展開を使う方法も考えられる．

第 5 章

問 5.1　途中は省略し，結果だけ示す．

(1) $x=-\dfrac{2}{3},\ y=-\dfrac{5}{3}$　　(2) $x=2,\ y=-3$　　(3) $x=-\dfrac{7}{8},\ y=\dfrac{1}{4},\ z=\dfrac{9}{8}$

(4) $x=5,\ y=-1,\ z=2$　　(5) $x=3,\ y=\dfrac{1}{2},\ z=2$　　(6) $x=3,\ y=-2,\ z=\dfrac{5}{2}$

問 5.2　(1) $k \neq 11$　　(2) $k \neq 2$

問 5.3　(1) $\begin{vmatrix} 2 & -5 \\ -3 & a \end{vmatrix} = 0$ より $a=\dfrac{15}{2}$　　(2) $\begin{vmatrix} 2 & 1 & a \\ -3 & 0 & -1 \\ 4 & -5 & 3 \end{vmatrix} = 0$ より $a=\dfrac{1}{3}$

問 5.4　これらを列ベクトルに含む行列式を計算すると，−12 になるので，定理 5.5 により 1 次独立である．

問 5.5　$8x+3y-34=0$

問 5.6　11

問 5.7　$\left(\dfrac{30}{23}, \dfrac{9}{23}\right)$

問 5.8　(1) 9　　(2) $\dfrac{11}{2}$　　(3) 30

問 5.9　(1) $\dfrac{11}{2}$　　(2) 4

問 5.10　(1) $3x+y-7=0$　　(2) $x+y-z=0$

問 5.11　$|A|^2 = |A|\,|A| = |{}^tA|\,|A| = |{}^tAA| = \left|\begin{pmatrix} a & c \\ b & d \end{pmatrix}\begin{pmatrix} a & b \\ c & d \end{pmatrix}\right| = \begin{vmatrix} \boldsymbol{a}\cdot\boldsymbol{a} & \boldsymbol{a}\cdot\boldsymbol{b} \\ \boldsymbol{a}\cdot\boldsymbol{b} & \boldsymbol{b}\cdot\boldsymbol{b} \end{vmatrix}$

$\boldsymbol{a} = \begin{pmatrix} a_1 \\ a_2 \end{pmatrix},\ \boldsymbol{b} = \begin{pmatrix} b_1 \\ b_2 \end{pmatrix}$ とおくと，

$$\begin{aligned} S^2 &= \frac{1}{4}\mathrm{OA}^2\cdot\mathrm{OB}^2\sin^2\theta = \frac{1}{4}|\boldsymbol{a}|^2\,|\boldsymbol{b}|^2(1-\cos^2\theta) \\ &= \frac{1}{4}(|\boldsymbol{a}|^2\,|\boldsymbol{b}|^2 - |\boldsymbol{a}|^2\,|\boldsymbol{b}|^2\cos^2\theta) = \frac{1}{4}\{(\boldsymbol{a}\cdot\boldsymbol{a})(\boldsymbol{b}\cdot\boldsymbol{b}) - (\boldsymbol{a}\cdot\boldsymbol{b})^2\} \\ &= \frac{1}{4}\begin{vmatrix} \boldsymbol{a}\cdot\boldsymbol{a} & \boldsymbol{a}\cdot\boldsymbol{b} \\ \boldsymbol{a}\cdot\boldsymbol{b} & \boldsymbol{b}\cdot\boldsymbol{b} \end{vmatrix} = \frac{1}{4}|A|^2 \end{aligned}$$

したがって，$S = \dfrac{1}{2}\,\mathrm{abs}|A| = \dfrac{1}{2}\,\mathrm{abs}\begin{vmatrix} a_1 & b_1 \\ a_2 & b_2 \end{vmatrix} = \dfrac{1}{2}\,\mathrm{abs}\begin{vmatrix} a_1 & a_2 \\ b_1 & b_2 \end{vmatrix}$

☑**注**　グラムの行列式は問 1.11 の公式と同じものである.

問 5.12　$A = \begin{pmatrix} a_1 & b_1 & c_1 \\ a_2 & b_2 & c_2 \\ a_3 & b_3 & c_3 \end{pmatrix}$ とおく．$|A|$ を第 1 列で余因子展開すると

$$|A| = a_1\begin{vmatrix} b_2 & c_2 \\ b_3 & c_3 \end{vmatrix} - a_2\begin{vmatrix} b_1 & c_1 \\ b_3 & c_3 \end{vmatrix} + a_3\begin{vmatrix} b_1 & c_1 \\ b_2 & c_2 \end{vmatrix} = \boldsymbol{a}\cdot(\boldsymbol{b}\times\boldsymbol{c})$$

となり，定理 1.1 より，$\mathrm{abs}|A|$ はベクトル $\boldsymbol{a}$, $\boldsymbol{b}$, $\boldsymbol{c}$ によって作られる平行六面体の体積に等しい．この結果，空間 $\mathbf{R}^3$ 内に 4 点 O, A(a_1, a_2, a_3), B(b_1, b_2, b_3), C(c_1, c_2, c_3) があるとき，それらを頂点にもつ右図のような平行六面体の体積は $\mathrm{abs}\begin{vmatrix} a_1 & a_2 & a_3 \\ b_1 & b_2 & b_3 \\ c_1 & c_2 & c_3 \end{vmatrix}$ に等しいことがわかる.

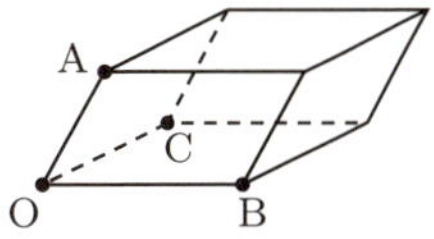

問 5.13　ベクトル $\overrightarrow{\mathrm{AB}} = \begin{pmatrix} b_1 - a_1 \\ b_2 - a_2 \\ b_3 - a_3 \end{pmatrix}$, $\overrightarrow{\mathrm{AC}} = \begin{pmatrix} c_1 - a_1 \\ c_2 - a_2 \\ c_3 - a_3 \end{pmatrix}$, $\overrightarrow{\mathrm{AD}} = \begin{pmatrix} d_1 - a_1 \\ d_2 - a_2 \\ d_3 - a_3 \end{pmatrix}$ を辺にもつ平行六面体の体積は，前問により

$$\mathrm{abs}\begin{vmatrix} b_1 - a_1 & b_2 - a_2 & b_3 - a_3 \\ c_1 - a_1 & c_2 - a_2 & c_3 - a_3 \\ d_1 - a_1 & d_2 - a_2 & d_3 - a_3 \end{vmatrix} = \mathrm{abs}\begin{vmatrix} 1 & a_1 & a_2 & a_3 \\ 0 & b_1 - a_1 & b_2 - a_2 & b_3 - a_3 \\ 0 & c_1 - a_1 & c_2 - a_2 & c_3 - a_3 \\ 0 & d_1 - a_1 & d_2 - a_2 & d_3 - a_3 \end{vmatrix}$$

$$= \mathrm{abs}\begin{vmatrix} 1 & a_1 & a_2 & a_3 \\ 1 & b_1 & b_2 & b_3 \\ 1 & c_1 & c_2 & c_3 \\ 1 & d_1 & d_2 & d_3 \end{vmatrix} \qquad \cdots ①$$

4 面体の底面は三角形だから ① の半分をとり，さらに一般に垂体はその 3 分の 1 の体積になるから，$V = \dfrac{1}{6} \times$ ① である.

第 6 章

問 6.1　直線 $y = 4x$ 上の任意の点 P$(a, 4a)$ はこの 1 次変換で点 P$'(-a, -4a)$ に移されるが，像 P$'$ もまた直線 $y = 4x$ 上にあるから，したがって直線 $y = 4x$ そのものは動かない.

直線 $y = x$ 上の任意の点 Q(a, a) はこの 1 次変換で点 Q$'(2a, 2a)$ に移されるが，像 Q$'$ もまた直線 $y = x$ 上にあるから，直線 $y = x$ そのものは動かない.

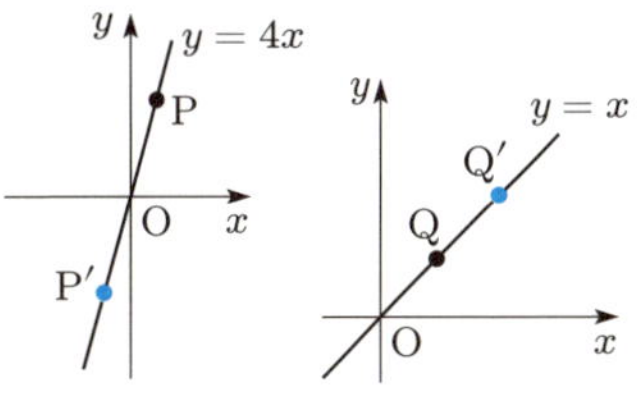

問 6.2　ベクトル $\boldsymbol{v} = \begin{pmatrix} x \\ y \\ z \end{pmatrix}$ に対して，$A\boldsymbol{v} = \begin{pmatrix} X \\ Y \\ Z \end{pmatrix}$ とすると

$$Av = \begin{pmatrix} 0 & 1 & 1 \\ 1 & 0 & 1 \\ 1 & 1 & 0 \end{pmatrix}\begin{pmatrix} x \\ y \\ z \end{pmatrix} = \begin{pmatrix} y+z \\ x+z \\ x+y \end{pmatrix} \quad \text{より} \begin{cases} X = y+z \\ Y = x+z \\ Z = x+y \end{cases}$$

したがって，

$$x = y = z \qquad \Rightarrow \qquad X = Y = Z$$

となり，原点を通る直線 $x = y = z$ そのものは動かない．また，

$$x + y + z = 0 \qquad \Rightarrow \qquad X + Y + Z = 0$$

となり，原点を通る平面 $x + y + z = 0$ は動かない．

☑注　A の固有値を求めると $\lambda = 2, -1$（-1 は重解）であり，$\lambda = 2$ の固有ベクトルは直線 $x = y = z$ 上にあり，$\lambda = -1$ の固有ベクトルは平面 $x + y + z = 0$ 上にある．例 7.15 を参照せよ．

問 6.3　(1) 固有値は 2, -1，それぞれに対する固有ベクトルは順に $a\begin{pmatrix} 5 \\ 2 \end{pmatrix}$, $b\begin{pmatrix} 1 \\ 1 \end{pmatrix}$．ただし，$a$, b は 0 でない任意定数．以下同様．

(2) 固有値 -3, 2，固有ベクトル $a\begin{pmatrix} 1 \\ -2 \end{pmatrix}$, $b\begin{pmatrix} 2 \\ 1 \end{pmatrix}$

(3) 固有値 $\cos\theta \pm i\sin\theta$．ただし，$i$ は虚数単位．

問 6.4　(1) 固有値 2, -1, -3．固有ベクトル $a\begin{pmatrix} 2 \\ 0 \\ 1 \end{pmatrix}$, $b\begin{pmatrix} 0 \\ 1 \\ 0 \end{pmatrix}$, $c\begin{pmatrix} 1 \\ 0 \\ -2 \end{pmatrix}$．ただし，$a, b, c$ は 0 でない任意定数．以下同様．

(2) 固有値 0, $\pm\sqrt{5}i$．このうち 0 に対する固有ベクトルは $a\begin{pmatrix} 2 \\ 0 \\ 1 \end{pmatrix}$

(3) 固有値 2, 1, -1．固有ベクトル $a\begin{pmatrix} 2 \\ 3 \\ 1 \end{pmatrix}$, $b\begin{pmatrix} 0 \\ 1 \\ 0 \end{pmatrix}$, $c\begin{pmatrix} 1 \\ 0 \\ -1 \end{pmatrix}$

問 6.5　定理 6.2 により $|A| = 0 \quad \therefore a = \pm 1$

問 6.6　(1) 固有値 λ に対する固有ベクトルを $\boldsymbol{v}$ とすれば，$A\boldsymbol{v} = \lambda\boldsymbol{v}$ であるから

$$A^2\boldsymbol{v} = A(A\boldsymbol{v}) = \lambda A\boldsymbol{v} = \lambda^2\boldsymbol{v}$$

となる．

☑注　このことから，一般に A^n $(n \in \mathbf{N})$ の固有値は λ^n となり，同じ固有ベクトルをもつことがわかる．

(2) A の固有値を λ，固有ベクトルを $\boldsymbol{v}$ とするとき $A\boldsymbol{v} = \lambda\boldsymbol{v}$ である．A は正則行列なので $|A| \neq 0$ であり，定理 6.4（の一般の場合）より $\lambda \neq 0$ である．$A\boldsymbol{v} = \lambda\boldsymbol{v}$ の両辺に $\dfrac{1}{\lambda}A^{-1}$ をかけると，$A^{-1}\boldsymbol{v} = \dfrac{1}{\lambda}\boldsymbol{v}$ となる．

☑注　このように正則行列の場合，A と A^{-1} は同じ固有ベクトルをもち，固有値は互いに逆数になる．

(3) A を交代行列とすれば ${}^tA = -A$ である．また，A は実数を成分とする行列だから，各成分の共役複素数をとったものを $\bar{A}$ と表すとき，$\bar{A} = A$ である．

固有方程式を解くと，一般には複素数の解が得られるので，それを $\lambda = a + bi$ としておこう．ここで，a, b は実数であり，i は虚数単位である．固有値 λ に対する固有ベクトルを $\boldsymbol{v}$ とし，その各成分の共役複素数をとったものを $\bar{\boldsymbol{v}}$ と表す．$A\boldsymbol{v} = \lambda\boldsymbol{v}$ より

$$A\boldsymbol{v} \cdot \bar{\boldsymbol{v}} = \lambda\boldsymbol{v} \cdot \bar{\boldsymbol{v}} = \lambda(\boldsymbol{v} \cdot \bar{\boldsymbol{v}})$$

他方，

$$A\boldsymbol{v} \cdot \bar{\boldsymbol{v}} = {}^t(A\boldsymbol{v})\,\bar{\boldsymbol{v}} = {}^t\boldsymbol{v}\,{}^tA\bar{\boldsymbol{v}} = -{}^t\boldsymbol{v}A\bar{\boldsymbol{v}} = -{}^t\boldsymbol{v}\bar{A}\bar{\boldsymbol{v}} = -\bar{\lambda}\,{}^t\boldsymbol{v}\bar{\boldsymbol{v}} = -\bar{\lambda}(\boldsymbol{v} \cdot \bar{\boldsymbol{v}})$$

となり，$\lambda = -\bar{\lambda}$ である．したがって，

$$a + bi = -(a - bi) = -a + bi \quad \therefore a = 0$$

となり，$\lambda = bi$ である．$b = 0$ のときは $\lambda = 0$ である．

(4) A がべき零行列ならば，ある自然数 n に対して $A^n = O$ である．一方，A の固有値 λ とその固有ベクトル $\boldsymbol{v}$ があるとき，

$$A^2\boldsymbol{v} = A(A\boldsymbol{v}) = A(\lambda\boldsymbol{v}) = \lambda(A\boldsymbol{v}) = \lambda^2\boldsymbol{v}$$

だから，一般に $A^n\boldsymbol{v} = \lambda^n\boldsymbol{v}$ となることを帰納法で示すことができる．すると，$A^n = O$ より $\lambda^n = 0$ すなわち $\lambda = 0$ である．

問 6.7　問題の行列を A とする．ここで，(1)，(2)，(5) は問 6.3 と問 6.4 にある行列である．

(1) 固有値は 2, -1，それぞれに対する固有ベクトル $\begin{pmatrix} 5 \\ 2 \end{pmatrix}$，$\begin{pmatrix} 1 \\ 1 \end{pmatrix}$ をとり，$P = \begin{pmatrix} 5 & 1 \\ 2 & 1 \end{pmatrix}$ とおけば，$P^{-1} = \dfrac{1}{3}\begin{pmatrix} 1 & -1 \\ -2 & 5 \end{pmatrix}$ であり，$P^{-1}AP = \begin{pmatrix} 2 & 0 \\ 0 & -1 \end{pmatrix}$ となる．

(2) 固有値 -3, 2, 固有ベクトル $\begin{pmatrix} 1 \\ -2 \end{pmatrix}$，$\begin{pmatrix} 2 \\ 1 \end{pmatrix}$ より，$P = \begin{pmatrix} 1 & 2 \\ -2 & 1 \end{pmatrix}$ とおけば，$P^{-1} = \dfrac{1}{5}\begin{pmatrix} 1 & 2 \\ -2 & 1 \end{pmatrix}$ であり，$P^{-1}AP = \begin{pmatrix} -3 & 0 \\ 0 & 2 \end{pmatrix}$ となる．

(3) 固有方程式 $\lambda^2 + 2\lambda + 1 = 0$ より固有値 $\lambda = -1$（重解）．固有ベクトルは $\begin{pmatrix} 2 & -4 \\ 1 & -2 \end{pmatrix}\begin{pmatrix} x \\ y \end{pmatrix} = \begin{pmatrix} 0 \\ 0 \end{pmatrix}$ より，関係式 $x = 2y$ を満たすもの，すなわち $a\begin{pmatrix} 2 \\ 1 \end{pmatrix}$ だけであり，ほかに 1 次独立なベクトルがないので対角化できない．

(4) 固有方程式 $\lambda^2 - 3\lambda - 4 = 0$ より固有値 $\lambda = 4, -1$．それぞれに対する固有ベクトル $\begin{pmatrix} 1 \\ 1 \end{pmatrix}$，$\begin{pmatrix} 1 \\ 6 \end{pmatrix}$ をとることができ，$P = \begin{pmatrix} 1 & 1 \\ 1 & 6 \end{pmatrix}$ とおけば，$P^{-1} = \dfrac{1}{5}\begin{pmatrix} 6 & -1 \\ -1 & 1 \end{pmatrix}$ であり，$P^{-1}AP = \begin{pmatrix} 4 & 0 \\ 0 & -1 \end{pmatrix}$ のように対角化できる．

(5) 固有値 2, -1, -3，固有ベクトル $\begin{pmatrix} 2 \\ 0 \\ 1 \end{pmatrix}$，$\begin{pmatrix} 0 \\ 1 \\ 0 \end{pmatrix}$，$\begin{pmatrix} 1 \\ 0 \\ -2 \end{pmatrix}$ より，$P = \begin{pmatrix} 2 & 0 & 1 \\ 0 & 1 & 0 \\ 1 & 0 & -2 \end{pmatrix}$ とおけ

ば，$P^{-1} = \dfrac{1}{5}\begin{pmatrix} 2 & 0 & 1 \\ 0 & 5 & 0 \\ 1 & 0 & -2 \end{pmatrix}$ であり，$P^{-1}AP = \begin{pmatrix} 2 & 0 & 0 \\ 0 & -1 & 0 \\ 0 & 0 & -3 \end{pmatrix}$ となる．

(6) 固有方程式 $\begin{vmatrix} 2-\lambda & -1 & 1 \\ 0 & 1-\lambda & 1 \\ -1 & 1 & 1-\lambda \end{vmatrix} = 0$ を解いて，固有値 $\lambda = 2, 1$（1 は 2 重解）を得る．

$\lambda = 2$ に対する固有ベクトルは $\begin{pmatrix} 0 & -1 & 1 \\ 0 & -1 & 1 \\ -1 & 1 & -1 \end{pmatrix}\begin{pmatrix} x \\ y \\ z \end{pmatrix} = \begin{pmatrix} 0 \\ 0 \\ 0 \end{pmatrix}$ より，直線 $x = 0$，$y = z$ 上の $a\begin{pmatrix} 0 \\ 1 \\ 1 \end{pmatrix}$ である．$\lambda = 1$ に対しては $\begin{pmatrix} 1 & -1 & 1 \\ 0 & 0 & 1 \\ -1 & 1 & 0 \end{pmatrix}\begin{pmatrix} x \\ y \\ z \end{pmatrix} = \begin{pmatrix} 0 \\ 0 \\ 0 \end{pmatrix}$ より，直線 $x = y$，$z = 0$ 上の $b\begin{pmatrix} 1 \\ 1 \\ 0 \end{pmatrix}$ である．このように，1 次独立な固有ベクトルが二つしかないので，対角化できない．

(7) 定理 6.5 より固有値は $\lambda = 1, 2, 3$ である．それぞれに対応する固有ベクトルを求めると，$\begin{pmatrix} 1 \\ 0 \\ 0 \end{pmatrix}$，$\begin{pmatrix} 2 \\ 1 \\ 0 \end{pmatrix}$，$\begin{pmatrix} 9 \\ 6 \\ 2 \end{pmatrix}$ を得る．これらは直交しないが，1 次独立なので対角化可能である．すなわち $P = \begin{pmatrix} 1 & 2 & 9 \\ 0 & 1 & 6 \\ 0 & 0 & 2 \end{pmatrix}$ とおくと，$P^{-1} = \dfrac{1}{2}\begin{pmatrix} 2 & -4 & 3 \\ 0 & 2 & -6 \\ 0 & 0 & 1 \end{pmatrix}$ であり，$P^{-1}AP = \begin{pmatrix} 1 & 0 & 0 \\ 0 & 2 & 0 \\ 0 & 0 & 3 \end{pmatrix}$ となる．

問 6.8　(1) $A^2 - 4A + 5E = O$ より $A^2 = 4A - 5E = \begin{pmatrix} -1 & 8 \\ -4 & 7 \end{pmatrix}$，

$A^3 = 4A^2 - 5A = \begin{pmatrix} -9 & 22 \\ -11 & 13 \end{pmatrix}$，　$B = A^4 = 4A^3 - 5A^2 = \begin{pmatrix} -31 & 48 \\ -24 & 17 \end{pmatrix}$

(2) $A^2 - 4A + 3E = O$ より $A^2 = 4A - 3E = \begin{pmatrix} 1 & 8 \\ 0 & 9 \end{pmatrix}$，

$A^3 = 4A^2 - 3A = \begin{pmatrix} 1 & 26 \\ 0 & 27 \end{pmatrix}$，　$A^4 = 4A^3 - 3A^2 = \begin{pmatrix} 1 & 80 \\ 0 & 81 \end{pmatrix}$，

$B = A^5 = 4A^4 - 3A^3 = \begin{pmatrix} 1 & 242 \\ 0 & 243 \end{pmatrix}$

問 6.9　いくつかの解答例を示す．

(1) 解 1　$A^2 = \begin{pmatrix} 1 & 2a \\ 0 & 1 \end{pmatrix}$, $A^3 = \begin{pmatrix} 1 & 3a \\ 0 & 1 \end{pmatrix}$ となることから $A^n = \begin{pmatrix} 1 & na \\ 0 & 1 \end{pmatrix}$ と予想し，数学的帰納法で証明する．

または $A^2 = 2A - E$, $A^3 = 3A - 2E$ から関係式 $A^n = nA - (n-1)E$ を予想し，数学的帰納法で証明する．そして，その関係式を用いて A^n を求める．

解 2　$\mathrm{tr}\, A = 2$, $|A| = 1$ だから，固有多項式を $f(x) = x^2 - 2x + 1$ とおく．x^n を $f(x)$ で割ったときの商を $g(x)$，余りを $px + q$ とすると

$$x^n = (x^2 - 2x + 1)g(x) + px + q = (x-1)^2 g(x) + px + q$$

ここに $x=1$ を代入すると，$p+q=1$．また，この等式を微分すると

$$nx^{n-1}=2(x-1)g(x)+(x-1)^2g'(x)+p$$

ここに $x=1$ を代入すると，$p=n$ より $q=1-n$．ハミルトン・ケイリーの定理により $f(A)=O$ だから，

$$A^n=nA+(1-n)E=\begin{pmatrix}1 & na\\0 & 1\end{pmatrix}$$

解 3　固有値は重解なのでスペクトル分解の方法は使えないが，ハミルトン・ケイリーの定理により $(A-E)^2=O$ だから，$B=A-E=\begin{pmatrix}0 & a\\0 & 0\end{pmatrix}$ とおくと，$B^2=O$ であり，$A=E+B$ である．2 項定理より

$$\begin{aligned}A^n&={}_n\mathrm{C}_0E^nB^0+{}_n\mathrm{C}_1E^{n-1}B^1+(B^2\text{ を含む項})\\&=E+nB=\begin{pmatrix}1 & 0\\0 & 1\end{pmatrix}+\begin{pmatrix}0 & na\\0 & 0\end{pmatrix}=\begin{pmatrix}1 & na\\0 & 1\end{pmatrix}\end{aligned}$$

(2) これは予想式を立てるのが難しい．そこでまず，前問の解 2 のやり方で考えよう．$\mathrm{tr}\,A=7$，$|A|=6$ だから，固有多項式を $f(x)=x^2-7x+6$ とおく．x^n を $f(x)$ で割ったときの商を $g(x)$，余りを $px+q$ とすると，

$$x^n=(x^2-7x+6)g(x)+px+q=(x-1)(x-6)g(x)+px+q$$

ここに $x=1$ を代入すると，$p+q=1$，$x=6$ を代入すると，$6p+q=6^n$ であるから，

$$p=\frac{6^n-1}{5},\quad q=\frac{6-6^n}{5}$$

ハミルトン・ケイリーの定理により $f(A)=O$ だから，

$$A^n=\frac{6^n-1}{5}A+\frac{6-6^n}{5}E=\frac{1}{5}\begin{pmatrix}4\cdot6^n+1 & 4(6^n-1)\\6^n-1 & 6^n+4\end{pmatrix}$$

別解 1　固有値は $\lambda=1,6$ だから，

$$P_1=\frac{1}{5}(A-E)=\frac{1}{5}\begin{pmatrix}4 & 4\\1 & 1\end{pmatrix},\quad P_2=-\frac{1}{5}(A-6E)=\frac{1}{5}\begin{pmatrix}1 & -4\\-1 & 4\end{pmatrix}$$

とおくと，

$$P_1+P_2=E,\quad P_1P_2=O,\quad A=6P_1+P_2$$

となり，

$$\begin{aligned}A^n=6^nP_1+P_2&=\frac{6^n}{5}\begin{pmatrix}4 & 4\\1 & 1\end{pmatrix}+\frac{1}{5}\begin{pmatrix}1 & -4\\-1 & 4\end{pmatrix}\\&=\frac{1}{5}\begin{pmatrix}4\cdot6^n+1 & 4\cdot6^n-4\\6^n-1 & 6^n+4\end{pmatrix}\end{aligned}$$

別解 2　ハミルトン・ケイリーの定理により $(A-E)(A-6E)=O$ だから，そこで $B=A-6E$ とおくと，

$$B=\begin{pmatrix}-1 & 4\\ 1 & -4\end{pmatrix},\quad B^k=(-5)^{k-1}B,\quad A=6E+B$$

となり，2 項定理により

$$\begin{aligned}A^n&=(6E+B)^n=\sum_{k=0}^{n}{}_n\mathrm{C}_k(6E)^{n-k}B^k\\&=6^nE+\sum_{k=1}^{n}{}_n\mathrm{C}_k6^{n-k}(-5)^{k-1}B=6^nE-\frac{1}{5}\left\{\sum_{k=1}^{n}{}_n\mathrm{C}_k6^{n-k}(-5)^k\right\}B\\&=\frac{1}{5}\{5\cdot6^nE+(6^n-1)B\}=\frac{1}{5}\begin{pmatrix}4\cdot6^n+1 & 4(6^n-1)\\ 6^n-1 & 6^n+4\end{pmatrix}\end{aligned}$$

$B=A-E$ とおき，$B^2=5B$ を使うことも考えられる．

別解 3　**行列の対角化の応用**　以下の解法は本文で説明していないので，ここで詳しく解説する．

まず，固有方程式 $\lambda^2-7\lambda+6=0$ より，固有値は $\lambda=1,6$ である．次に，固有値 $\lambda=1$ に対する固有ベクトル $\begin{pmatrix}x\\ y\end{pmatrix}$ を求めると，

$$\begin{pmatrix}4 & 4\\ 1 & 1\end{pmatrix}\begin{pmatrix}x\\ y\end{pmatrix}=\begin{pmatrix}0\\ 0\end{pmatrix}\quad より\quad x+y=0$$

だから，この関係を満たすベクトル $\begin{pmatrix}1\\ -1\end{pmatrix}$ を選ぶことにする．

また，固有値 $\lambda=6$ に対する固有ベクトル $\begin{pmatrix}x\\ y\end{pmatrix}$ を求めると，

$$\begin{pmatrix}-1 & 4\\ 1 & -4\end{pmatrix}\begin{pmatrix}x\\ y\end{pmatrix}=\begin{pmatrix}0\\ 0\end{pmatrix}\quad より\quad x-4y=0$$

だから，この関係を満たすベクトル $\begin{pmatrix}4\\ 1\end{pmatrix}$ を選ぶことにする．

二つのベクトル $\begin{pmatrix}1\\ -1\end{pmatrix}$, $\begin{pmatrix}4\\ 1\end{pmatrix}$ は 1 次独立だから，これらを列ベクトルに含む行列 $P=\begin{pmatrix}1 & 4\\ -1 & 1\end{pmatrix}$ は正則であり，逆行列 $P^{-1}=\dfrac{1}{5}\begin{pmatrix}1 & -4\\ 1 & 1\end{pmatrix}$ が存在し，

$$P^{-1}AP=\frac{1}{5}\begin{pmatrix}1 & -4\\ 1 & 1\end{pmatrix}\begin{pmatrix}5 & 4\\ 1 & 2\end{pmatrix}\begin{pmatrix}1 & 4\\ -1 & 1\end{pmatrix}=\begin{pmatrix}1 & 0\\ 0 & 6\end{pmatrix}\qquad \leftarrow 行列の対角化$$

となることを確かめることができる．

$D=\begin{pmatrix}1 & 0\\ 0 & 6\end{pmatrix}$ とおくと，$A=PDP^{-1}$ であり，以下のようになる．

$$
\begin{aligned}
A^n &= (PDP^{-1})^n = (PDP^{-1})(PDP^{-1})\cdots(PDP^{-1}) = PD^nP^{-1} \\
&= \frac{1}{5}\begin{pmatrix} 1 & 4 \\ -1 & 1 \end{pmatrix}\begin{pmatrix} 1 & 0 \\ 0 & 6^n \end{pmatrix}\begin{pmatrix} 1 & -4 \\ 1 & 1 \end{pmatrix} \\
&= \frac{1}{5}\begin{pmatrix} 1 & 4\cdot 6^n \\ -1 & 6^n \end{pmatrix}\begin{pmatrix} 1 & -4 \\ 1 & 1 \end{pmatrix} \\
&= \frac{1}{5}\begin{pmatrix} 1+4\cdot 6^n & -4+4\cdot 6^n \\ -1+6^n & 4+6^n \end{pmatrix}
\end{aligned}
$$

問 6.10　ハミルトン・ケイリーの定理より，$A^2 - (\lambda_1 + \lambda_2)A + (\lambda_1\lambda_2)E = O$ だから $A^2 = (\lambda_1 + \lambda_2)A - (\lambda_1\lambda_2)E$ である．すると，

$$
\begin{aligned}
B^2 &= (A - \lambda_1 E)^2 = A^2 - 2\lambda_1 A + \lambda_1^2 E \\
&= (\lambda_1 + \lambda_2)A - (\lambda_1\lambda_2)E - 2\lambda_1 A + \lambda_1^2 E \\
&= (\lambda_2 - \lambda_1)A + (\lambda_1^2 - \lambda_1\lambda_2)E \\
&= (\lambda_2 - \lambda_1)(A - \lambda_1 E) = (\lambda_2 - \lambda_1)B
\end{aligned}
$$

☑注　特に $\lambda_1 = \lambda_2$ のとき，$B^2 = O$ となり，問 6.9 (1) の解 3 のように簡単に処理できる．

問 6.11　固有多項式 $f(\lambda)$ は変数 λ の 3 次式だから

$$
f(\lambda) = k_0 + k_1\lambda + k_2\lambda^2 + k_3\lambda^3 = \sum_{m=0}^{3} k_m\lambda^m
$$

とおく．各 $i = 1, 2, 3$ について

$$
A\boldsymbol{u}_i = \lambda_i\boldsymbol{u}_i,\quad A^m\boldsymbol{u}_i = (\lambda_i)^m\boldsymbol{u}_i \qquad (m \in \mathbf{N})
$$

である．任意のベクトル $\boldsymbol{v} \in \mathbf{R}^3$ に対して

$$
\boldsymbol{v} = c_1\boldsymbol{u}_1 + c_2\boldsymbol{u}_2 + c_3\boldsymbol{u}_3 = \sum_{j=1}^{3} c_j\boldsymbol{u}_j
$$

とおくと（式の途中で $A^0 = E$ とする）

$$
\begin{aligned}
f(A)\boldsymbol{v} &= \left(\sum_{m=0}^{3} k_m A^m\right)\left(\sum_{j=1}^{3} c_j\boldsymbol{u}_j\right) = \sum_{j=1}^{3}\left(\sum_{m=0}^{3} k_m A^m (c_j\boldsymbol{u}_j)\right) \\
&= \sum_{j=1}^{3} c_j\left(\sum_{m=0}^{3} k_m(\lambda_j)^m\right)\boldsymbol{u}_j = \sum_{j=1}^{3} c_j f(\lambda_j)\boldsymbol{u}_j \quad \cdots ※
\end{aligned}
$$

ここで各 λ_j は固有方程式 $f(\lambda) = 0$ の解だから $f(\lambda_j) = 0$ であり，したがって※の結果は零ベクトル $\mathbf{0}$ になる．任意の $\boldsymbol{v}$ に対して $f(A)\boldsymbol{v} = \mathbf{0}$ だから $f(A)$ は零行列，すなわち $f(A) = O$ である．

第 7 章

問 7.1　$|\boldsymbol{a}|^2 = \boldsymbol{a}\cdot\boldsymbol{a}$ と $\boldsymbol{a}\cdot\boldsymbol{b} = 0 \Leftrightarrow \boldsymbol{a} \perp \boldsymbol{b}$ の関係を使う．

(1) 右辺 $= \dfrac{1}{2}\{(\boldsymbol{u}+\boldsymbol{v})\cdot(\boldsymbol{u}+\boldsymbol{v}) - |\boldsymbol{u}|^2 - |\boldsymbol{v}|^2\}$

$$= \frac{1}{2}(\boldsymbol{u}\cdot\boldsymbol{u} + 2\boldsymbol{u}\cdot\boldsymbol{v} + \boldsymbol{v}\cdot\boldsymbol{v} - |\boldsymbol{u}|^2 - |\boldsymbol{v}|^2) = \text{左辺}$$

(2) 左辺 $= (\boldsymbol{u}+\boldsymbol{v})\cdot(\boldsymbol{u}+\boldsymbol{v}) + (\boldsymbol{u}-\boldsymbol{v})\cdot(\boldsymbol{u}-\boldsymbol{v})$

$$= |\boldsymbol{u}|^2 + 2\boldsymbol{u}\cdot\boldsymbol{v} + |\boldsymbol{v}|^2 + |\boldsymbol{u}|^2 - 2\boldsymbol{u}\cdot\boldsymbol{v} + |\boldsymbol{v}|^2 = \text{右辺}$$

(3) $\Rightarrow$ の証明．$\boldsymbol{u}\cdot\boldsymbol{v} = 0$ より

$$|\boldsymbol{u}+\boldsymbol{v}|^2 = |\boldsymbol{u}|^2 + 2\boldsymbol{u}\cdot\boldsymbol{v} + |\boldsymbol{v}|^2 = |\boldsymbol{u}|^2 + |\boldsymbol{v}|^2 \text{ となる．}$$

$\Leftarrow$ の証明．(1) より $\boldsymbol{u}\cdot\boldsymbol{v} = 0$ が得られるからである．

(4) $(\boldsymbol{u}+\boldsymbol{v})\cdot(\boldsymbol{u}-\boldsymbol{v}) = |\boldsymbol{u}|^2 - |\boldsymbol{v}|^2$ より得られる．

問 7.2　$k = -1$，$\boldsymbol{v}_3 = \begin{pmatrix} 2 \\ 2 \\ 1 \end{pmatrix}$

問 7.3　$a\boldsymbol{u} + b\boldsymbol{v} = \boldsymbol{0}$ とするとき，$\boldsymbol{u}\cdot(a\boldsymbol{u} + b\boldsymbol{v}) = a|\boldsymbol{u}|^2 = 0$ より $a = 0$．同様に $b = 0$ となる．

問 7.4　三つのベクトル $\boldsymbol{a}, \boldsymbol{b}, \boldsymbol{c}$ が互いに直交することは，内積をとることで簡単に示せるので省略．また，任意のベクトル $\boldsymbol{u} = \begin{pmatrix} x \\ y \\ z \end{pmatrix}$ は

$$\boldsymbol{u} = \frac{x+z}{2}\boldsymbol{a} + \frac{-x+y+z}{3}\boldsymbol{b} + \frac{x+2y-z}{6}\boldsymbol{c}$$

のように，$\boldsymbol{a}, \boldsymbol{b}, \boldsymbol{c}$ の 1 次結合で表せるからである．

問 7.5　(1) 任意の $\boldsymbol{u}, \boldsymbol{v} \in V_0$ に対して，$\boldsymbol{u} = \begin{pmatrix} x_1 \\ y_1 \\ z_1 \end{pmatrix}$, $\boldsymbol{v} = \begin{pmatrix} x_2 \\ y_2 \\ z_2 \end{pmatrix}$ とおけば，それぞれ

$$x_1 + y_1 + z_1 = 0, \quad x_2 + y_2 + z_2 = 0$$

が成り立っている．$\boldsymbol{u} + \boldsymbol{v} = \begin{pmatrix} x_1 + x_2 \\ y_1 + y_2 \\ z_1 + z_2 \end{pmatrix}$ より，

$$x = x_1 + x_2, \quad y = y_1 + y_2, \quad z = z_1 + z_2$$

であり，

$$\begin{aligned} x + y + z &= (x_1 + x_2) + (y_1 + y_2) + (z_1 + z_2) \\ &= (x_1 + y_1 + z_1) + (x_2 + y_2 + z_2) = 0 \end{aligned}$$

だから $\boldsymbol{u} + \boldsymbol{v} \in V_0$ となる．次に，$\boldsymbol{u} \in V_0$, $c \in \mathbf{R}$ に対して，$c\boldsymbol{u} = \begin{pmatrix} cx_1 \\ cy_1 \\ cz_1 \end{pmatrix}$ より，$x = cx_1$, $y = cy_1$, $z = cz_1$ だから

$$x + y + z = cx_1 + cy_1 + cz_1 = c(x_1 + y_1 + z_1) = 0$$

となり，$c\boldsymbol{u} \in V_0$．したがって，V_0 は部分空間である．

(2) $\mathbf{0} = \begin{pmatrix} 0 \\ 0 \\ 0 \end{pmatrix}$ は $x+y+z=1$ を満たさない．したがって $\mathbf{0} \notin V_1$ であり，V_1 は部分空間でない．

(3) 任意の $\boldsymbol{u}, \boldsymbol{v} \in V_2$ に対して，$\boldsymbol{u} = \begin{pmatrix} x_1 \\ y_1 \\ z_1 \end{pmatrix}$, $\boldsymbol{v} = \begin{pmatrix} x_2 \\ y_2 \\ z_2 \end{pmatrix}$ とおけば，それぞれ

$$y_1 = 2x_1, \quad y_2 = 2x_2$$

が成り立っている．$\boldsymbol{u}+\boldsymbol{v} = \begin{pmatrix} x_1+x_2 \\ y_1+y_2 \\ z_1+z_2 \end{pmatrix}$ より，

$$x = x_1 + x_2, \quad y = y_1 + y_2$$

であり，

$$y = y_1 + y_2 = 2x_1 + 2x_2 = 2(x_1 + x_2) = 2x$$

だから $\boldsymbol{u}+\boldsymbol{v} \in V_2$ となる．次に，$\boldsymbol{u} \in V_2$, $c \in \mathbf{R}$ に対して，$c\boldsymbol{u} = \begin{pmatrix} cx_1 \\ cy_1 \\ cz_1 \end{pmatrix}$ より，$x = cx_1$, $y = cy_1$ である．すると，

$$y = cy_1 = c(2x_1) = 2(cx_1) = 2x$$

だから $c\boldsymbol{u} \in V_2$ となる．したがって，V_2 は部分空間である．

問 7.6 (1) 直線 $y = x$.

(2) $\boldsymbol{e}_1 = \boldsymbol{u}_1 - \boldsymbol{u}_2$, $\boldsymbol{e}_2 = -\boldsymbol{u}_1 + 2\boldsymbol{u}_2$ となるので，任意のベクトル $\boldsymbol{v} = x\boldsymbol{e}_1 + y\boldsymbol{e}_2 \in \mathbf{R}^2$ は $\boldsymbol{v} = (x-y)\boldsymbol{u}_1 + (-x+2y)\boldsymbol{u}_2$ のように表すことができる．したがって，$\boldsymbol{u}_1$, $\boldsymbol{u}_2$ が生成する部分空間は $\mathbf{R}^2$ と一致する．

問 7.7 関係式 $x+y+z=0$ を満たし，直交するベクトル $\begin{pmatrix} 1 \\ -1 \\ 0 \end{pmatrix}$, $\begin{pmatrix} 1 \\ 1 \\ -2 \end{pmatrix}$ を選び，正規化して $\dfrac{1}{\sqrt{2}}\begin{pmatrix} 1 \\ -1 \\ 0 \end{pmatrix}$, $\dfrac{1}{\sqrt{6}}\begin{pmatrix} 1 \\ 1 \\ -2 \end{pmatrix}$. ただし，これは一例であり，ほかのベクトルで正規直交基底を答えることもできる．

問 7.8 任意の $\boldsymbol{v} = \begin{pmatrix} x \\ y \\ z \end{pmatrix} \in V$ は $\begin{pmatrix} x \\ y \\ z \end{pmatrix} = s\begin{pmatrix} 1 \\ 1 \\ 0 \end{pmatrix} + t\begin{pmatrix} 0 \\ 1 \\ 1 \end{pmatrix}$ と表されるから，$\begin{cases} x = s \\ y = s+t \\ z = t \end{cases}$ より $y = x + z$，すなわち原点を通る平面 $x - y + z = 0$ である．

直交基底のとり方はいろいろ考えられるが，たとえば次のようにとることができる．まず，$\boldsymbol{u}_1 = \begin{pmatrix} 1 \\ 1 \\ 0 \end{pmatrix}$ をとり，これに直交するベクトルを，関係式 $y = x + z$ を満たすように考えて $\boldsymbol{u}_3 = \begin{pmatrix} 1 \\ -1 \\ -2 \end{pmatrix}$ を選ぶ．すると，$\boldsymbol{u}_2 = \dfrac{1}{2}\boldsymbol{u}_1 - \dfrac{1}{2}\boldsymbol{u}_3$ となるので，V の任意のベクトルは $\boldsymbol{u}_1$ と $\boldsymbol{u}_3$

の 1 次結合で表すことができる．また，$\boldsymbol{u}_1$ と $\boldsymbol{u}_3$ は 1 次独立である．

問 7.9　部分空間 V_1, V_2 がこの問いのような具体的なものでなくても，一般に「V_1, V_2 が $\mathbf{R}^n$ の部分空間であるとき，ベクトル $a\boldsymbol{u}+b\boldsymbol{v}$ ($\boldsymbol{u}\in V_1$, $\boldsymbol{v}\in V_2$, $a,b\in\mathbf{R}$) の集合 W は $\mathbf{R}^n$ の部分空間になる」ことは証明できる．それを示そう．

任意の $\boldsymbol{w}_1,\boldsymbol{w}_2\in W$ に対して，

$$\boldsymbol{w}_1=a_1\boldsymbol{u}_1+b_1\boldsymbol{v}_1,\quad \boldsymbol{w}_2=a_2\boldsymbol{u}_2+b_2\boldsymbol{v}_2$$

と表すことができ，

$$\boldsymbol{w}_1+\boldsymbol{w}_2=(a_1\boldsymbol{u}_1+a_2\boldsymbol{u}_2)+(b_1\boldsymbol{v}_1+b_2\boldsymbol{v}_2)$$

ここで $a_1\boldsymbol{u}_1+a_2\boldsymbol{u}_2\in V_1$, $b_1\boldsymbol{v}_1+b_2\boldsymbol{v}_2\in V_2$

だから $\boldsymbol{w}_1+\boldsymbol{w}_2\in W$ となる．また，$\boldsymbol{w}\in W$ ならば $c\boldsymbol{w}\in W$ $(c\in\mathbf{R})$ となることも同様に示すことができる．したがって，集合 W は部分空間である．

さて，具体的に与えられた V_1, V_2 について考えると，たとえば次のように表すことができる．

$$W=\left\{a\begin{pmatrix}2\\1\\-1\end{pmatrix}+b\begin{pmatrix}4\\3\\2\end{pmatrix}\;\middle|\;a,b\in\mathbf{R}\right\}$$

すなわち，W はベクトル $\begin{pmatrix}2\\1\\-1\end{pmatrix}$ と $\begin{pmatrix}4\\3\\2\end{pmatrix}$ で生成される部分空間である．さらに考えると，

$$\begin{pmatrix}x\\y\\z\end{pmatrix}=a\begin{pmatrix}2\\1\\-1\end{pmatrix}+b\begin{pmatrix}4\\3\\2\end{pmatrix}\quad\text{または}\quad\begin{cases}x=2a+4b\\y=a+3b\\z=-a+2b\end{cases}$$

から a,b を消去すると，$5x-8y+2z=0$ という関係式が得られる．すなわち，集合として W は，原点を通る平面 $5x-8y+2z=0$ である．

問 7.10　一般に，二つの部分空間 V_1, V_2 があるとき，$V_1\cap V_2\neq\emptyset$ ならば，$V_1\cap V_2$ は $\mathbf{R}^3$ の部分空間になることは前問と同様に示すことができるので省略．

この問いの具体的な部分空間 V_1, V_2 の場合，どちらも原点を通る平面であり，$V_1\cap V_2$ はその二つの平面の交わった部分（直線）である．連立方程式 $\begin{cases}x-2y+3z=0\\3x+2y-z=0\end{cases}$ から関係式 $\dfrac{x}{2}=-\dfrac{y}{5}=-\dfrac{z}{4}$ が得られ，これは原点を通り，$\begin{pmatrix}2\\-5\\-4\end{pmatrix}$ を方向ベクトルとする直線である．

問 7.11　表現行列 $\begin{pmatrix}1&2&-2\\2&1&1\\5&3&1\end{pmatrix}$，ベクトル $\begin{pmatrix}-12\\6\\8\end{pmatrix}$，

$$\dim(\operatorname{Im}f)=\operatorname{rank}\begin{pmatrix}1&2&-2\\2&1&1\\5&3&1\end{pmatrix}=3$$

問 7.12　原点を通る平面 $x-y-z=0$．$\dim(\operatorname{Im}f)=2$

問 7.13　原点を通る直線 $x=y=-z$．$\dim(\operatorname{Ker}f)=1$

問 7.14　$\mathrm{Im}\, f$ は原点を通る平面 $2x - y + z = 0$，$\mathrm{Ker}\, f$ は原点を通る直線 $x = -y = -z$.
$\dim(\mathrm{Im}\, f) = 2$，$\dim(\mathrm{Ker}\, f) = 1$

問 7.15　(1) 固有値 $\lambda = -2, 3$．固有空間は

$$W(-2) = \{(x, y) \in \mathbf{R}^2 \mid 2x + y = 0\},\quad W(3) = \{(x, y) \in \mathbf{R}^2 \mid x - 2y = 0\}$$

点の集合でなく，次のようにベクトルの集合で答えるときは，基底の選び方によって違った解答に見えるので注意.

$$W(-2) = \left\{ a\begin{pmatrix} 1 \\ -2 \end{pmatrix} \;\middle|\; a \in \mathbf{R} \right\},\quad W(3) = \left\{ a\begin{pmatrix} 2 \\ 1 \end{pmatrix} \;\middle|\; a \in \mathbf{R} \right\}$$

(2) 固有値 $\lambda = 0$（2 重解）．$W(0) = \{(x, y) \in \mathbf{R}^2 \mid y = 0\}$　すなわち x 軸

または　$W(0) = \left\{ a\begin{pmatrix} 1 \\ 0 \end{pmatrix} \;\middle|\; a \in \mathbf{R} \right\}$

(3) 固有値 $\lambda = 1, 2$（1 は 2 重解）.

$$W(1) = \{(x, y, z) \in \mathbf{R}^3 \mid x = z = 0\} \quad \text{すなわち } y \text{ 軸},$$
$$W(2) = \{(x, y, z) \in \mathbf{R}^3 \mid x = -y = z\} \quad \text{すなわち原点と点 } (1, -1, 1) \text{ を通る直線}$$

または　$W(1) = \left\{ a\begin{pmatrix} 0 \\ 1 \\ 0 \end{pmatrix} \;\middle|\; a \in \mathbf{R} \right\}, W(2) = \left\{ a\begin{pmatrix} 1 \\ -1 \\ 1 \end{pmatrix} \;\middle|\; a \in \mathbf{R} \right\}$

(4) 実数の固有値は $\lambda = 5$．$W(5) = \{(x, y, z) \in \mathbf{R}^3 \mid x = y = 0\}$　すなわち z 軸

または　$W(5) = \left\{ a\begin{pmatrix} 0 \\ 0 \\ 1 \end{pmatrix} \;\middle|\; a \in \mathbf{R} \right\}$

(5) 固有値 $\lambda = 3, -3$（-3 は 2 重解）.

$$W(3) = \{(x, y, z) \in \mathbf{R}^3 \mid x = y = z\} \quad \text{直線},$$
$$W(-3) = \{(x, y, z) \in \mathbf{R}^3 \mid x + y + z = 0\} \quad \text{平面}$$

または　$W(3) = \left\{ a\begin{pmatrix} 1 \\ 1 \\ 1 \end{pmatrix} \;\middle|\; a \in \mathbf{R} \right\}, W(-3) = \left\{ a\begin{pmatrix} 1 \\ -1 \\ 0 \end{pmatrix} + b\begin{pmatrix} 1 \\ 1 \\ -2 \end{pmatrix} \;\middle|\; a, b \in \mathbf{R} \right\}$

☑**注**　$W(-3)$ の基底は，問 7.7 で考えた直交するベクトル $\begin{pmatrix} 1 \\ -1 \\ 0 \end{pmatrix}, \begin{pmatrix} 1 \\ 1 \\ -2 \end{pmatrix}$ を選んだものである.

問 7.16　$\boldsymbol{u}, \boldsymbol{v} \in W(\lambda)$ とするとき

$$A(\boldsymbol{u} + \boldsymbol{v}) = A\boldsymbol{u} + A\boldsymbol{v} = \lambda\boldsymbol{u} + \lambda\boldsymbol{v} = \lambda(\boldsymbol{u} + \boldsymbol{v}) \qquad \therefore \boldsymbol{u} + \boldsymbol{v} \in W(\lambda)$$

同様に $c\boldsymbol{u} \in W(\lambda)$ $(c \in \mathbf{R})$ も示すことができるので，$W(\lambda)$ は部分空間の条件を満たす.

問 7.17　P が直交行列　$\Leftrightarrow$　${}^t\!PP = E$　$\Leftrightarrow$　${}^t\!P = P^{-1}$ を使う.

(1) $|{}^t\!PP| = |{}^t\!P|\,|P| = 1$ と $|{}^t\!P| = |P|$ から $|P|^2 = 1$　$\therefore |P| = \pm 1$

(2) ${}^t(P^{-1})(P^{-1}) = {}^t({}^t\!P)({}^t\!P) = P\,{}^t\!P = E$ となるから.

(3) ${}^t(PQ)(PQ) = {}^t\!Q\,{}^t\!PPQ = {}^t\!QQ = E$ となるから.

問 7.18 $\begin{pmatrix}\cos 90^\circ & -\sin 90^\circ \\ \sin 90^\circ & \cos 90^\circ\end{pmatrix}\begin{pmatrix}1 & 0 \\ 0 & -1\end{pmatrix}$

☑注 この行列は直線 $y = x$ に関する対称移動である．これは，解答のように「x 軸に関して対称に移動したのち，原点のまわりに 90° 回転する」ことと同じである．

問 7.19 直交していることの確認は省略．直交行列は $\begin{pmatrix}1/\sqrt{2} & -1/\sqrt{3} & 1/\sqrt{6} \\ 1/\sqrt{2} & 1/\sqrt{3} & -1/\sqrt{6} \\ 0 & 1/\sqrt{3} & 2/\sqrt{6}\end{pmatrix}$

問 7.20 固有方程式，固有値 λ，直交行列 P，対角化された行列 D の順に示す．

(1) $\lambda^2 - 4 = 0,\quad \lambda = \pm 2,\quad P = \dfrac{1}{\sqrt{2}}\begin{pmatrix}1 & 1 \\ -1 & 1\end{pmatrix},\quad D = \begin{pmatrix}-2 & 0 \\ 0 & 2\end{pmatrix}$

☑注 もし $\lambda = 2$ に対する固有ベクトルを $\begin{pmatrix}1 \\ 1\end{pmatrix}$，また，$\lambda = -2$ に対する固有ベクトルを $\begin{pmatrix}-1 \\ 1\end{pmatrix}$ として $P = \dfrac{1}{\sqrt{2}}\begin{pmatrix}1 & -1 \\ 1 & 1\end{pmatrix}$ とすれば，$D = \begin{pmatrix}2 & 0 \\ 0 & -2\end{pmatrix}$ となる．このように，「固有値の順番」と「固有ベクトルの向き」を変えれば対角行列の形が変わる．以下も同様である．

(2) $\lambda^2 - 12\lambda + 32 = 0,\quad \lambda = 4, 8,\quad P = \dfrac{1}{2}\begin{pmatrix}1 & \sqrt{3} \\ -\sqrt{3} & 1\end{pmatrix},\quad D = \begin{pmatrix}4 & 0 \\ 0 & 8\end{pmatrix}$

(3) $\lambda^2 - 2\lambda = 0,\quad \lambda = 0, 2,\quad P = \dfrac{1}{\sqrt{2}}\begin{pmatrix}1 & 1 \\ -1 & 1\end{pmatrix},\quad D = \begin{pmatrix}0 & 0 \\ 0 & 2\end{pmatrix}$

(4) 3 次の場合は例を示していないので，少し詳しく説明する．まず，問題の行列を A とおく．例 7.15 より A の固有値は $\lambda = 2, -1$ である．ただし，-1 は 2 重解．

$\lambda = 2$ に対する固有ベクトルは $a\begin{pmatrix}1 \\ 1 \\ 1\end{pmatrix}$，$\lambda = -1$ に対する固有ベクトルは $b\begin{pmatrix}1 \\ -1 \\ 0\end{pmatrix}, c\begin{pmatrix}1 \\ 1 \\ -2\end{pmatrix}$

である．ただし，a, b, c は 0 でない任意定数．

こうしてとった三つの固有ベクトルは互いに直交しているので正規化し，それらを列ベクトルに含む行列を P とする．

$$\frac{1}{\sqrt{3}}\begin{pmatrix}1 \\ 1 \\ 1\end{pmatrix},\quad \frac{1}{\sqrt{2}}\begin{pmatrix}1 \\ -1 \\ 0\end{pmatrix},\quad \frac{1}{\sqrt{6}}\begin{pmatrix}1 \\ 1 \\ -2\end{pmatrix},\quad P = \begin{pmatrix}1/\sqrt{3} & 1/\sqrt{2} & 1/\sqrt{6} \\ 1/\sqrt{3} & -1/\sqrt{2} & 1/\sqrt{6} \\ 1/\sqrt{3} & 0 & -2/\sqrt{6}\end{pmatrix}$$

P は直交行列であり，次のように対角化できる．

$$^tPAP = \begin{pmatrix}2 & 0 & 0 \\ 0 & -1 & 0 \\ 0 & 0 & -1\end{pmatrix}$$

第 8 章

問 8.1 $2X^2 - 2XY + Y^2 = 4$ に $X = x, Y = x + y$ を代入して $x^2 + y^2 = 4$ を得る．

問 8.2 変換後の座標を (X, Y) とする．

(1) $X^2 + Y^2 = 1$　　(2) $X^2 - 2\sqrt{3}XY - Y^2 + 2 = 0$

(3) $X^2+2XY+Y^2+\sqrt{2}X-\sqrt{2}Y=0$

問 8.3　(1) $A=\begin{pmatrix}1 & -2\\ -2 & -2\end{pmatrix}$, $\widehat{A}=\begin{pmatrix}1 & -2 & 5\\ -2 & -2 & 2\\ 5 & 2 & 0\end{pmatrix}$. $|A|=-6\neq 0$ だから有心である．中心の座標は，連立方程式 $\begin{cases}x-2y+5=0\\ -2x-2y+2=0\end{cases}$ を解いて $(-1,2)$ となる．

(2) $A=\begin{pmatrix}1 & 5\\ 5 & 1\end{pmatrix}$, $\widehat{A}=\begin{pmatrix}1 & 5 & -6\\ 5 & 1 & -6\\ -6 & -6 & 6\end{pmatrix}$. $|A|=-24\neq 0$ だから有心．中心の座標は，連立方程式 $\begin{cases}x+5y-6=0\\ 5x+y-6=0\end{cases}$ を解いて $(1,1)$.

(3) $A=\begin{pmatrix}5 & -3\\ -3 & 5\end{pmatrix}$, $\widehat{A}=\begin{pmatrix}5 & -3 & -2\\ -3 & 5 & -2\\ -2 & -2 & -4\end{pmatrix}$. $|A|=16\neq 0$ だから有心．中心の座標は，連立方程式 $\begin{cases}5x-3y-2=0\\ -3x+5y-2=0\end{cases}$ を解いて $(1,1)$.

(4) $A=\begin{pmatrix}9 & 12\\ 12 & 16\end{pmatrix}$, $\widehat{A}=\begin{pmatrix}9 & 12 & -13\\ 12 & 16 & 7/2\\ -13 & 7/2 & -34\end{pmatrix}$. $|A|=0$ だから無心．

(5) $A=\begin{pmatrix}1 & -3\\ -3 & 1\end{pmatrix}$, $\widehat{A}=\begin{pmatrix}1 & -3 & -1\\ -3 & 1 & 3\\ -1 & 3 & -3\end{pmatrix}$. $|A|=-8\neq 0$ だから有心．中心の座標は，連立方程式 $\begin{cases}x-3y-1=0\\ -3x+y+3=0\end{cases}$ を解いて $(1,0)$.

問 8.4　行列 A, $\widehat{A}$ と中心の座標は問 8.3 を参照．

(1) $\dfrac{|\widehat{A}|}{|A|}=\dfrac{6}{-6}=-1$. 原点を中心 $(-1,2)$ へ平行移動 $\begin{cases}X=x+1\\ Y=y-2\end{cases}$ することにより，$X^2-4XY-2Y^2-1=0$ となる．

(2) $\dfrac{|\widehat{A}|}{|A|}=\dfrac{144}{-24}=-6$. 原点を中心 $(1,1)$ へ平行移動 $\begin{cases}X=x-1\\ Y=y-1\end{cases}$ することにより，$X^2+10XY+Y^2-6=0$ となる．

(3) $\dfrac{|\widehat{A}|}{|A|}=\dfrac{-128}{16}=-8$. 原点を中心 $(1,1)$ へ平行移動 $\begin{cases}X=x-1\\ Y=y-1\end{cases}$ することにより，$5X^2-6XY+5Y^2-8=0$ となる．

☑**注**　別解として $|\widehat{A}|$ を使わない方法もある．たとえば (1) の場合，$x=X-1, y=Y+2$ を問題の式に代入すると，$X^2-4XY-2Y^2-1=0$ が得られる．

問 8.5　原点のまわりの回転角を θ とする．

(1) $\theta=-30^\circ$ であり，例 8.4 にある変換式

$$x=\frac{1}{2}(\sqrt{3}X-Y),\quad y=\frac{1}{2}(X+\sqrt{3}Y)$$

を代入すると，双曲線の標準形 $X^2-Y^2=1$ を得る．

参考までにグラフを見てみよう．点を原点のまわりに -30° 回転すると，座標軸は 30° 回転することになる．

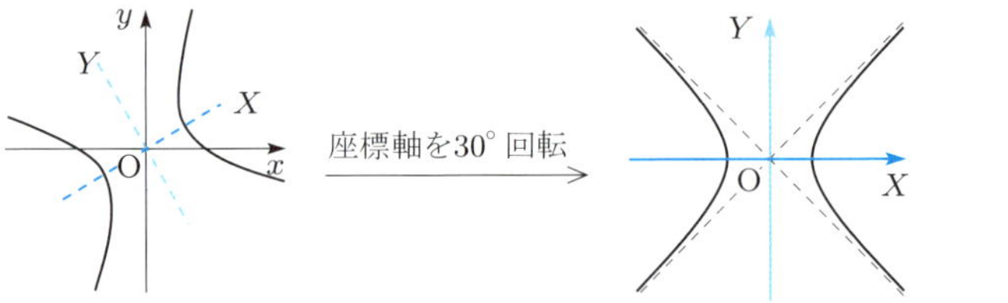

(2) $\theta = 45°$ であり，変換式

$$x = \frac{1}{\sqrt{2}}(X+Y),\quad y = \frac{1}{\sqrt{2}}(-X+Y)$$

を代入すると，楕円の標準形 $X^2 + \dfrac{Y^2}{2} = 1$ を得る．

参考までにグラフを見てみよう．点を原点のまわりに 45° 回転すると，座標軸は −45° 回転することになる．

(3) $\theta = 45°$ であり，上と同じ変換式を代入すると，双曲線の標準形 $-X^2 + Y^2 = 1$ を得る．

参考までにグラフを見てみよう．点を原点のまわりに 45° 回転すると，座標軸は −45° 回転することになる．

問 8.6　(1) 左辺の 2 次形式を $f(x,y)$ とおくと，

$$f(x,y) = (x \quad y)\begin{pmatrix} 1 & \sqrt{3} \\ \sqrt{3} & -1 \end{pmatrix}\begin{pmatrix} x \\ y \end{pmatrix}$$

ここで，$A = \begin{pmatrix} 1 & \sqrt{3} \\ \sqrt{3} & -1 \end{pmatrix}$ とおき，固有値と単位固有ベクトルを求めると，

$$2 \text{ に対して } \frac{1}{2}\begin{pmatrix} \sqrt{3} \\ 1 \end{pmatrix}, \quad -2 \text{ に対して } \frac{1}{2}\begin{pmatrix} 1 \\ -\sqrt{3} \end{pmatrix}$$

$P = \dfrac{1}{2}\begin{pmatrix} \sqrt{3} & 1 \\ 1 & -\sqrt{3} \end{pmatrix}$ とおくと，P は直交行列であり，${}^tPAP = \begin{pmatrix} 2 & 0 \\ 0 & -2 \end{pmatrix}$ となる．座標変換 ${}^tP\begin{pmatrix} x \\ y \end{pmatrix} = \begin{pmatrix} X \\ Y \end{pmatrix}$ を行えば，

$$f(x,y) = (X \quad Y)\begin{pmatrix} 2 & 0 \\ 0 & -2 \end{pmatrix}\begin{pmatrix} X \\ Y \end{pmatrix} = 2X^2 - 2Y^2$$

したがって，双曲線の標準形 $X^2 - Y^2 = 1$ を得る．
(2) 左辺の 2 次形式を $f(x,y)$ とおくと，

$$f(x,y) = (x \quad y)\begin{pmatrix} 3 & 2 \\ 2 & 3 \end{pmatrix}\begin{pmatrix} x \\ y \end{pmatrix}$$

ここで，$A = \begin{pmatrix} 3 & 2 \\ 2 & 3 \end{pmatrix}$ とおき，固有値と単位固有ベクトルを求めると，

$$5 \text{ に対して } \frac{1}{\sqrt{2}}\begin{pmatrix} 1 \\ 1 \end{pmatrix}, \quad 1 \text{ に対して } \frac{1}{\sqrt{2}}\begin{pmatrix} 1 \\ -1 \end{pmatrix}$$

$P = \dfrac{1}{\sqrt{2}}\begin{pmatrix} 1 & 1 \\ 1 & -1 \end{pmatrix}$ とおくと，P は直交行列であり，${}^tPAP = \begin{pmatrix} 5 & 0 \\ 0 & 1 \end{pmatrix}$ となる．座標変換 ${}^tP\begin{pmatrix} x \\ y \end{pmatrix} = \begin{pmatrix} X \\ Y \end{pmatrix}$ を行えば，

$$f(x,y) = (X \quad Y)\begin{pmatrix} 5 & 0 \\ 0 & 1 \end{pmatrix}\begin{pmatrix} X \\ Y \end{pmatrix} = 5X^2 + Y^2$$

したがって，楕円の標準形 $\dfrac{5}{4}X^2 + \dfrac{Y^2}{4} = 1$ を得る．
(3) 左辺の 2 次形式を $f(x,y)$ とおくと，

$$f(x,y) = (x \quad y)\begin{pmatrix} 0 & 1 \\ 1 & 0 \end{pmatrix}\begin{pmatrix} x \\ y \end{pmatrix}$$

ここで，$A = \begin{pmatrix} 0 & 1 \\ 1 & 0 \end{pmatrix}$ とおき，固有値と単位固有ベクトルを求めると，

$$1 \text{ に対して } \frac{1}{\sqrt{2}}\begin{pmatrix} 1 \\ 1 \end{pmatrix}, \quad -1 \text{ に対して } \frac{1}{\sqrt{2}}\begin{pmatrix} 1 \\ -1 \end{pmatrix}$$

$P = \dfrac{1}{\sqrt{2}}\begin{pmatrix} 1 & 1 \\ 1 & -1 \end{pmatrix}$ とおくと，P は直交行列であり，${}^tPAP = \begin{pmatrix} 1 & 0 \\ 0 & -1 \end{pmatrix}$ となる．座標変換 ${}^tP\begin{pmatrix} x \\ y \end{pmatrix} = \begin{pmatrix} X \\ Y \end{pmatrix}$ を行えば，

$$f(x,y) = (X \quad Y)\begin{pmatrix} 1 & 0 \\ 0 & -1 \end{pmatrix}\begin{pmatrix} X \\ Y \end{pmatrix} = X^2 - Y^2$$

したがって，双曲線の標準形 $X^2 - Y^2 = 1$ を得る．

問 8.7　参考までに，標準形に変形する前のグラフも示す．

(1) $|A| = \begin{vmatrix} 5 & 1 \\ 1 & 5 \end{vmatrix} = 24 > 0,\ |\widehat{A}| = \begin{vmatrix} 5 & 1 & -5 \\ 1 & 5 & -1 \\ -5 & -1 & -7 \end{vmatrix} = -288 < 0$ だから楕円である．$\dfrac{|\widehat{A}|}{|A|} = -12$ だから，原点を中心 $(1,0)$ に平行移動すれば 1 次の項が消えて，$5x^2 + 2xy + 5y^2 - 12 = 0$ となる．

$\operatorname{tr} A = 10,\ |A| = 24$ より，固有方程式

$$\lambda^2 - 10\lambda + 24 = 0$$

を解いて，固有値 $\lambda = 6, 4$ を得るので，点 $(1,0)$ を新たな原点とした XY 座標によるこの楕円の標準形は，右図のように X 軸と Y 軸を定めたとき，

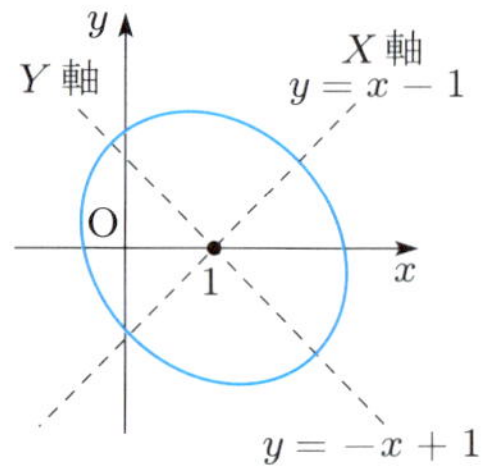

$$6X^2 + 4Y^2 - 12 = 0 \quad \text{から} \quad \frac{X^2}{2} + \frac{Y^2}{3} = 1$$

または X 軸と Y 軸を逆にしたときは，

$$4X^2 + 6Y^2 - 12 = 0 \quad \text{から} \quad \frac{X^2}{3} + \frac{Y^2}{2} = 1$$

(2) $|A| = \begin{vmatrix} 4 & 6 \\ 6 & 4 \end{vmatrix} = -20 < 0,\ |\widehat{A}| = \begin{vmatrix} 4 & 6 & -6 \\ 6 & 4 & -4 \\ -6 & -4 & 9 \end{vmatrix} = -100 \neq 0$ だから双曲線である．$\dfrac{|\widehat{A}|}{|A|} = 5$ だから，原点を中心 $(0,1)$ に平行移動すれば 1 次の項が消えて，$4x^2 + 12xy + 4y^2 + 5 = 0$ となる．

$\operatorname{tr} A = 8,\ |A| = -20$ より，固有方程式

$$\lambda^2 - 8\lambda - 20 = 0$$

を解いて，固有値 $\lambda = 10, -2$ を得るので，点 $(0,1)$ を新たな原点とした XY 座標によるこの双曲線の標準形は，右図のように X 軸と Y 軸を定めたとき，

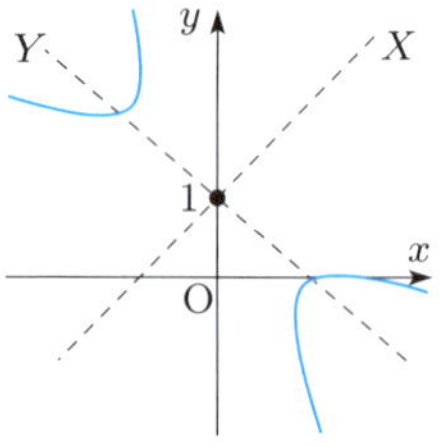

$$10X^2 - 2Y^2 + 5 = 0 \quad \text{から} \quad 2X^2 - \frac{2}{5}Y^2 = -1$$

または

$$-2X^2 + 10Y^2 + 5 = 0 \quad \text{から} \quad \frac{2}{5}X^2 - 2Y^2 = 1$$

(3) 問 8.4 (3) より $|A| = 16 > 0,\ |\widehat{A}| = -128 < 0$ だから楕円であり，原点を中心 $(1,1)$ に平行移動すれば $5x^2 - 6xy + 5y^2 - 8 = 0$ となる．

$\operatorname{tr} A = 10,\ |A| = 16$ より，固有方程式

$$\lambda^2 - 10\lambda + 16 = 0$$

を解いて，固有値 $\lambda=8,2$ を得るので，点 $(1,1)$ を新たな原点とした XY 座標によるこの楕円の標準形は

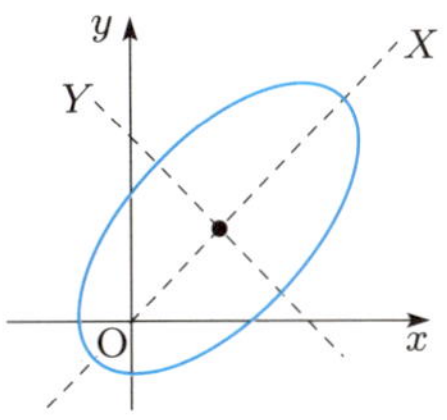

$$8X^2+2Y^2-8=0 \quad \text{から} \quad X^2+\frac{Y^2}{4}=1$$

または（右図のように X 軸と Y 軸を定めたとき）

$$2X^2+8Y^2-8=0 \quad \text{から} \quad \frac{X^2}{4}+Y^2=1$$

(4) $|A|=\begin{vmatrix}1 & -1\\ -1 & 1\end{vmatrix}=0,\ |\widehat{A}|=\begin{vmatrix}1 & -1 & -4\\ -1 & 1 & 0\\ -4 & 0 & 16\end{vmatrix}=-16\neq 0$ だから放物線である．固有値は $\lambda=0,2$．この順に固有ベクトル（正規直交基底）

$$\boldsymbol{u}_1=\frac{1}{\sqrt{2}}\begin{pmatrix}1\\1\end{pmatrix},\quad \boldsymbol{u}_2=\frac{1}{\sqrt{2}}\begin{pmatrix}-1\\1\end{pmatrix}$$

をとり，$P=\frac{1}{\sqrt{2}}\begin{pmatrix}1 & -1\\ 1 & 1\end{pmatrix}$ とおけば，これはグラフを原点のまわりに 45° 回転する変換であり，${}^tPAP=\begin{pmatrix}0 & 0\\ 0 & 2\end{pmatrix}$ のように対角化できる．座標変換 $\begin{pmatrix}X\\Y\end{pmatrix}={}^tP\begin{pmatrix}x\\y\end{pmatrix}$ すなわち

$$x=\frac{1}{\sqrt{2}}(X-Y),\quad y=\frac{1}{\sqrt{2}}(X+Y)$$

を代入すると，

$$2\sqrt{2}X=Y^2+2\sqrt{2}Y+8 \quad \text{より} \quad 2\sqrt{2}\left(X-\frac{3\sqrt{2}}{2}\right)=(Y+\sqrt{2})^2$$

となり，原点を Y 軸方向に $-\sqrt{2}$，X 軸方向に $\frac{3\sqrt{2}}{2}$ だけ平行移動すれば，

$$2\sqrt{2}X=Y^2$$

という標準形を得る．変形前後のグラフは下図のようになる．

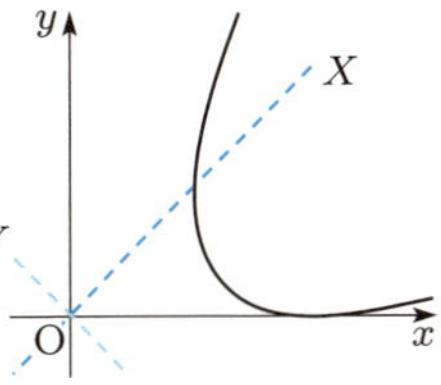

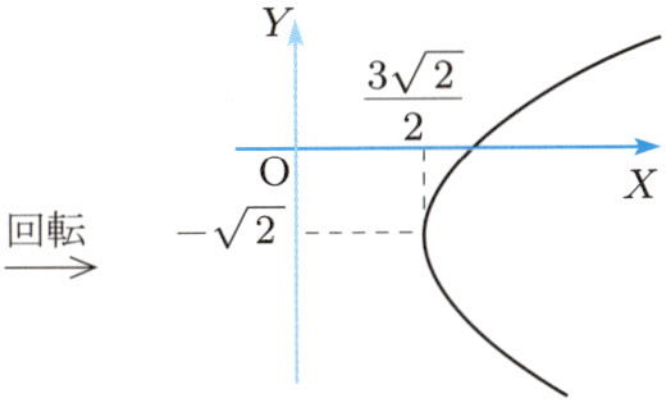

問 8.8 2 次曲線の一般式 $ax^2+2hxy+by^2+2p_1x+2p_2y+c=0$ から係数行列を $A=\begin{pmatrix}a & h\\ h & b\end{pmatrix}$ と

おく．1 次変換 $f\colon \mathbf{R}^2 \to \mathbf{R}^2$ が表す正則な行列を B とする．この行列によりベクトル $\boldsymbol{v} = \begin{pmatrix} x \\ y \end{pmatrix}$ がベクトル $B\boldsymbol{v} = \begin{pmatrix} X \\ Y \end{pmatrix}$ に変換されるとき，

$$\begin{pmatrix} x \\ y \end{pmatrix} = B^{-1}\begin{pmatrix} X \\ Y \end{pmatrix} \quad \text{より} \quad (x \quad y)A\begin{pmatrix} x \\ y \end{pmatrix} = (X \quad Y)\,{}^t(B^{-1})AB^{-1}\begin{pmatrix} X \\ Y \end{pmatrix}$$

となる．ここで，

$$|{}^t(B^{-1})AB^{-1}| = |{}^t(B^{-1})|\,|A|\,|B^{-1}| = |A|\,|B^{-1}|^2 = \frac{|A|}{|B|^2}$$

だから，$|A|$ の符号による分類が変換後もそのまま通用する．したがって，放物線は放物線になるということもいえる．

問 8.9 (1) $\begin{pmatrix} X \\ Y \end{pmatrix} = \begin{pmatrix} 0 & -1 \\ -1 & 0 \end{pmatrix}\begin{pmatrix} x \\ y \end{pmatrix} + \begin{pmatrix} 2 \\ -3 \end{pmatrix}$

(2) $\begin{pmatrix} X \\ Y \end{pmatrix} = \begin{pmatrix} 1 & -2 \\ 0 & 2 \end{pmatrix}\begin{pmatrix} x \\ y \end{pmatrix} + \begin{pmatrix} 1 \\ -1 \end{pmatrix}$

問 8.10 $\begin{pmatrix} X \\ Y \end{pmatrix} = \dfrac{1}{2}\begin{pmatrix} 1 & -\sqrt{3} \\ \sqrt{3} & 1 \end{pmatrix}\begin{pmatrix} x \\ y \end{pmatrix} + \begin{pmatrix} -\sqrt{3} \\ 1 \end{pmatrix}$．不動点 $(-\sqrt{3}, -1)$

索　引

著者略歴

林　義実（はやし・よしみ）
1947 年　栃木県生まれ
1972 年　北海道大学大学院理学研究科数学専攻修士課程 修了
　　　　釧路工業高等専門学校に赴任, 数学教育に従事
1979 年　釧路工業高等専門学校 助教授
2002 年　釧路工業高等専門学校 教授
2011 年　釧路工業高等専門学校 退職
　　　　現在に至る

編集担当　上村紗帆（森北出版）
編集責任　石田昇司（森北出版）
組　版　プレイン
印　刷　丸井工文社
製　本　同

線形代数と幾何
—ベクトル・行列・行列式がよくわかる—

2015 年 9 月 18 日　第 1 版第 1 刷発行

著　者　林　義実
発行者　森北博巳
発行所　**森北出版株式会社**
東京都千代田区富士見 1-4-11（〒102-0071）
電話 03-3265-8341 ／ FAX 03-3264-8709
http://www.morikita.co.jp/
日本書籍出版協会・自然科学書協会　会員
JCOPY ＜(社)出版者著作権管理機構 委託出版物＞

落丁・乱丁本はお取替えいたします.

Printed in Japan ／ ISBN978-4-627-09661-5